金属材料工程专业工程教育认证教改成果

国家一流本科专业建设"双万计划"教改成果

专业认证和新工科背景下
材料类专业人才培养的创新与实践

主　编　吴玉程

参　编　王　岩　崔接武　徐光青
　　　　　秦永强　刘家琴　余翠平

中国科学技术大学出版社

内 容 简 介

工程教育专业认证是工程专业人才培养过程中的重要环节。本书立足于中国高等教育发展现状与新时期中国高等教育改革方向,系统介绍了新工科建设的内涵与引领作用、工程教育专业认证的内涵与目标、材料类专业建设的实操与效果等内容。旨在结合实践,为材料类专业工程教育专业认证工作提供指导,促进高等学校主动适应工程教育的新理念、建设学科专业的新布局、建立人才培养的新模式、提升教育教学的新质量、开创分类发展的新体系,从而加速我国新工科建设和发展,满足我国"人才强国"战略需求。

本书可为高等教育机构的工程教育体系建设和系统改革提供参考,也可为参与工程教育专业认证的高等教育工作者提供行动指南。

图书在版编目(CIP)数据

专业认证和新工科背景下材料类专业人才培养的创新与实践/吴玉程主编. —合肥:中国科学技术大学出版社,2022.3
ISBN 978-7-312-05383-2

Ⅰ.专… Ⅱ.吴… Ⅲ.工程材料—人才培养—研究—中国 Ⅳ.TB3

中国版本图书馆CIP数据核字(2022)第032924号

专业认证和新工科背景下材料类专业人才培养的创新与实践
ZHUANYE RENZHENG HE XIN GONGKE BEIJING XIA CAILIAO LEI ZHUANYE
RENCAI PEIYANG DE CHUANGXIN YU SHIJIAN

出版 中国科学技术大学出版社
安徽省合肥市金寨路96号,230026
http://press.ustc.edu.cn
https://zgkxjsdxcbs.tmall.com

印刷 合肥华苑印刷包装有限公司
发行 中国科学技术大学出版社
开本 710mm×1000 mm 1/16
印张 19
字数 372千
版次 2022年3月第1版
印次 2022年3月第1次印刷
定价 48.00元

前　言

　　中华人民共和国成立以来,我国高等教育事业取得了辉煌的成就,已经成为支撑国家经济社会发展和科技创新的重要智力资源,并逐渐成为国家科技创新策源地。2016年12月,习近平总书记在全国高校思想政治工作会议发表重要讲话,提出我国高等教育必须坚持"为人民服务,为中国共产党治国理政服务,为巩固和发展中国特色社会主义制度服务,为改革开放和社会主义现代化建设服务",党和国家事业发展对高等教育的需要,对科学知识和优秀人才的需要,比以往任何时候都更为迫切。我国高等教育容量和能力的大幅提升,经济增长方式的变化和经济结构的调整,以及经济全球化、高等教育国际化带来的自主创新能力和国际竞争力的严峻挑战,加快了高等教育内涵式发展的进程。

　　2017年9月,"双一流"建设隆重启航,推动我国高等教育向世界一流挺进,是中国高等教育内涵式发展的新起点。新工科已经从理论探讨阶段开始进入制度设计和人才培养实践阶段,实现从理论到实践的转变。这种转变将促进高校培养出符合新形势、新业态需要的工程技术人才,这是新工科提出和设计的初衷,也是新工科建设的根本意义。高校的人才培养实践,不仅需要课程体系设计、师资队伍建设、教学内容改革,还需要体制机制创新。体制机制是贯穿在人才培养过程中的一条主线,贯穿着人才培养的各个环节,甚至决定着人才培养的成效。新工科是"卓越工程师教育培养计划"的升级版,其本质是以立德树人为引领,以应对变化、塑造未来为建设理念,以继承与创新、交叉与融合、协调与共享为主要途径,培养未来多元化、创新型卓越工程人才的新的教育革命。通过新工科建设，努力实现工程教育的新理念、学科专业的新结构、人才培养的新模式、教育教学的新质量、分类发展的新体系。其中，专业认证是检验专业建设和人才培养的"晴雨表"，有着"以评促进，以评促管，评建结合"的作用，为向国家应对新一轮科技与产业革命以及日益激烈的国际竞争提供工程技术人才、培养新时期社会主义合格的建设者和接班人奠定基础，为中华民族伟大复兴担当四梁八柱重任。

作者深刻体会"立德树人"根本任务的重要意义，明确"双一流"和新工科的建设目标，努力推进人才培养模式与创新创业教学改革。合肥工业大学金属材料工程专业获得国家首批一流本科专业建设"双万计划"，也是国内同类型专业第一个通过工程教育专业认证的(一次通过6年认证，评为"优秀")，在人才培养模式、教学改革等方面取得了丰硕成果，创新创业教育方面效果显著。本书是基于对高等教育发展和内涵式建设需求的认识，梳理了新时期人才培养素养和专业建设体系内容，解析了工程教育专业认证相关标准条款，再结合金属材料工程专业认证的亲身体验，以及在专业建设与教改中取得的教改教研成果撰写而成的，以期为广大同仁在专业认证、新工科和"双万计划"专业建设等方面提供参考。

本书由合肥工业大学吴玉程教授总体策划、著述，王岩副教授直接负责金属材料工程专业认证的全过程，著述专业认证相关章节，崔接武副教授、徐光青教授、秦永强副教授、刘家琴研究员和余翠平博士参与一流本科专业"金属材料工程""双万计划"建设，完成部分章节的著述。由于作者的学识和理解有限，文中难免存在谬误，敬请批评指正，不吝赐教！

作　者

2021 年仲夏

目　　录

目
录

绪　　论

　　以立德树人为引领,以应对变革、塑造未来为建设理念,以继承与创新、交叉与融合、协调与共享为主要途径,培养未来多元化、具有创新精神的卓越工程技术人才,这是"新工科"的内涵。新工科专业人才培养要贯彻落实创新、协调、绿色、开放、共享的新发展理念,培养兼具国际视野、工程素养和创新能力的新工科专业人才。新工科专业人才应具备以下的素质和特点:(1) 不仅要在所学专业层面基础深厚,还要能与其他学科相互交叉融合,达到"宽口径,厚基础"的培养目标;(2) 不仅能使用所学专业知识应对具体工作,还能学习新知识、新方法、新技术以适应未来发展新趋势,对技术和经济发展起到引领作用;(3) 能以"六新"发展为指引,以"互联网+"为行动纲领,迅速结合当前信息技术如大数据、人工智能和互联网等新科技冲击和新商业模式,充分认识到经济社会的快速发展,知识更新速度的日益加快,新概念、新业态的层出不穷;(4) 不仅能解决实际生产中复杂疑难问题,还能运用现代工程和信息技术工具进行科学研究,组织技术开发及设计制造,理解并遵守职业伦理和道德规范,兼具社会责任感、人文社会科学素养等良好素质。

　　归纳起来,与传统工科专业人才相比,新工科专业人才培养要达到工具理性和价值理性的相互支撑、相互促进,实现"价值塑造""知识传授"与"能力培养"的融会贯通。在精神、知识和能力层面更胜一筹,更加具有家国情怀,更加具备国际视野及交往能力,更加具有社会责任感,更加具备工程创造力,更加具备工程领导力,更加具备终身学习能力。有了明确的目标,我们就可以针对当前高等教育人才培养中存在的问题,梳理剖析,比较对照,在人才培养模式方面进行改革,守正创新,铸魂立业。

0.1 教与学双主体融合的人才培养

0.1.1 确立人才培养环节阶段性目标,提高学习能动性

新工科有明确的培养目标和丰富多样的教育内容,要求注重提高学生的学习兴趣、学习参与度、学习效果和能力培养,而传统人才培养只注重设计长远目标,阶段性培养目标相对模糊,缺乏阶段学习成就感,生涯规划意识淡薄,导致学生学习能动性差。如此有针对性地通过教育组织形式再设计和教育内容重新规划,更有助于充分激发学生的潜能,支持其个性化成长,让学生的禀赋和特长得以充分发展,进一步实现其自我学习和自主创新。

要改变教师"满堂灌"和学生"被动学"的教学形式,探索"以学生为中心"的教学思维,使学生能够掌握知识探索的正确、有效的方法;应采用精讲多练的教学方式,教师的讲解不局限于理论原理和学习目的,而应更多地启发学生关注目标的实现过程,力求全方位激发学生的学习兴趣;根据大学各个阶段的学习要求和理论教学进度,合理设计逐层递进的、相对应的实践教学体系,使之与理论教学有机地融合;学生在自我求知的过程中,会接触到专业的未知领域,需要教师不断加以引导,鼓励其大胆探索,学生才能保持钻研的乐趣,发挥主观能动性,逐步提升解决实际问题的能力。虽然不能说个性化发展的人一定具有创造性,一定能产生创新价值,但没有个性的自由发展,就不可能产生创新型人才。

0.1.2 培植创新发展理念,适应教学改革新机制

新工科的人才培养要面向未来发展,努力满足未来各种新型工程科技的需求。要培养引领未来产业发展的卓越工程科技人才,需要从课程体系、教学内容和教学方式等方面进行改革。开设与此相对应的新学科专业,不仅要对传统专业培养方案中的教学学时进行调整,还要增加工程知识及前沿学科知识内容,加大创新实践学分,促使教学方案不断再设计和优化;采用慕课和微课等现代技术手段推动在线学习,实现线上线下相结合,技术运用不代表教师可以减轻负担,相反需要投入更

多精力和时间来精讲课程重点、难点以及拓展知识,学生则不会像过去那样死记硬背、考试合格即可,也需要更大程度地自主投入研习,完成教学流程重构;采用课堂启发式讨论、翻转课堂教学,促进教学向"以学生为中心"转换,课堂教学针对反映的问题重点讲授,提升学科知识教学的广度与深度,增加学生的讨论探究环节和参与度,使学生有时间自主思考和更专注于主动学习,达到个性化内化吸收,促进学生的全面发展。通过培养方案设计优化提供"创新指南",施展教学改革获得"创新模式",养育实践实训形成"创新路径",为培养新工科复合创新型人才奠定基础。

0.1.3 加强教师综合培育,实现人才培养新突破

新工科建设背景下,人才的培养需要综合性的思维、跨界整合的能力和多元的知识结构。教师多数毕业后即从学校到学校,首先需要做到教学工作尽心尽力、富有责任心和拥有正确的价值观,做到崇尚奉献、乐于奉献、敢于奉献、教书育人。青年教师多未涉猎过其他学科学习,也没有参与过其他学科的实践训练,所掌握的知识仅局限于本身所学的专业领域,因此需要尽可能构建一个完整的整体知识框架,具有迅速转换与交叉的能力,做到理工多学科知识的融合;由于缺少相应的教学经验,教学依靠传统的教育方式,或者过度依赖多媒体技术,使课堂教学变成了阅读课本和简单复述,应该将先进的信息化教学技术作为辅助手段,进行学习模式与教学模式的创新,在讲课中融入多个学科的新知识和新技术,教与学双向拓展思路。青年教师作为高校人才培养和科研任务的主要承担者,工程实践背景及能力缺乏已经严重阻碍了工程类专业的教学质量。所以对于理工类学校或学院、专业,应招聘具有企业或相关工程实践经验的技术人员进入教师队伍,改变闭门科研、只写论文的学生培养途径,避免多数朝理科化方向发展,片面地用论文来评价一切的情况;或聘请企业工程师辅助教学,利用他们丰富的实践经验,将工程实际与理论相结合,使学生对于理论学习形成明确的现实需求。以教师的知识更新、能力提升带动学生视野的开阔,激励学生不断对新的未知领域进行探索,从而培养出符合新工科要求的人才。

0.2　多学科交叉融合的人才培养

0.2.1　顺应行业发展前景,设置新兴专业模块

新工科要建设一批以"互联网＋"为核心,包括具有大数据、云计算、人工智能和虚拟仿真等现代技术特征的相关专业,不仅要求现有专业的升级改造,同时也需要设置新的专业方向,以应对产业发展和新一轮科技革命与产业变革,以及《中国制造2025》等一系列国家战略。当前产业技术更新换代迅速,产业应用技术发展快,部分专业设置、实验仪器设备和行业认知都不能适应风云变幻的市场竞争,逐步落后于技术现状,并最终落后于企业愿景,落后于产业发展需求。故有必要淘汰落后的,不能适应新形势、新业态的学科专业,通过设置新的专业方向与建设目标,逐步搭建起新工科创新人才专业培养平台。

0.2.2　增强实践实训功能,构建创新人才培养体系

相对于传统的工科人才,未来新兴产业和新经济需要的是理论知识扎实、实践能力强、具有创新意识、具备行业领军潜质的高素质复合型新工科人才。新工科是面向高等教育的一项重大改革,而实践教学又在其中起着至关重要的作用。学生通过实践教学初步了解工业流程的具体形式,对实践过程的感知深深地影响着学生对其专业和所从事行业的认知,因此在新工科人才培养体系的构建过程中,实践教学是重要的培养环节。实践与理论之间的关系密不可分且互相影响,理论教学是实践训练的前奏,为实践教学提供必需的指导。传统模式是理论讲授在前,后续集中安排实践课程,理论讲授与实践环节脱节,学生不仅理论知识掌握不牢,且实践动手训练得不到保障,工程意识淡薄,这些都约束了学生们走上工作岗位后能力的发展。创新人才培养必须解决好面向工程技术的实践教学问题,构建以实践教学为核心的创新人才培养体系,才能转化出创新动力,促进学生加深对理论知识的理解、掌握和消化,为自主学习和能力培养奠定基础。

0.2.3　解决条件与制度限制，提高学生培养成效

随着国家和各级政府对高等教育的投入加大，教学中的科研装备与实验条件已经有了很大改观，但大多数高校专业实验教学条件还不够理想，不仅因为招生规模扩张需要解决经费问题，同时还面临生师比过大、生均仪器台(套)数不足等条件欠缺，各项评估均受影响的窘境。传统实验教学多以基础理论的验证和演示为主，缺少设计型、探究性的综合实验；学生多以重复性模仿操作为主，自主选择空间狭窄，虽然新建了许多虚拟现实与仿真实验室，但能与工业主流水平配套的综合创新实验平台还是太少，缺少对学生的思维训练，从而导致学生的创新意识薄弱。

高校在引进人才方面多采取非常规措施，师资来源也是针对科研团队和布点方向，实验教师长期定位不确定，补充较为困难，师资力量薄弱。近年来，虽然有一些博士毕业生补充到实验室工作，但教师岗位是基于人事考核指向开展工作的，尤其是青年教师重科研轻教学，实验教师的待遇和地位均不高，教学积极性低，理论教学与实践教学严重脱节，评价导向不利于实验教学和队伍建设，这也是高等教育有待解决的问题。

新工科人才培养要求我们必须尽快解决在实验教学中教师积极性和实验条件不足问题，把实验教学与实践训练融入到教学改革之中，同时增强教师和学生的创新思维，营造新型工程技术人员培养系统新模式，使学生在多种形式的实验实践平台锻炼，具备创新精神和实践能力，能回应当前需求，又能面向未来。

0.3　"产学研用"深度融合的人才培养

党的十九大报告中明确提出要深化科技体制改革，建立起以企业为主体、市场为导向、产学研深度融合的技术创新体系，产学研融合是人才培养的重要措施。

0.3.1　依托企业合作互融，加强工程技术教育

走新工科交叉与融合之道，使产教各自对应的岗位和人才供给侧同时参与改革。高校利用人才、科研和学科优势，以加速产业创新发展和企业转型升级为方

向,借助政府政策和资金支持,一起打造集高新技术研发与成果转化、创新创业人才培养,以及企业员工理论基础与专业水平提升、科技信息交流与政策咨询于一体的"产学研用"协同创新平台,学校和企业都是"合作主体",实现产教等多方的融合。

高校教师是主力军和实践者,可以依托与企业的合作,以进入企业技术创新中心或博士后工作站等方式,增强工程技术认知,亲历工程技术的发展与瓶颈,把人才培养结合在校企、校所等合作中,转变教育、推广科技成果等模式,提高产品科技含量和竞争力,实现理论知识深化与技能培养的有机融合与升华,培养出更高层次的智慧素质与创造技能。

0.3.2 促进学生实践教学升级,培养创新思维

大学生专业知识学习主要通过课堂上的教师讲授和课本内容,真正的理解与掌握需要理论与实践相结合。在合作企业搭建学生实践教学平台,可以为学生提供参观学习、专题实习实践等机会;企业工程技术人员既可以指导学生进行具体科目实践,也可指导学生参与所学专业创新创业比赛,利用所掌握的工程基础知识和自身工作经验现身说法,进一步帮助大学生真正理解专业的发展和就业目标,建立创新思维;在校企合作平台上,让学生参与到企业项目的研发过程中,切身感受所学知识的重要性和职场环境,促进"产学研用"成效增益,进一步激发学生对所学专业的兴趣,在潜移默化中启发学生目标导向的学习意识,培养学生的工程观和工程基础能力。

0.4 社会资源广泛融合的人才培养

0.4.1 搭建交流平台,开展交流合作

积极搭建交流平台,为教师提供参加校际合作和学术会议交流等机会,让青年教师在与他人合作、交往的过程中,教育能力和工程实践能力得到提高;搭建企业技术需求与学校技术供给之间的桥梁,整合创新各种要素的有效资源,为专业教师

进行深度合作提供条件,使他们能够参与到企业生产、研发和产品推广等各个环节中。"产学研用"合作的培养模式,对企业、高校、教师和学生来说都是很好的检视和锻炼的机会。企业通过与高校合作,引入高校理论成果,对工厂现有的技术及管理问题进行研究、改进,研发新的生产技术,提高产品附加值,增强企业核心竞争力;学校通过"产学研用"合作,办学模式得到了彻底的改变,增加了与社会的接触,了解了科研成果向生产力转变的内在规律,进而反哺教学改革和办学模式,拓宽学生就业渠道;教师通过参与各种实践、研发活动,掌握了更多行业技术的最新发展动态,便可将理论和实践更好地结合起来,提高科研针对性和目标性,提高自身的实践能力;学生能够直接获得"真题真做"的成就感,了解社会和企业对人才需求的具体细则,为进入社会、走向职场做了一场很好的推演。

0.4.2 推进国际化合作与交流,拓宽创新视野

随着经济全球化,人的交往日渐频繁,国际合作交流及方式也更加多样化。既有联合办学,如西交利物浦、宁波诺丁汉、上海纽约和昆山杜克等高校,又有"2+2""3+1"等名目繁多的多种形式跨境学习与交流,办学与交流机制也各不相同。但是国内高校如何利用国际合作与交流机会,来提高办学影响力和国际声誉,一直是需要探讨的方面,如和国家外国专家局联合设立高等学校学科创新引智基地计划(简称"111计划"),目的在于瞄准国际学科前沿,促进国际交流与合作力度,跟踪国际学科发展动态,实现人才培养的国际化战略。

要实现高等教育多学科交叉融合的人才培养,就必须调整与优化课程设置。首先是课程的综合化,设置跨人文与自然科学、人文与社会科学等综合性课程。发达国家的高等教育中普遍采取的就是这种课程设置模式,如哈佛大学的"核心课程"模式改革等。其次是教学的国际化,包括教学语言的多样化,如全英文教学、双语种教学乃至多语种相互通行的课程开发;教学内容的国际化,如设置多种形式的国际性课程,为学生提供国际知识、比较文化和跨文化课程等;人才培养形式的国际化,如国外研修、研习计划和学生交流互换等。最后是教师的国际化,利用"送出去"培养进修、"引进来"海外招聘等形式,提升教师国际合作与交流水平,增强国际背景场合下的学术话语能力,做到"他山之石,可以攻玉";将国际先进办学经验、领先成果和创新思想融入到教学、科研活动之中,培养一流创新人才。

0.5 知识与能力评价融合的人才培养

对学生的传统考核方式主要依赖卷面成绩,实践环节的考核缺少标准和规范,对毕业生的学习和工作业绩缺少跟踪,综合素养和能力评价体系难以形成闭环;学生能力评价方式单一,人才培养与社会需求不匹配。因此,应该按照新工科专业建设的教学标准,构建理论教学和实践教学相结合的科学合理的评价体系。

0.5.1 评价由考试手段到目标导向转变

学习成绩只是学生在一个阶段学习水平的体现,专业学习中的分数表现不代表其个人综合能力,更不能代表今后个人的成长与发展。在新工科专业建设中,高校要正视教育的本源,总结学生的成长规律,学生毕业目标的达成不在于成绩分数,能否自主学习、解决问题、胜任工作才是关键,要将学生发展评价由分数认定的考试工具作用朝目标导向转变,建立过程参照与结果并重的评价体系。

学生成长性评价变革要体现满足培养创新人才需求的根本意图,树立创新的评价理念,以价值理性为牵引,最大限度地面向更广泛的学生,不仅考量学生的专业成绩,还要将学生的基础理论知识掌握情况与实践实训过程、能力表现结合起来进行评价,推动学生发展评价由分数优先到素质能力发展的转型,将涉及学生专业发展的非量化的、定性的、精神层面的判定标准也纳入评价框架中,杜绝以往简单笼统的学生发展评价结果,充分发挥评价对学生成长与发展的作用,更加全面、客观和真实地反映学生在专业学习中的实际表现、发展潜质。

0.5.2 评价由单一手段到多维视角转向

培养专业人才适应社会的多维能力的关键在于促进其综合发展。应克服单纯从知识层面考查的单一手段评价存在的弊端,引导学生将更多的时间和精力关注在自身的能力建设和提升上;要以众多内容为基础,对现有评价体系进行丰富和完善,积极探索有效的评价方式和方法,实现由知识考查到能力检验的转向,建立"以知识为参照,以能力为标杆"的评价机制;要体现新工科专业建设的综合性和全面性,进一步根据人才培养的基本定位,在理论知识考查的基础上,将专业能力确定纳入评价,收集全方位的考查题材,包括学生的专业基础、团队协作精神、社会交往能力、创新思维等,摒弃单点、单线、单面的单一考查内容、形式和方法,从多维度视角来审视学生的发展,建立不同层次、不同尺度的多维度评价体系。

0.5.3 评价由静态到动态转化

在新工科建设过程中,建设内容和路径也要不断变化,才能保证与时代发展同频共振。学生发展评价既要体现专业建设的创新性和开拓性,也要在评价方式上进行改革和创新,主动适应时代发展的变化。改变以往单一的、静态的测验、考查、考试评价方式,通过多种方式了解、评价学生的专业学习情况,通过让学生在设定的情景中学习成长,如正常实验、生产实习和毕业实习,或是在企业合作项目,以及创新创业大赛等,真实地考察学生的主观能动性和客观表现,并在活动中完成对学生专业学习表现的动态性评价。

新工科要求培养观念更新、培养目标更新、培养方式更新,建立高效的新工科人才培养新模式,实现教师学生双向行动,促进高校和企业优质资源的高效配置,达到新时代人才培养的既定目标。

第1章　中国高等教育成就与发展

教育是国之大计、党之大计。教育兴则国家兴,教育强则国家强。2014年教师节前夕,习近平总书记在与北京师范大学师生代表座谈时指出:"教育是提高人民综合素质、促进人的全面发展的重要途径,是民族振兴、社会进步的重要基石,是对中华民族伟大复兴具有决定性意义的事业。"教育对提升国民素质、传承文化和提升国力等,都具有不可替代的主导作用。其中,高等教育在推动中国崛起发展、实现中华民族伟大复兴的进程中,发挥着重要的基础性作用。自1949年新中国成立以来,我国高等教育的发展,也是中国社会经济发展的真实写照,经历了百废待兴、停滞不前、改革开放三个发展阶段。纵观发展历程,尤其是改革开放以来,我国的高等教育取得了举世瞩目的成就。而当今世界,正面临百年未有之大变局,国际形势复杂多变,我国高等教育的发展面临着诸多挑战。

1.1　中国高等教育取得辉煌的成就

1.1.1　成为综合国力提升的智力之源

我国高等教育培养模式已经由精英化转为大众化,同时,人才培养质量也逐步得到提升。高等教育已经成为支撑国家经济社会发展和科学基础创新的关键智力资源。

1. 人才培养规模得到大幅度增长

随着经济社会发展和综合国力的提升,高等教育的投入不断加大,高等教育的办学规模和办学能力得到了快速提升。以高等教育在学总规模为例,由1949年的11.7万人到1978年的86.7万人,再到2019年的4002万人,高等教育的规模增长超过 342 倍，跃居世界第一位。再以高等教育毛入学率为例，从 1949 年的 0.26％ 到 1978 年的 2.7％，再到 2019 年的 51.6％，高等教育毛入学率增长超过 198 倍，实现了高等教育普及化。尤其是进入 21 世纪以来，我国的高等教育不仅是在在校学生规模、各类高校数量，还是在高校布局上都有了一个跨越式的发展[1]。

2. 人才培养质量得到明显提升

党和国家历来高度重视高等教育的人才培养质量，通过出台制度文件、制定教育发展纲要、实施教育质量评估等举措，全面督促高等教育质量不断提升。2010 年 7 月 29 日颁布实施的《国家中长期教育改革和发展规划纲要（2010～2020 年）》，提出了要培养创新型、复合型、应用型、技能型等四种类型人才的培养要求[2]，着力改变"千校一面"的人才培养模式。我国高等学校正逐步按照自身学科专业优势走特色发展道路，从社会需求适应度、培养目标达成度、办学条件支撑度、质量保障有效度、学生和用户满意度五大标准维度，争创世界一流发展目标[3]。

3. 人才培养层次得到丰富巩固

我国高等教育的学位体系健全，硕士、博士等更高层次人才的培养数量和类型不断增加。为适应国家经济建设需要，教育部决定从 2009 年起，在原有的学术型硕士、博士招生的基础上，增加专业学位型硕士、博士招生，开始实行全日制专业学位型研究生的培养，同时发放双证（毕业证和学位证）。2011 年，将硕士研究生由学术型人才培养转为应用型人才培养，实现了研究生教育结构的历史性转型和战略性调整。

1.1.2　成为国家科技创新策源地

高等学校的教育教学始终与科学研究紧密结合，相互促进。随着高等教育的发展，尤其是国家对高等教育投入的不断增加，高等学校在国家科技创新体系中的地位日益凸显，高等教育综合实力和国际竞争力有了较大提高，对国家科技创新体系建设的贡献度显著提升。目前，高校建有全国 60％ 以上的国家重点实验室，聚焦了 60％ 以上的国家高层次人才，承担了 80％ 以上的国家自然科学基金项目等，我国高校始终承担着国家科技创新的重要使命[4]。

1.1.3　管理体制逐步趋于完善

我国高等教育经过近百年的发展,走出了一条有中国特色的高等教育发展之路。新中国成立初期,我国高等教育管理由"集中统一"转为"统一领导、分级管理"的管理体制,十一届三中全会之后,"宏观管理、两级负责"的管理体制逐渐形成。进入21世纪后,我国对高等教育治理现代化进行了探索。2007年教育部颁布实施的《国家教育事业发展"十一五"规划纲要》(以下简称《国家教育规划纲要》)规定:"进一步明确和落实各级各类学校的法律地位,完善学校法人制度,建立和完善现代大学制度。"这是我国首次提出现代大学制度的概念。2010年中共中央、国务院颁布实施的《国家中长期教育改革和发展规划纲要(2010~2020年)》对"现代大学制度"作出了解释,并强调要"推进政校分开、管办分离;落实和扩大学校办学自主权;完善治理结构;加强章程建设"。2019年中共中央、国务院颁布的《中国教育现代化2035》部署的十大战略任务之一便是"推进教育治理体系和治理能力现代化",与带有支配性质的管理方式相比,治理所强调的是共治与协调,其特点为治理主体的多元化与治理过程的动态化,各治理主体之间通过引导、协商、沟通以及参与等方式来实现治理目的。同年2月中共中央、国务院颁布实施的《加快推进教育现代化实施方案(2018~2022年)》强调,推进教育现代化要以全面加强党对教育工作的领导为根本保证。我国的现代大学制度逐步建立并得到完善,高等教育管理模式实现了从"政府控制模式"向"政府监督模式"的转型,依法办学、依章程治校的管理框架逐步形成。

1.1.4　人民群众满意度不断增加

高等教育关系到国民的切身利益,深受广大民众的关注。尽管我国高等教育已经由精英化转变为大众化,但资源仍然比较紧缺。上名校、上质量高的大学,一直是人民群众高度关注的热点。党中央高度重视人民群众的呼声,各级政府不断加大人力、物力、财力等资源投入和制度保障,不断改善基础设施等办学条件,高校基础设施和教学、生活环境等整体提升幅度较大;出台了一系列政策,促进学生成长成才,加强教育内涵建设,提升高等教育质量,办好人民满意的高等教育。改革开放40多年来,从确立教育优先发展战略,到把实施科教兴国作为基本国策,再到人才强国战略等,在前所未有的挑战与战略机遇面前,国家作出了攸关国家前途和民族命运的重大历史抉择。《国家教育规划纲要》中明确指出,教育优先发展不是简单的数量扩张，而是必须以提高质量为前提的质的飞跃。2016年，我国成为本科工程教育国际互认协议《华盛顿协议》正式成员，我国工程教育得到国际认可。我国高等院校在全球的位次整体大幅攀升，进入世界排名前列的高校数量显著增加[5]，近100个学科进入世界排名前千分之一，在载人航天、量子通信、超级计算机等领域产出了一批具有国际影响力的标志性成果，有力地推动了创新型国家的建设。

1.2　高等教育的发展引领

"国势之强由于人，人材之成出于学"。新时代，习近平总书记站在时代发展前沿和国家战略高度，围绕"培养什么样的人，怎样培养人，为谁培养人"等教育核心问题，从坚持党对教育事业的全面领导、坚持正确的办学方向、建设高素质教师队伍、形成高水平人才培养体系等方面，就教育目的、教育主线、教育关键提出了一系列重要论断，形成了习近平新时代关于高等教育的基本观点，对于高等教育的发展和改革具有重要的引领作用。

1.2.1　坚持党对教育事业的全面领导

教育是利在当代、关乎未来的重要事业。目前我国教育体量虽世界最大，但各区域教育发展不平衡，教育需求差异巨大。如何运行好、发展好这样庞大而复杂的教育体系，习近平总书记多次强调，加强党对教育事业的全面领导是根本保证。要始终坚持党管办学方向和党管改革发展，把党的教育方针全面贯彻到学校工作中的各个方面，使教育领域成为党领导的坚强阵地[6]。

1.2.2　培养社会主义合格建设者和接班人

我们的教育目的是要培养德智体美劳全面发展的社会主义建设者和接班人。能不能为中国特色社会主义建设事业源源不绝培养合格的建设者和接班人，能否为实现中华民族伟大复兴驰而不息凝聚人才、培育人才、输送人才，是衡量一所高等学校教学水平与质量最为重要的考量指标。习近平总书记在全国高校思想政治工作会议上提出我国高等教育必须坚持"为人民服务、为中国共产党治国理政服务、为巩固和发展中国特色社会主义制度服务、为改革开放和社会主义现代化建设服务"的重大论断。抓住了"四个服务",就抓住了当代中国"社会发展、知识积累、文化传承、国家存续、制度运行"的核心关键,就抓住了培养社会主义建设者和接班人的核心要义。世界一流大学都是在服务自己国家经济、文化、社会发展中成长起来的,"只要我们在培养社会主义建设者和接班人上有作为、有成效,中国的大学就能在世界上占据举足轻重的地位,才能控制话语权"[7]。高校要将办学的重点放到立德树人上来,不断完善"双一流"建设体系,提升人才培养、创新能力和服务贡献水平。

1.2.3　高校思想政治工作体系建设

"高校思想政治工作,既是我国高校的特色,又是办好我国高校的优势。"[8]"人才培养体系涉及学科体系、教学体系、教材体系、管理体系等,而贯通其中的是思想政治工作体系","加强党的领导和党的建设,加强思想政治工作体系建设,是形成高水平人才培养体系的重要内容"[9]。中国特色社会主义教育本身就是知识体系教育和思想政治教育的结合,要明确思想政治工作在人才培养大局中的重要地位和特殊作用,要始终坚持利用辩证统一的思维把教书育人规律、学生成长成才规律和思想政治工作规律统一起来,"把立德树人内化到大学建设和管理各领域、各方面、各环节",用高质量的思想政治工作体系引领一流的人才培养体系建设,使思想政治工作以至柔至刚、滋润万物的精神力量融通教师的每一堂课、贯穿学生的每一步成长,真正在全程、全员、全方位"三全"育人的思想政治工作格局中,引人以大道、启人以大智,将学生培养成为国之栋梁。

2018年9月10日,习近平总书记出席全国教育大会并发表重要讲话,提出以"九个坚持"为主体的一系列新思想、新理念、新观点,高瞻远瞩地指出教育是"国之大计,党之大计",阐述了人才在我国经济社会建设中的战略性作用,为高等教育的改革发展指明了方向。

1.3　立德树人的根本任务

坚持教育为社会主义现代化建设服务、为人民服务,把立德树人作为教育的根本任务,也是新时期教育的根本任务,即培养德智体美劳全面发展的社会主义建设者和接班人。党的十八大以后,习近平总书记把"立德树人"作为教育思想的核心理念,作为对教育事业的基本要求,多次从不同角度升华这一思想,这也是我们党

专业认证和新工科背景下材料类专业人才培养的创新与实践

对教育本质认识的进一步升华。

立足新时代，领会立德树人在党的教育方针中的地位、作用和目的。"落实立德树人的根本任务，是新时期贯穿党的教育方针的时代要求，是教育坚持和发展中国特色社会主义的核心所在。"立足中国特色社会主义的制度优势，办好社会主义大学，阐述立德树人是坚持社会主义办学方向的内在要求。在第二十三次全国高等学校党的建设工作会议上，习近平总书记强调，办好中国特色社会主义大学，要坚持立德树人，把培育和践行社会主义核心价值观融入教书育人全过程；强化思想引领，牢牢把握高校意识形态工作领导权；立足于建设教育强国的目标，进一步明确立德树人在我们党教育总政策、总要求中的重要地位；建设教育强国是中华民族伟大复兴的基础工程，必须把教育事业放在优先位置，加快教育现代化，办好人民满意的教育；要全面贯彻党的教育方针，落实立德树人根本任务，发展素质教育，推进教育公平，培养德智体美劳全面发展的社会主义建设者和接班人。由此，我国教育方针的内涵更加丰富，我们党的教育思想获得进一步发展[10]。

1.3.1　坚持办学正确政治方向

马克思主义是我们立党立国的根本指导思想，也是我国高校最鲜亮的背景。坚持办学正确政治方向，最根本的是坚持马克思主义对高校教育工作的指导。在中国共产党领导高等教育实践中，党始终牢牢把握高校正确的办学方向，掌握高校思想政治工作主导权，用科学理论武装头脑，用正确思想引导思维，保证高校始终成为巩固马克思主义指导地位的坚强阵地[11,12]。

在中国共产党的领导下，我国高等教育取得的辉煌成就表明，以马克思主义思想为指导是中国共产党创办、探索中国高等教育实践经验的科学总结。历史证明，无论是在革命和战争年代，还是社会主义建设和改革开放的和平发展新时期，马克思主义的研究、传播、实践都在高等教育的办学过程中占据非常重要的地位。尤其是改革开放以来，国际国内形势发生了翻天覆地的变化，我国高校大学生思想政治建设和意识形态工作也面临新的挑战。为了牢牢把握高校意识形态工作的领导权和控制力，中国共产党十分重视思想政治理论课师资队伍建设、课程体系设计与建设，不断加强马克思主义思想在高等院校的指导地位。同时，高校思想政治工作队伍不断扩大，师资队伍马克思主义理论水平得到提升，大学生的思想政治觉悟得以提高。

"大学之道，在明明德，在亲民，在止于至善"。大学既是知识传播与传承的场所，也是学生世界观、人生观和价值观再次塑造的熔炉，青年一代的价值取向直接决定了未来社会发展的精神内涵。"无论过去、现在还是未来，中国青年始终是实现中华民族伟大复兴的先锋力量！""青年的理想信念关乎国家未来。青年理想远大、信念坚定,是一个国家、一个民族无坚不摧的前进动力。""青年一代有理想、有本领、有担当,国家就有前途,民族就有希望。"对于青年大学生的价值观教育,决定了国家和民族的未来,因此,做好以马克思主义为指导的高校意识形态工作就显得格外重要[12]。

大学生思维活跃且未定性,其思想容易受到外界的干扰和左右。因此,高校成为意识形态工作的重要前沿阵地。高校意识形态工作纷繁复杂,关联着高校人才培育事业能否顺利进行的主体功能,策应着高等教育综合配套改革的形势,肩负着探索意识形态工作发展规律的任务,也面临着急难险重的任务和前所未有的考验。坚持马克思主义在高校意识形态工作中的指导地位,确保高校正确的办学方向。

在实际工作中,高校应始终坚持党的领导和坚持办学正确政治方向,要坚定不移地做好以下两个方面的工作:一是坚持不懈地抓好马克思主义理论教育,深化学生对马克思主义历史必然性和科学真理性、理论意义和现实意义的认识,教育他们学会运用马克思主义立场、观点、方法观察世界、分析世界。真正搞懂面临的时代课题,深刻把握世界发展走向,认清中国和世界发展大势,让学生深刻感悟马克思主义真理的力量,为学生成长成才打下科学思想基础;二是要坚持不懈地弘扬和践行社会主义核心价值观,把培养担当民族复兴大任的时代新人作为重要职责,努力使社会主义核心价值观像空气一样无所不在、无时不有[13-15]。

1.3.2　建设新时代高素质教师队伍

党的十九大报告对优先发展教育事业作出战略部署,指出建设教育强国是中华民族伟大复兴的基础工程,强调要加快一流大学和一流学科建设,实现高等教育内涵式发展。建设一流大学、一流学科,提高教学与育人水平,离不开一支高素质的教师队伍。习近平总书记在考察北京大学时的讲话中指出,要按照"政治素质过硬、业务能力精湛、育人水平高超"的要求,站在培养社会主义建设者和接班人的战略高度,推进高素质教师队伍建设工作等。建设高素质师资队伍,需要做到以下三个方面:首先,必须把师德师风作为评价师资队伍素质的第一标准,强化理想信念教育和师德师风建设;其次,必须更加注重提高教师业务能力,加强理论素养和专业素质建设;最后,必须更加注重提高教师育人水平,加强教育教学水平能力建设。从着力提升教师思想政治素质、全面加强师德师风建设和全面提升高等学校教师质量几个方面发力,建设一支新时代高素质的教师队伍[11]。

当今世界正面临百年未有之大变局,世界格局正在加速进行重组,正处在大发展、大变革、大调整时期,新一轮科技和工业革命正在孕育,新的增长动能不断积聚[16]。中国特色社会主义的发展进入了新时代,开启全面建设社会主义现代化国家的新征程。目前，我国社会主要矛盾已经转化为人民日益增长的美好生活需要和不平衡不充分的发展之间的矛盾，人民对公平而有质量的高等教育的向往更加迫切。在高质量的高等教育要求下，建设高素质的教师队伍是建设社会主义现代化教育强国的应有之义，是建设人民满意的世界一流大学的客观要求。高校教师是思想的传播者，是知识的引领者，是创新思维的开拓者，是高等教育发展的第一资源，是国家富强、民族振兴、人民幸福的重要基石，只有高素质的教师队伍才能争创人民满意的世界一流大学[17]。

1.3.3　构建高水平人才培养体系

人才培养体系涉及学科体系、教学体系、教材体系、管理体系等，而贯通其中的是思想政治工作体系。加强党的领导和党的建设，加强思想政治工作体系建设，是形成高水平人才培养体系的重要内容。育人和育才是相统一的过程，而育人是本。高水平的人才培养体系建设是一项涉及各项工作的系统工程，思想政治工作必须有机融入到教学、科研、管理等各个环节，才能产生实效。

构建高水平人才培养体系，首先，必须加强党的领导和党的建设，加强思想政治工作。只有坚持党对高校的领导，坚持社会主义办学方向，才能把我们的特色和优势有效转化为培养社会主义建设者和接班人的强大能力[18]。其次，构建高水平人才培养体系，要大力推进教学改革，提升人才培养质量。最后，构建高水平人才培养体系，要瞄准世界前沿进行攻关创新。加强不同学科之间协同创新，加强原创性、系统性、引领性研究，努力培养造就一大批具有国际水平的战略科技人才、科技领军人才、青年科技人才和高水平创新团队，力争实现前瞻性基础研究、引领性原创成果的重大突破[19-21]。同时，还要做好以下三个方面的工作[22]。

1. 立足于"以本为本、四个回归"的内涵要求，不断更新人才培养观念

习近平总书记在北大师生座谈会上强调，人才培养一定是育人和育才相统一的过程，而育人是本。人无德不立，育人的根本在于立德。这是人才培养的辩证法。全国高等学校本科教育工作会议提出，坚持"以本为本"，推进"四个回归"，加快建设一流本科教育、全面提高人才培养能力，做了全面提高人才培养能力的总动员，开启了高水平人才培养体系建设的新征程。

进入新时代以来，高等教育综合改革全面推进，更加聚焦人才培养，把人才培养质量与效果作为检验一切工作的根本标准，高等教育进入提高质量的升级期、变轨超车的机遇期、改革创新的攻坚期。本科教育是大学的根和本，在人才培养体系

中占据着基础地位、战略地位,具有纲举目张的作用。面对新时代、新形势、新要求,应进一步明确本科教育在人才培养中的地位和作用,将其放在高校改革发展的前沿地位,作为高校育人育才的重要载体,成为高校教育教学的有力支撑。以"回归常识、回归本分、回归初心、回归梦想"为基本遵循,激励学生刻苦读书学习,引导教师潜心教书育人,真正落实"八个首先",为我国建设高等教育强国强基固本。

我国高等教育办学规模和年毕业人数已居世界首位,但规模扩张并不意味着质量和效益增长,走内涵式发展道路是我国高等教育发展的必由之路。因此,在人才培养过程中要树立"德育为基、内涵为要"的育人理念,突出德育的先导作用、根基作用、引领作用,构建以社会主义核心价值观为引领的德育体系;同时,通过德育推动智育、体育、美育、劳动教育工作的相互促进。在育人过程中突出质量、凝练特色、彰显成效,紧扣提高教育质量、实现内涵式发展主题,全力推进高水平人才培养体系建设。

2. 立足于"立德树人落实机制"的创新驱动,不断健全人才培养体制

深化教育体制机制改革,健全立德树人落实机制,扭转不科学的教育评价导向,坚决克服唯分数、唯升学、唯文凭、唯论文、唯帽子的狭隘导向,从根本上解决只看表面不看内在、只论数量不论成效、只顾眼前不顾长远等不科学,甚至是扭曲的评价方法。深化办学体制和教育管理改革,充分激发教育事业发展的生机与活力。

当前,高等教育进入提高质量、结构调整的内涵式发展新阶段。要重点抓好人才培养制度改革、科研体制机制改革和人事制度改革等,将立德树人内化到这些改革领域的各方面、各环节,进一步明确改革领域的内在逻辑、标准体系、评价导向和价值取向,牢牢抓住"全面提高人才培养能力"这个核心点,把立德树人的成效作为检验一切工作的根本标准。"双一流"建设背景下,注重结构布局优化协调、人才培养模式创新、资源有效集成配置等关键,着眼于深层次、全方位的体制改革,以及各层次、各环节的系统推进,实现各项制度的聚合创新。将这些改革举措与立德树人落实机制有机衔接,使制度改革和立德树人相互促进、全面发力,真正为人才培养工作注入强大内生动力和力量源泉。

人才培养体系涉及学科体系、教学体系、教材体系和管理体系等,而贯穿其中的是思想政治工作体系。应以创新思维、手段推动思想政治工作体系与学科、教学和管理体系的贯通融合、立体架构,努力搭建起遵循学生成长规律、突出一体化构建的育人体系。

3. 立足于"高校与服务资源型经济转型发展"的多维聚合,不断优化人才培养路径

新时代高校服务区域经济转型发展、优化人才培养路径,有了明确的新定位和新要求。《关于高等学校加快"双一流"建设的指导意见》指出,要建立面向服务需求的资源集成调配机制,充分发挥各类资源的集聚效应和放大效应。通过增强外部体制机制改革协同与政策协调,加快形成高校改革创新成效评价机制,完善社会参与改革、支持改革的合作机制,促进优质资源共享,为高校创新驱动发展营造良好的外部环境。

高校密切关注区域、行业和部门的人才需求,通过调整优化区域布局、学科结构、专业设置等,推动形成学校就业与招生计划、人才培养的联动机制,以及学科专业动态调整机制,提升教育服务经济社会发展能力;在一流大学和一流学科建设进程中,主动对接区域重大战略,加强对各类需求的针对性研究、科学性预测和系统性把握,积极实施创新驱动发展战略,推进产学研协同创新,着重培养创新型、复合型、应用型人才。

完善以社会需求和学术贡献为导向的学科专业动态调整机制,形成评价机制、合作机制、联动机制与动态调整机制的多维聚合,不断扩大集聚效应和放大效应,着力提升服务区域经济社会发展能力。

1.4　高等教育的改革与发展趋势

《中共中央关于教育体制改革的决定》作为改革开放后中共中央颁布的关于教育体制改革的第一个决定,提出了"教育必须为社会主义建设服务,社会主义建设必须依靠教育的根本指导思想"的战略目标,将教育改革纳入改革开放和现代化建设的总设计中。

在完成了规模扩张、教育体系日趋完备的前提下,高等教育综合改革向纵深推进,内涵式建设取得新进展[23]。为迎接世界新技术革命和日益激烈的国际竞争,1992年中央政府提出"要面向21世纪,重点办好一批(100所)高等院校"("211工程");1998年又决定重点支持国内部分高校创建世界一流大学和高水平大学("985工程");2017年9月,"双一流"建设揭开我国高等教育向世界一流挺进的序幕,成为我国高等教育内涵式发展的新起点。以改革为驱动力,重点高校正探索世界一流大学发展可行性的中国方案;以产业需求为导向,地方院校正向应用型高校

转变。2018年6月,全国高等学校本科教育工作会议召开,提出坚持"以本为本",从"本科教学"到"本科教育",反映了我国本科教育形势的发展、内涵的拓展和地位的提升。

《国家中长期教育改革和发展规划纲要(2010~2020年)》,这是我国进入21世纪之后的第一个教育规划,其中明确了"优先发展,育人为本,改革创新,促进公平,提高质量"的新目标,为加快我国从教育大国向教育强国、从人力资源大国向人力资源强国迈进指明了方向,推动了新时期教育的发展。

1.4.1　提升内涵式发展的历程

随着体制改革的不断深入,我国高等教育迅速发展,高等学校数量急速增长,但也存在如我国的高等教育发展无法满足市场对人才的需求、与国际高等教育相差甚远等问题。1993年初,《国家教委、国务院学位委员会关于印发全国普通高等教育工作会议有关文件的通知》提出"中央部门高等教育的发展,要坚持走内涵发展为主的道路",这是首次提出高等教育的内涵式发展,目的在于使高等教育更好地服务于社会经济。内涵式发展的初期,发展的主要任务是对学校内部进行改革。

到了20世纪90年代,随着经济发展步入快车道,专业人才需求出现短缺。因此,高等教育规模扩大成了发展的重点,主要体现在高校的数量和规模不断扩张,像三本、独立学院等形式办学不断涌现。与此同时,国家启动了"985工程""211工程",希望以此来提高高等教育的发展水平和质量,蕴含了内涵式发展的重要思想。

2006年,国务院提出要稳定高校规模,着力提高高等教育质量,印发了《国家中长期教育改革和发展规划纲要(2010~2020年)》,提出树立以提高质量为核心的教育发展观,注重教育内涵式发展。鼓励学校办出特色、办出水平、出名师、育英才,这次的高等教育文件中再次提及内涵式发展。

2018年,习近平总书记在与北京大学师生的座谈会上强调:"规模扩张并不意味着质量和效益增长,走内涵式发展道路是我国高等教育发展的必由之路。"随后,国家采取了一系列措施促进全国高校的转型,明显意味着新时代的内涵式发展要义,不在于扩大规模、数量,而应将重点放在高等教育本身和高等学校内部发展动力上,实现内涵式发展的确立。

1.4.2　内涵式发展的推进

优先发展教育事业是推动党和国家各项事业发展的重要先手棋,把教育摆在

专业认证和新工科背景下材料类专业人才培养的创新与实践

优先发展的战略地位,是建设社会主义强国的需要。随着我国社会主要矛盾发生了本质转变,人们不仅期望能够接受高等教育,更期待享有越来越好的高等教育[23]。我国高等教育容量和能力的大幅提升,经济增长方式的变化和经济结构的调整,以及经济全球化、高等教育国际化,所带来的自主创新能力和国际竞争力的严峻挑战,更是加快了高等教育内涵式发展的推进步伐。

党的十八大提出"推动高等教育内涵式发展",十九大提出"加快一流大学和一流学科建设,实现高等教育内涵式发展",都在强调内涵式发展。以内涵式发展推动高校"双一流"建设,已经成为新时代发展高等教育的现实迫切要求,提高教育质量已经成为教育改革发展的核心任务,内涵式高质量发展已经成为中国高等教育发展的基本要求和核心内容。提高教育质量,坚持走以提高质量为核心的内涵式发展道路,是我国现代化的阶段性特征和国际发展潮流提出的深刻命题,是科教兴国的必然选择,是人才强国、立德树人的本真要义[24,25]。

1.4.3 内涵式发展的模式

教育内涵式发展是教育事业发展的途径之一,是"教育外延式发展"后处于一定阶段时的必然产物。通过提高教育要素的质量和教育要素的效率,实现教育规模的扩大和教育事业的发展,是以提高质量为中心的"质量、结构、公平和制度"中各要素协调、可持续的发展模式。外延式发展追求的是增长数量、拓展空间、扩大规模,主要是适应外部的需求表现出的外表扩张;而内涵式发展强调的是结构优化、质量提升、实力增强,是一种相对的自然历史发展过程,发展更多是出自内在需求。内涵式发展道路主要通过内部的深入改革,激发活力,增强实力,提高竞争力,在量变引发质变的过程中,实现实质性的跨越式发展。不论是外延上的扩大还是内涵上的纵深,对于社会生产来说都是一种增长和发展,而内涵式发展的核心在于提高资源效率和存在的价值。

1.4.4 内涵式发展的着力点

2018年9月10日,在中国特色社会主义进入新时代、全面建成小康社会进入决胜阶段的大背景下,党中央召开第一次全国教育大会,这在我国教育发展史上具有划时代的里程碑意义。习近平总书记在会上发表了重要讲话,为我国新时代高等教育事业描绘了蓝图,指明了方向。以全国教育大会精神为指引,推动高等教育内涵式发展,主要聚焦在以下几个方面。

1. 坚持党的领导,把稳内涵式发展之"舵"

我们是中国共产党领导的社会主义国家,注定了我们的高等教育必须在中国共产党的坚强领导下,做到"坚持党对教育事业的全面领导"等"九个坚持"。贯彻落实党的教育方针,以马克思主义为指导,坚持社会主义办学方向,以政治建设为统领,把政治标准和政治要求贯穿于党的思想建设、组织建设、作风建设、纪律建设等各个方面,要牢牢把握意识形态工作主动权,积蓄内涵式发展的强大精神动力。

2. 坚持立德树人,铸就内涵式发展之"魂"

从党和国家事业发展全局的高度,全面落实立德树人根本任务。把立德树人融入思想道德、文化知识、社会实践等教育教学的各环节、各领域,按照习近平总书记提出的"六个下功夫"要求,坚守为党育人、为国育才;要进一步健全立德树人落实机制,扭转不科学的评价导向。

3. 坚持德才兼备,筑牢内涵发展之"基"

实现高等教育内涵式发展,就必须把建设教师队伍作为基础工作,从培养社会主义建设者和接班人的高度,建设一支有理想信念、有道德情操、有扎实学识、有仁爱之心的德才兼备的教师队伍。教师是人类灵魂的工程师,是人类文明的传承者,承载着传播知识、传播思想、传播真理、塑造灵魂、塑造生命、塑造新人的时代重任[26]。要从战略高度,充分认识到教师工作的极端重要性,不断提高教师的政治地位、社会地位和职业地位。

4. 坚持开放办学,敞开内涵发展之"门"

实现高等教育内涵式发展,就必须拥有更加开放的姿态。教育对外开放是我国改革开放事业的重要组成部分,敞开开放之门,与世界一流教育资源开展高水平、实质性的合作办学,学习、借鉴先进的办学理念和办学经验,不断探索合作办学新模式,实现资源共享、互利共赢,着力培养具有国际视野、家国情怀和健全人格的拔尖创新人才。

1.5 高等教育发展面临的问题

当前,我国正处于实现"两个一百年"奋斗目标的历史交汇期,面临着百年未有之大变局的国际形势,我们比历史上任何时期都更接近实现中华民族伟大复兴的目标时机,当我们肩负着改革开放以来,特别是党的十八大以来对"教育第一"的执着追求走向新时代时,落实教育优先发展战略、加快教育现代化、加快建设教育强国成为我国目前高等教育亟待解决的问题。我国高等教育的发展,也面临着自身发展的瓶颈,在学科专业设置上大而全的现象依旧存在,不利于集中资源发展优势学科专业,难以打造学科高峰,从而影响争创一流学科进程;高水平师资队伍分布不均,除高校自身培育因素外,高校财力的强弱影响着高水平师资的非正常流动;高校教学科研与社会发展切合度有待进一步提高,存在教学内容与社会发展形势脱节、科研能力难以支撑企业发展需求等现象。

1.5.1　立德树人理念不牢

我国高等教育肩负着培养德智体美劳全面发展的社会主义事业建设者和接班人的重大任务,要把"立德树人"作为中心环节,坚持正确的政治方向,把思想政治工作贯穿教育教学全过程。落实立德树人根本任务,促进人的全面发展,不是简单的说教,需要理论与实践相结合。当前还存在许多发展不平衡、不充分等问题,理论与实践严重脱节,思想价值引领难以贯穿教育全过程。

1.5.2　学生创新能力不足

培养一流创新型人才,是提升国家竞争能力,推动经济和社会发展,实现民族伟大复兴的必然要求。创新型国家建设需要创新型人才的智力支撑,创新能力培养尤为重要。在专业素养的三要素中,知识是基础,只有通过实践,才能消化、吸收,内化于心外化于形,转化为能力;创新能力的提高,是在创新实践中激发创新思维和创新意识,掌握分析问题、解决问题的方法;价值塑造作为知识学习、能力养成的方向引领,需要通过实践完成。因此,只有通过实践实训,才能完成三方面的互动,培养全面发展的一流人才。然而,在传统的教育中,实践教学内容体系不够健全,资源不能充分共享,人才培养改革往往局限于某一具体环节,所实施的改革与变化难以形成持久发展的动力机制,且实践评估反馈机制缺失,学生不能充分成长,缺乏创新能力。

1.5.3 "双主体"内生动力不够

培养顺应未来社会发展的创新型人才,不仅仅是人才培养目标定位的问题,更重要的是如何解决人才培养的内生动力问题。教师和学生是人才培养活动中的两大主体,只有充分发挥两个主体的积极能动性,才能取得良好的培养效果。而高校的激励机制和人才培养导向,影响着教师和学生积极性的发挥。传统人才培养僵化,没有积极营造和构建有利于两个主体发挥积极作用的氛围、环境,配套政策、措施缺失,教师普遍忙于论文发表、科研项目等,在育人上精力投入不足;教育资源匮乏、教育内容单调,学生成才的主动性不强;学生和教师积极性没有调动,内生动力不足,人才培养效果堪忧。

1.5.4 创新创业教育成效不好

近年来,我国创新创业教育成绩有目共睹,但也存在一些问题。

一是课程建设滞后严重。创新创业教育课程建设未能主动适应现实关注和社会需求变化,与解决实际问题脱节。

二是内容千校一面、同质化现象严重。大多是普适性课程,难以满足不同学科、不同年级层次、不同创新创业意愿学生的个性需求。

三是教学模式创新不足。在创新创业教育模式中,有创造性的实践实训课程开设严重不足。另外,理论教学仍然沿袭以课堂讲授为主、辅之案例教学的方式,造成学生掌握的知识与创新创业实践相差甚远。

四是教学"专创融合"度不够。目前,不少高校开设的创新创业课程与专业课程内容融合度不够,"两张皮"现象明显,专业知识教学、校内创业教育与校外创业资源三者之间对接脱节,难以真正做到专业课与创新创业课融会贯通。

五是师资培育和评价机制不完善。专任师资队伍配置率较低,师资多以兼职为主,且缺乏创新创业经历。此外,评价机制未能发挥指挥导向作用,创新创业教育在评价中权重不仅未能上升,反而有滑向边缘化的可能,师资缺乏投入精力和动力提升自身创新创业能力,以及指导和参与学生的创新创业活动。

六是配套制度仍不健全。目前,存在扶持资金短缺、孵化场地准备不全、实践平台滞后、政策保障不完善,以及课程校际共享程度较低等问题,消减了创新创业教育的效果。创新创业教育是一项系统工程,需要多方协同,需要完善配套。

专业认证和新工科背景下材料类专业人才培养的创新与实践

1.6 创新创业教育改革

1.6.1 创新创业教育改革政策

加强创新创业教育,提高学生创新创业能力是贯彻落实四个全面战略布局和实施创新驱动发展战略的内在要求,是推进高等教育综合改革、提高人才培养质量的迫切要求,是高等教育融入国际发展大势,也是加快构建高等教育强国的必然要求。近年来,国家越来越重视高校创新创业教育,出台了一系列政策文件。2010年,教育部颁发《关于大力推进高等学校创新创业教育和大学生自主创业工作的意见》(以下简称《意见》),首次用"创新创业教育"替代"创业教育",提出"大力推进高等学校创新创业教育工作,不断提高人才培养质量"。《意见》的颁布有力推进了高校创新创业教育迈入新的发展阶段。

2015年,国务院颁发《关于深化高等学校创新创业教育改革的实施意见》提出"到2020年建立健全课堂教学、自主学习、结合实践、指导帮扶、文化引领融为一体的高校创新创业教育体系,人才培养质量显著提升"。还对人才培养标准、培养机制、课程体系、教学方法和考核方式、创新创业实践等方面提出明确要求。2016年,教育部发布《关于做好2016届全国普通高等学校毕业生就业创业工作的通知》,要求"从2016年起所有高校都要设置创新创业教育课程,对全体学生开发开设创新创业教育必修课和选修课,纳入学分管理"。系列文件的颁布,标志着中国高校创新创业教育进入了深入推进的新阶段。

1.6.2 高校创新创业教育改革实践

为全面深入贯彻落实国家系列政策文件精神,我国高校持续加强创新创业教育,在事业发展规划和综合改革方案中将创新创业教育作为重要内容,立足发展基础、把握发展形势,提出目标要求、任务举措,细化工作方案、分解落实责任。2016年,清华大学制定《深化创新创业教育改革的实施方案》,提出5大改革任务和15项改革举措,大力探索价值塑造、能力培养、知识传授"三位一体"的教育模式,推进创意、创新、创业"三创融合"的高层次创新创业教育,激发和培养学生的首创精神、企业家精神和创新创业能力[26]。上海交通大学构建了完整的"创业教育+创业实践＋创业孵化＋创业研究"的全面培养教育体系,坚持实践和理论相结合,坚持面上覆盖和点上突破相结合,坚持创新引领创业、创业带动就业,推动创新创业向更大范围、更高层次、更深程度发展。同样,多数高校将创新创业教育纳入教育教学体系,贯穿人才培养的全过程,出台创新创业活动奖励办法和大学生创新创业学分认定办法等,设立创新创业必修学分,将创新创业作为学生评奖、研究生推免等的重要衡量指标;出台教学工作量考核管理暂行办法、教师年度考核基本要求等,鼓励教师开展创新创业教育,制定"三层次"(基础、提高、创新)和"三环节"(实验、实习、实训)实践能力标准等,创新创业教育的新局面出现。

1.6.3 创新创业教育改革成果

创新创业教育已融入课程、教法、实践、教师等人才培养的全过程,创新创业教育内容、形式和模式发生了深刻变革,创新创业教育在服务经济社会发展、承接国家与区域战略需求、推进科学进步技术创新等方面,在推动高等教育结构调整、质量提升,创造就业岗位、提高人才培养质量等方面的作用越发凸显。

1. 课程类别丰富

我国创新创业教育起步晚,但推进快、普及广。目前,多数高校均开设创新创业教育必修课、通识选修课程、线下课程和线上线下混合式课程。截至2018年底,全国高校开设创新创业教育专门课程2.8万余门,上线相关在线课程4100余门[27]。

2. 师资规模持续壮大

高校普遍将打造一支德才兼备、技艺精湛的师资队伍作为创新创业教育重要抓手,通过外引内育等多种方式,扩大导师队伍规模,提升导师队伍质量。截至2018年底,全国高校创新创业专职教师近2.8万人,全国共有9.3万余名各行各业优秀人才走进高校,担任创新创业指导教师[28]。

3. 实践平台资源丰富

国家高度重视、多方协同、多措并举,全力推进创新创业实践平台建设,教育部会同相关部门建设双创示范基地。截至2018年底,共建设200多所深化创新创业教育改革示范校。高校一方面对内挖掘潜力,大力建设创新创业中心;另一方面,与科技园区等部门单位开展深度合作,拓展创新创业活动空间,形成创新创业的集聚效应、示范效应和辐射效应。

4. 人才培养模式改革持续深化

部校、校所、校企等协同育人模式更加成熟,系列卓越人才教育培养计划已覆盖1000余所高校,惠及140余万学生,"挑战杯""创青春""互联网＋"创新创业大赛火热进行,创新创业训练计划深入实施。截至2019年底,118所部属高校、932所地方高校立项达3.84万个,参与学生人数达16.1万[27]。

5. 体制机制持续优化

多数高校出台深化创新创业教育改革实施方案,提出目标要求、任务举措和保障措施,明确学分修读要求、实施弹性学制、完善人才培养质量标准、健全课程体系、改革教学方法和考核方式、加强教师能力建设、强化学生创新创业指导和服务、提供资金支持等,推动创新创业教育体制机制持续优化。

6. 满意度持续攀升

学生对创新创业教育课程、育人模式等满意度较高,普遍认为创新创业教育切实提升了个人创新创业意愿以及创新创业整体素质,国家、学校对创新创业政策的支持力度大,政策落实到位,效果逐步彰显[29]。

1.7　人才培养发展措施

在新的时代背景下,我国创新创业教育要由跟跑、并跑转为领跑,就必须深化创新创业教育改革。具体措施有进一步修订人才培养方案、构建科学的课程教育体系、健全的教育模式体系、完善的创业实践体系、提升教师教学能力、优化质量评价体系。

1.7.1　修订全面的人才培养方案

坚持立德树人根本任务,把社会主义核心价值观融入创新创业教育全过程中的各环节,教育引导学生立志奋斗,勇于开拓,敢于创新。同时,培育学生创新意识、创新思维,激发创新志趣,增强创新能力;明确目标要求,根据不同学科专业、不同年级层次分门别类制定人才培养方案,细化人才培养标准。

1.7.2　构建科学的课程教育体系

紧扣经济社会发展脉搏,主动适应学生多样化课程需求,既建设面向全体学生的基础课程,又建设分层分类的等级课程,满足不同水平、不同层次的学生需求;加强课程选择指导,建立多元化课程选择机制,让学生立足自身实际与需求,选择符合自身发展的课程;大力推进创业教育与专业教育深度融合,促使学生从专业吸取营养,化专业为专长,提升学生创新创业能力。

1.7.3　构建健全的教育模式体系

着力创新"专业＋创业"模式、创新"理论＋案例"模式、创新"指导＋实践"模式、创新"仿真＋平台"模式等四个模式,进一步完善教育模式体系。注重在专业教育中融入创业理念,加强创业技能训练;注重将理论与案例紧密结合,加强师生"互动式的案例教学,强化学生理论学习和实践能力培养;激励创业导师全程参与互联网＋、挑战杯等创新创业大赛;注重将仿真实训与现实环境中的实践平台结合起来,提升学生创新创业的实际操作技能。

1.7.4　构建完善的创业实践体系

充分挖掘潜力,利用校内现有硬件条件,新建、改造和创建创新创业实验室、创业园、创业孵化基地等,组建校企、校所等创业实践联盟;整合场地、资金、技术、信息等资源,建设校外创新创业实践实训基地;精心组织学生参加"互联网＋"、挑战杯等大赛,以赛促学、以赛促改;鼓励支持学生参加暑期社会、创业实践等活动,提高学生创新创业素养。

1.7.5　增强教师教学能力提升体系

通过引育并举,引入一批具有丰富实战经验的一线精英为兼职导师,构建多元化培训体系;加强教育培训,推进教师改革教学内容和方法,提升教师运用现代技术改造传统教育教学的内容、方法,加大教学的吸引力;提高教师教学质量,激发学生的积极性、自主性和创造性;健全导师创新创业指导工作认定方法,引导教师花更多时间、下更大功夫,增强创新创业教育教学能力。

1.7.6　完善教育质量评价体系

　　营造良性互动教学环境,为教师的教学能力提升提供保障,完善考核评价体系,建立科学的教师评价制度,激发教师的工作积极性。以人才培养质量和效果为根本标准,构建发展现状、实施过程及实施结果的全方位评价体系,加强质量全面监管;分层分类设计质量评价方案,构建过程与结果融合的评价指标核心框架体系,全面客观评价创新创业教育质效。

参 考 文 献

[1] 钟秉林,王新凤.普及化阶段我国高校教学质量评价范式的转变[J].中国大学教学,2019(9):80-85.

[2] 国家中长期教育改革和发展规划纲要(2010~2020年)[EB/OL].新华网.(2010-07-29). http://www.gov.cn/jrzg/2010-07/29/content_1667143.htm.

[3] 献礼十九大 最新版中国高等教育系列质量报告出炉[EB/OL].留学网.(2017-10-18). https://www.liuxue86.com/a/3418091.html.

[4] 杜占元.高校科技改革发展40年回顾与展望:纪念"科学的春天"40周年[J].中国科学院院刊,2018(4):374-378.

[5] 从"211工程""985工程"到"双一流"建设:向高等教育强国迈进[EB/OL]. (2021-04-02). https://m.gmw.cn/baijia/2021/04/02/34734614.html.

[6] 方跃平."双一流"建设背景下高等教育价值的当代建构[D].徐州:中国矿业大学,2019.

[7] 杨子强.把握人才培养辩证法,贯彻习近平新时代思政观[J].成才之路,2018(20):1.

[8] 把握人才培养辩证法,贯彻习近平新时代思政观[EB/OL].人民网.(2018-05-03). http://edu.people.com.cn/n1/2018/0503/c367001-29963780.html.

[9] 立德树人:高水平人才培养体系建设的核心[EB/OL].人民网.(2018-07-12). http://dangjian.people.com.cn/n1/2018/0712/c117092-30142798.html.

[10] 苏国红,李卫华,吴超.习近平"立德树人"教育思想的主要内涵及其实践要求[J].思想理论教育导刊,2018(3):39-43.

[11] 坚持办学正确政治方向 建设高素质教师队伍 形成高水平人才培养体系[EB/OL].中国人民大学新闻网.(2018-12-11). https://news.ruc.edu.cn/archives/228186.

[12] 马克思主义是中国特色社会主义高校的鲜亮底色[EB/OL].中国社会

专业认证和新工科背景下材料类专业人才培养的创新与实践

科学网．（2017-09-26）．http：//ex. cssn. cn/index/index_focus/201709/t201709263652431.shtml.

[13] 张乐乐．读图时代语境下的高校思想政治教育图像应用研究[D]．广州：南方医科大学，2019.

[14] 袁贵仁．坚持立德树人加强社会主义核心价值观教育：深入学习贯彻习近平同志在北京大学师生座谈会上的重要讲话精神[J]．中国大学生就业(综合版)，2014(7)：4-5.

[15] 石中英．努力培养德智体美劳全面发展的社会主义建设者和接班人[J]．中国高等社会科学，2018(6)：9-15.

[16] 戚万学，王华．以德育人，以文化人：新时代人民教师的神圣使命[J]．中国教师，2018(8)：5-9.

[17] 习近平的教育思想[EB/OL]．搜狐网．（2018-07-10）．https：//www.sohu. com/a/240263960243614.

[18] 习近平总书记在北京大学师生座谈会上的讲话[J]．中国大学生就业(综合版)，2018(6)：4-7.

[19] 靳诺．牢记使命 抓住根本 建设中国特色世界一流大学[J]．中国高等教育，2018(10)：10-12.

[20] 靳诺．以改革引领新时代高等教育强国建设[J]．国家教育行政学院学报，2018(1)：3-7.

[21] 李立国．中国高等教育从要素性增长到整体性发展[J]．苏州大学学报(教育科学版)，2018(1)：14-16.

[22] 吴玉程．创新构建高校高水平人才培养体系[EB/OL]．（2019-04-08）．http：//epaper.sxrb.com/shtml/sxrb/20190402/293159.shtml.

[23] 中国教育的时代抉择：庆祝改革开放40年系列评述·公平质量篇[EB/OL]．（2018-12-17）．http：//www. moe. gov. cn/jyb_xwfb/moe_2082/zl_2018n/2018_zl90/20 1812/t20181217_363748.html.

[24] 黄建军．以内涵式发展推动"双一流"建设[J]．区域治理，2019(21)：9-15.

[25] 提高教育质量培养更多更高素质人才[EB/OL]．中国青年网．（2017-10-08）．http：//news.youth.cn/jy/201710/t20171008_10835034.htm.

[26] 苏昱．习近平教育公平观研究[D]．太原：山西财经大学，2019.

[27]　王郁.高校:革新创业生态圈[J].中国科技财富,2015(6):66-67.

[28]　王洋.创新创业教育改革取得显著成效[J].中国大学生就业,2019(11):4-5.

[29]　钱思雯.大学生创新创业教育与法律教育融合发展路径研究[J].创新创业理论研究与实践,2020(4):69-72.

专业认证和新工科背景下材料类专业人才培养的创新与实践

32

第2章 新时期学科与专业建设和人才培养

　　高等教育发展水平是一个国家发展水平和发展潜力的重要标志[1]。实现新时代中国特色社会主义发展的总任务,需要高等教育为强国建设提供重要支撑、关键引领。自20世纪90年代以来,高等教育全面改革依次推进。到21世纪第一个十年末期,我国高等教育先后成功地完成了从"精英教育"向"素质教育"的转变,并在高等教育规模扩大的基础上,全面提高了教学质量,进而形成了"厚基础、宽口径、强能力、高素质,创新意识和实践能力强"的人才培养思路,由此,我国逐渐发展成为高等教育大国。改革开放40多年,我国高等教育整体进入世界第一方阵;开始与国际高等教育最新发展同场竞技;追赶与超越、借鉴与自主、跟跑与领跑交织交融;世界高等教育开始感受中国进步,开始融入中国元素[2]。

　　目前,中国高等教育发展已经具有"五大优势":一是制度优势。改革开放40多年以来,建起了一整套相对完善的中国特色社会主义高等教育制度体系,建成了目前世界上规模最大的高等教育体系,支撑起世界第二大经济体;二是人才优势。目前我国有近1.8亿人接受过高等教育,预计到2035年,中国人力资源将进入高层次开发阶段,高等教育毛入学率将达到60%以上,接受高等教育的人口规模将居世界第一,存在巨大的人才红利;三是文化优势。中国是四大文明古国中唯一延续至今的,在几千年的历史发展中积淀下来了"尊师重教"等优秀的传统文化;四是机遇优势。历次工业革命都伴随着高等教育的巨大变革,目前正值第四次工业革命蓬勃兴起的关键时期,有追赶超越的大好机遇;五是实力优势。我国高校在全球实力显著增强,排名整体大幅提升;工程教育加入《华盛顿协议》;已经用中国标准和方案对俄罗斯顶尖大学进行评估认证;我国科学家当选世界工程联合会WFEO主席等,我国有了建设高等教育强国的实力和底气[3]。

2.1 新工科建设的背景

以新技术、新业态、新产业、新模式为特点的新经济蓬勃发展,世界范围内新一轮科技革命和产业变革加速进行,对世界高等教育产生了重大影响,带来了重大挑战。培养造就一大批多样化、创新型的卓越工程科技人才,支撑服务创新驱动发展、"一带一路"、"中国制造2025"、"互联网＋"等一系列国家战略,中国高等教育,尤其是高等工程教育应主动适应变革、应对挑战,不断加强模式创新,不断推动新工科建设。

2017年,教育部先后多次召开新工科建设研讨会。2019年4月29日,教育部、科技部、工信部等13部委在天津联合召开启动大会,在全国高校全面实施"六卓越一拔尖"计划2.0,发展新工科、新医科、新农科、新文科,实现本科教育全面振兴[4]。通过对新工科的内涵特征、路径选择等内容展开探讨,形成"复旦共识""天大行动"和"北京指南",拉开了国内新工科建设的"三部曲"。

1."复旦共识"

习近平总书记在全国高校思想政治工作会议上指出,"我们对高等教育的需要比以往任何时候都更加迫切,对科学知识和卓越人才的渴求比以往任何时候都更加强烈"。2017年2月18日,教育部在复旦大学召开了高等工程教育发展战略研讨会,与会高校对新时期工程人才培养进行了热烈讨论,共同探讨了新工科的内涵特征、新工科建设与发展的路径选择,并达成了如下共识[5]:

(1) 我国高等工程教育改革发展已经站在新的历史起点;

(2) 世界高等工程教育面临新机遇、新挑战;

(3) 我国高校要加快建设和发展新工科;

(4) 工科优势高校要对工程科技创新和产业创新发挥主体作用;

(5) 综合性高校要对催生新技术和孕育新产业发挥引领作用;

(6) 地方高校要对区域经济发展和产业转型升级发挥支撑作用;

(7) 新工科建设需要政府部门大力支持;

(8) 新工科建设需要社会力量积极参与;

(9) 新工科建设需要借鉴国际经验、加强国际合作;

(10) 新工科建设需要加强研究和实践。

2. "天大行动"

工程改变世界,行动创造未来,改革呼唤创新,新工科建设在行动。当前世界范围内,新一轮科技革命和产业变革正加速进行,我国经济发展进入新常态,高等教育步入新阶段。2017年4月8日,教育部在天津大学召开新工科建设研讨会,60余所高校共商新工科建设的愿景,提出了新工科建设的三个阶段:到2020年,探索形成新工科建设模式,主动适应新技术、新产业、新经济发展;到2030年,形成中国特色、世界一流工程教育体系,有力支撑国家创新发展;到2050年,形成领跑全球工程教育的中国模式,建成工程教育强国,成为世界工程创新中心和人才高地,为实现中华民族伟大复兴的中国梦奠定坚实基础。为了实现新工科建设三个阶段性目标,将采取以下行动[6]:

(1) 探索建立工科发展新范式;

(2) 问产业需求建专业,构建工科专业新结构;

(3) 问技术发展改内容,更新工程人才知识体系;

(4) 问学生志趣变方法,创新工程教育方式与手段;

(5) 问学校主体推改革,探索新工科自主发展、自我激励机制;

(6) 问内外资源创条件,打造工程教育开放融合新生态;

(7) 问国际前沿立标准,增强工程教育国际竞争力。

3. "北京指南"

2017年6月9日,教育部在北京召开新工科研究与实践专家组成立暨第一次工作会议,全面启动、系统部署新工科建设。30余位来自高校、企业和研究机构的专家深入研讨新工业革命带来的时代新机遇,聚焦国家新需求,谋划工程教育新发展,审议通过了《新工科研究与实践项目指南》,提出了新工科建设指导意见[7]:

(1) 明确目标要求;

(2) 更加注重理念引领;

(3) 更加注重结构优化;

(4) 更加注重模式创新;

(5) 更加注重质量保障;

(6) 更加注重分类发展;

(7) 形成一批示范成果。

从一定程度上理解,新工科已经从概念形成、理论探讨逐步进入制度设计和人才培养践行阶段,将新工科的相关理论转变为实践。该转变符合新工科提出与设计的初衷,有利于高校培养出符合新形势、新业态需要的工程技术人才,也是新工科建设的根本意蕴。高校的人才培养实践,不仅需要进行课程体系设计、师资队伍建设、教学内容改革,还需要进行体制机制创新。新工科体制机制的确定了人才培养的主线,贯穿于人才培养的各个环节,直接决定着人才培养的成效[8]。

在科技快速发展的时代,在新工业革命来临之际,在中国由工业大国向工业强国的行列阔步迈进之时,新工科计划的推出恰逢其时[9]。我国提出新工科的战略,是基于社会发展、工程教育现状和工程学科发展规律综合认识的产物。无论是基于新技术、新产业、新业态、新模式的新经济发展,还是基于产业转型升级、新旧动能转换的需求,乃至我国一系列重大战略深入实施、提升国际竞争力和国家硬实力的需要,都在撬动着新工科的建设。2018年3月,教育部发布了《关于公布首批新工科研究与实践项目的通知》,第一批次认定了612个项目,在这些项目的引领和支持下,新工科专业成为高校新一轮的建设和发展的重点工作[7]。

教育部的正式通知中指出新工科要体现五个"新",即工程教育的新理念、学科专业的新结构、人才培养的新模式、教育教学的新质量、分类发展的新体系,详见表2.1。

表2.1　新工科的发展内涵与选题方向[8]

工程教育的新理念	结合工程教育发展的历史与现实、国内外工程教育改革的经验与教训,分析研究新工科的内涵、特征、规律和发展趋势等,提出工程教育改革创新的理念和思路	1.新工科建设的若干基本问题研究 2.新经济对工科人才需求的调研分析 3.国际工程教育改革经验的比较与借鉴 4.我国工程教育改革的历程与经验分析
学科专业的新结构	面向新经济发展需要、面向未来、面向世界,开展新兴工科专业的研究与探索,对传统工科专业进行更新升级等	1.面向新经济的工科专业改造升级路径探索与实践 2.多学科交叉复合的新兴工科专业建设探索与实践 3.理科衍生的新兴工科专业建设探索与实践 4.工科专业设置及动态调整机制研究与实践
人才培养的新模式	在总结卓越工程师教育培养计划、CDIO等工程教育人才培养模式改革经验的基础上,开展深化产教融合、校企合作的体制机制和人才培养模式改革研究和实践	1.新工科多方协同育人模式改革与实践 2.多学科交叉融合的工程人才培养模式探索与实践 3.新工科人才的创新创业能力培养探索 4.新工科个性化人才培养模式探索与实践 5.新工科高层次人才培养模式探索与实践

教育教学的新质量	在完善中国特色、国际实质等效的工程教育专业认证制度的基础上，研究制定新兴工科专业教学质量标准，开展多维度的教育教学质量评价等	1.新兴工科专业人才培养质量标准研制 2.新工科基础课程体系（或通识教育课程体系）构建 3.面向新工科的工程实践教育体系与实践平台构建 4.面向新工科建设的教师发展与评价激励机制探索 5.新型工程教育信息化的探索与实践 6.新工科专业评价制度研究和探索
分类发展的新体系	分析研究高校分类发展、工程人才分类培养的体系结构，提出推进工程教育办出特色和水平的宏观政策、组织体系和运行机制等	1.工科优势高校新工科建设进展和效果研究 2.综合性高校新工科建设进展和效果研究 3.地方高校新工科建设进展和效果研究 4.工科专业类教学指导委员会分类推进新工科建设的研究与实践 5.面向"一带一路"的工程教育国际化研究与实践

新工科是根据我国新的经济发展形态而兴起的产物，是面向现实急需和未来经济发展需要的新型工科，其具有一定的前瞻性和超前性。同时，随着科学技术的不断发展，新兴技术总是在不断创新，故而新兴技术也只是在一定的时间范围内具有"新"的特征。随着技术的不断迭代和革新，将会在更多新形态基础上诞生新技术，由此带来技术的不断颠覆，如此反复进行，在新技术的不断革新过程中，新工科亦将不断更新而产生更多新的经济形态，从而使新工科具有强大的生命力和衍生性[9]。

2.1.1 新工科的认识

新工科经过四年的建设与发展，目前尚无统一、规范的定义，然而新工科的基本范畴已获得学界的广泛共识。新工科可概述为在新一轮科技革新和产业革命、知识以及生产模式快速转型的大背景下，面向当前经济快速发展的迫切需求和未来发展的期待，利用新兴技术建设和发展新形态工科专业、改造和升级一批传统工科和理科，构建的一批具有跨学科整合、驱动创新、实践应用为特征的新型化工科。在"旧工科"的基础上，人们对于新工科的认识、理解不断深入，并在"新兴、新生、新型"的专业中进行实践性建设，一方面进行原工科专业的转型升级，另一方面设置面向新兴产业新专业。部分学者认为，新工科的本质仍是"工科"，"新"是取向，要紧扣"新"字，但又不能脱离"工科"。具体来说表现在以下几个方面：① 理念新。应对变化，塑造未来；② 要求新。培养未来多元化、创新型卓越工程人才；③ 途径新。继承与创新、交叉与融合、协调与共享。

同时，也有学者认为新工科的"新"包含新兴、新型和新生等三方面涵义。首先,"新兴"是指首次出现、前所未有的新学科,尤其是指从其他非工科的学科门类,如应用理科等其他一些基础学科,孕育、延伸或拓展出来的面向未来新兴技术和新兴产业发展的学科。"新型"是指对传统的现有学科进行重新定位、转型、改造和升级,包括拓展其内涵、提升培养目标和标准、改革和创新培养模式等,从而形成的新学科。"新生"是指不同学科交叉,通过现有不同工程学科的交叉复合、工程学科与其他学科的交叉融合等而产生出来的新学科[10-13]。

新工科的提出,是针对新技术、新形势、新产业、新兴态提出的工科专业建设新理念。那么,在当今科技发展日新月异的新时代,不仅仅是工科需要去除糟粕、取精华,文科、理科、商科等其他学科也必然需要在"新理念""新结构""新模式""新质量"和"新体系"的思维下进行重新定位,探索新学科体系。如果仅仅要求新工科进行"五新"建设,其他学科专业停滞不前,那么将会导致工科专业难以与这些专业进行交叉融合,难以产生出适应新技术、新形势、新产业、新兴态需要的新型工科专业。这是我国高等教育适应我国经济快速发展、引领社会进步、实现国家发展战略的需要,也是新工科建设给高等教育发展带来机遇与挑战。

当前,我国正从制造大国向制造强国转变,急需工科人才,其在高校中招生规模占据较大比例,应该把新工科建设与发展作为一个抓手,一个机遇。高校在统筹、规划新工科建设时,应从系统的角度审视各学科专业对社会的适应性、对社会发展的贡献度,提高新工科专业培养的人才对社会发展的贡献度和创新力。

综上所述,新工科是"卓越工程师教育培养计划"的升级版,其本质以立德树人为引领,以应对变化、塑造未来为建设理念,以继承与创新、交叉与融合、协调与共享为主要手段,为未来培育多元化、创新型卓越工程技术人才的新的教育革命。通过新工科建设与发展,努力实现工程教育的新理念、学科专业的新结构、人才培养的新模式、教育教学的新质量、分类发展的新体系。如果简单地用一个公式来表示的话,那么可以表示为"新工科=工科+可变因素",表现出的就是传统工科与新兴、新型、新生的科技、产业相结合,与其他有相关性的学科相融合。

高等院校在教育教学改革中需要做好顶层设计、制度建设和政策扶持,不是仅仅为了新工科而新工科,而是为新工科内涵式建设而进行全校范围的人才培养改革,创新高校内部人才培养机制,提升人才培养综合素质。将工科建设与发展为主要抓手、为关键重点作为学科建设的短期目标,把新工科建设的新理念和方法引入所有学科专业,进行专业结构调整与布局优化,建立专业准入和退出机制,完善专业建设制度。在顶层设计、制度建设和政策扶持下,进行相关专业的新工科建设工作,以新工科建设的内涵和标准对专业建设和人才培养过程进行综合审视,以促进各学科专业获得大幅的发展与进步,才能发挥新工科建设在其他学科领域的引导与示范作用。

2.1.2　新工科的内涵

以立德树人为引领,以应对变化、塑造未来为建设理念,以继承与创新、交叉与融合、协调与共享为主要途径,培养未来多元化、创新型的卓越工程人才[14]。具体来说,新工科人才需要具备三大素质和特点:① 不仅在自己所学专业层面研究精深,还能在研究时与其他学科相互交叉、相互融合;② 不仅能运用所学的专业知识去解决实际生产中复杂工程问题,还能不断学习新知识、新学科、新技术以应对未来发展出现的新难题,对技术和产业发展起到引领作用;③ 不仅在工程技术上表现优秀,能使用现代工程工具和信息技术工具进行科学研究、技术开发、设计制造,还兼具人文社会科学素养、社会责任感、理解并遵守工程生产领域的工程职业道德规范。

新工科要求培养观念更新、培养目标更新、培养方式更新。"大众创新、万众创业"是适应新时代发展特点的全新教育模式,建立高效的协同机制,真正把高校和企业联系起来,实现促进高校和企业优质资源的高效配置是成功的关键。

2.1.3　新工科的引领作用

1. 顶层设计,统筹规划学科专业发展

原有专业的发展现状以及能否满足社会经济发展的需求,是目前该专业能否获得人力、物理空间和财力支持建设的首要考虑条件。需要对原有的专业进行梳理,只有经过梳理分析才能明确具备发展潜力、能够反映自身特色、满足社会经济发展需求的新兴的、新生的专业;通过专业整合、优化获得交叉融合的新型专业,避免盲目开办新专业亦或改造具有扎实基础的老专业,从而造成资源浪费;只有进行系统的专业梳理,才能在梳理过程中明确各专业的优缺点,在梳理过程中思考探索专业的交叉、融合、优化,讨论并探寻跨专业衍生出新专业的思路。

新兴、新生专业是指需要建设一个全新的专业,新型专业是在原有工科专业的基础上,经过调研、论证后对老专业进行结构重组、优化升级。对于两种不同类型的专业,其建设路径会有所差异。对于新兴和新生专业,其建设过程是从零开始,从基本条件缺失到逐渐健全,只要严格按照专业建设的程序和步骤,对照新工科建设要求和国家专业标准,按部就班开展建设工作,一般来说就可以比较顺利达成专业建设的目标。而对于新型专业,经过多年工作积累沉淀,原有专业基础较为扎

实,对其进行转型升级时,由于存在原有专业的惯性,增加了师资结构、教育教学分工等改革的难度,同时还涉及不同学科专业交叉融合、相互渗透、结构优化的关键任务,因此,面临的挑战性更大。同时,新型专业面向的产业发展突飞猛进,专业建设目标与人才培养目标存在变数,专业标准难以与社会需求完全匹配,工程的师资力量不足,专业实验实践实训条件不足,专业管理水平不足,导致新型专业建设难以达到真正具有学科交叉融合背景的建设目标,建设新型专业所面临的棘手问题仍然没有有效的方法可以解决。

为了有效整合资源,实现新型专业的建设目标,学校内部需要统筹规划、梳理资源。从大局出发,调研、制定学校整体发展规划、学科建设规划、招生规划和教师发展规划等,将直接影响学校的发展定位、学科专业建设,决定学校的人才培养规模与方向。站在微观角度,明确各个专业的定位与特色,明晰各专业的发展历史、专业特色、专业培养规格和培养目标,以及不同时期的发展规划等,掌握各专业的优势与不足,优化学科专业结构,以达到人才培养满足社会需求的目的,探索不同学科专业之间交叉融合的可行方案。

通过宏观设计和微观考量,合理化设计新型专业,明晰新型专业发展思路,从而使专业建设方案更具有针对性,专业建设效果更有成效。总而言之,无论是新兴、新生专业还是新型专业,其基本点均要从社会需求入手,以满足社会发展需求为牵引,以学生学习成效为导向,结合毕业生和用人单位调查反馈信息,对专业定位和培养目标、专业培养标准、课程计划、课程模块、课程内容、课程教学、课程评估与课程计划评估等教育教学全过程进行评估,坚持以学生为中心,教育教学质量和人才培养质量才能得以持续改进。

2. 调整并优化通识教育课程体系

教育目标是教学领域为实现教育目的而提出的具体要求,反映的是教学主体的需要,在世界范围内尚未形成统一的规范。根据我国学科发展的历史和新工科产生的背景,对于新工科而言,其教育目标是经过五年的努力,建设一批新型高水平理工科大学,共建一批多主体的技术与产业学院,设置一批产业急需的新兴工科专业,编制一批体现产业和技术最新发展的新课程,培养一批工程实践能力强的高水平专业教师,工科专业点通过国际实质等效的专业认证的比例超过五分之一,形成中国特色、世界一流工程教育体系,进入高等工程教育的世界第一梯队前列[13]。在努力过程中,需要不断完善新工科建设体系中的通识课程与专业课程教育,通识课程教育与专业课程教育相辅相成、相互补充、缺一不可。工科专业课程教育与通识课程教育相得益彰、优势互补,能有利于适应新形势、新业态需求的高质量工程技术人才的培养。

虽然经过多年的改革,但在高等院校中工科通识教育依旧存在内涵不清、目标不明确、预期学习成效较差、课程管理体系混乱、课程实施缺少章法等普遍问题,在工科人才培养体系中应发挥的作用没有得到有效展现。随着产业变革和经济社会的发展,其对工程技术人才的职业素养提出了新的、更高的要求,工科通识教育亟需进行结构优化和系统性调整。新工科的通识教育应构建以主动适应新业态为引领、以学生为中心、以产出为导向、以学习过程考核为依托、以思维与技能拓展并重为特色的一体化工科通识教育体系。

构建新工科的通识教育课程体系并使其具有可执行性,可以采取慕课结合云课堂智慧教学手段,如案例教学、翻转课堂等有别于传统课程的教学方式等。首先,需要进行全校资源的统筹规划;其次,需要相关工科专业和其他学科专业教师投入大量精力进行培养方案和课程体系改革;最后,需要高校教学管理部门设计合理的制度与灵活的运行管理体系,建立健全高校新工科建设体制机制。

3. 构建学生为中心的培养机制

构建"以学生为中心,以产出为导向,持续改进"的人才培养机制,以每一个学生的全面发展为出发点,变"齐奏"为"主旋律鲜明的交响曲",充分发掘学生潜能,加强个性化培养,为不同个体发展需求提供服务和条件。创新教学组织模式,利用现代教学技术资源,让学生都能参与到学习过程中;开展开放式、研讨式、探究式的互动教学活动,激发学生学习的主动性和兴趣,再加上丰富的实践实训经历,使学生从校内进入社会后,迅速增强思考、交流和动手能力;不断对教学的模式、课程体系等进行反馈与优化,有助于实现毕业目标,有益于"学以致用"。

4. 建立多维度教学评估制度

教学评估的初衷和目的在于促进教学的改进与发展,为教学改革提供参考依据。长期以来,教学评估是通过教育行政主管部门推动,高校成为被评估的对象,为了得到好的评估结论而"临阵磨枪",背离了评估的初衷,无法真正达到"以评促建,以评促改"的效果,不利于人才培养。为了推进高校新工科高质量建设与发展,高校应该转变观念与做法,变被动评估为主动评估;高校需要对全校所有专业包括工科专业进行全面梳理,完善课程体系、教师队伍、教学质量,提高专业自身的吸引力。同时有步骤、分批次进行课程体系评估、课程教学状态评估、专业培养效果评估以及二级教学单位教学状态评估等多方位评估,建立和完善多维度评估实施方案。通过不同层次的自我评估,及时发现问题,持续精准改进,确保人才培养质量。

2.2 "双一流"建设与作用

习近平总书记在全国教育大会上指出要提升教育服务经济社会发展能力,调整优化高校区域布局、学科结构、专业设置,建立健全学科专业动态调整机制;加快一流大学和一流学科建设,推进产学研协同创新,积极投身实施创新驱动发展战略,着重培养创新型、复合型、应用型人才。这些为新时代"双一流"建设高校加快建设高水平本科教育,明确了新定位、提出了新要求、指明了新路径。

2.2.1 本科教育的意义与影响

当前,我国高等教育正处于内涵式发展、质量提升、改革攻坚的关键时期和全面提高人才培养能力、建设高等教育强国的关键阶段。进入新时期以来,高等教育综合改革全面推进,高校办学更加聚焦人才培养,把人才培养的质量与效果作为检验的根本标准。高教大计,本科为本,本科教育是大学的根和本,在人才培养体系中占据着基础地位,在高等教育中是具有纲举目张和战略地位的教育[16,17]。

1. "双一流"建设的重要意义

高等教育是国家发展水平和发展潜力的重要标志,建设教育强国是中华民族伟大复兴的基础工程。统筹推进"五位一体"总体布局,协调推进"四个全面"战略布局,建成社会主义现代化强国,实现中华民族伟大复兴,对高等教育的需要、对科学知识和优秀人才的需要,比以往任何时候都更为迫切。本科生是高素质专业人才培养的最大群体,本科阶段是学生世界观、人生观、价值观形成的最关键阶段,本科教育是提高高等教育质量的最重要基础。建设世界一流大学和一流学科,是党中央、国务院作出的重大战略部署,对于提升我国教育发展水平、增强国家核心竞争力、奠定长远发展基础,具有十分重要的意义。办好我国高等教育,办出世界一流大学,人才培养是本,本科教育是根。没有高质量的本科教育,就建不成世界一流大学,本科教育是"双一流"建设的重要内涵。加快建设高水平本科教育,培养有理想、有本领、有担当的高素质专门人才和拔尖创新人才,才能更好地为全面建成小康社会、基本实现社会主义现代化、建成社会主义现代化强国提供强大的人才支撑和智力支持。

2."双一流"建设人才培养的重要基础

学生在大学学什么、能学到什么、学得怎么样,能否成长和成才并走向社会,这些都与大学人才培养体系密切相关。目前,我国大学硬件条件已获得很大改善,部分学校的硬件同世界一流大学相媲美,关键是要形成更高水平的人才培养体系。"双一流"建设高校集中我国优质的教育和科技资源,是拔尖创新人才成长成才的摇篮,承担着我国高层次人才培养的重要任务,更承担着培养担当民族复兴大任时代新人的历史使命。本科教育是"双一流"建设高校人才培养的重要基础,牢固树立"不抓本科教育的高校是不合格的高校、不重视本科教育的校长是不合格的校长、不参与本科教学的教授是不合格的教授"的教育理念,才能真正落实"八个首先",全力推进高水平人才培养体系建设。

2.2.2 "双一流"建设有利于促进结构布局优化

注重结构布局优化协调就是要进一步理清世界一流大学的标准、大学存在的依据和发展逻辑、"双一流"建设的价值取向,牢牢抓住"全面提高人才培养能力"这个核心要义。全面提高人才培养能力的根本途径,就是要全面深化改革,只有从改革的"统筹性""系统性""集成性"上做功课、下功夫,着眼于体制机制上的深层次、全方位的全面改革,着眼于各层次、各环节的系统推进,着眼于各项制度的创新聚合,才能为"双一流"建设注入强大动力。注重结构布局优化协调就是要树立科学的发展观,坚持规模、结构、质量效益和速度协调发展,把发展重心真正放到优化结构、提升质量和改善效益上来。明确本科教育是"双一流"建设的重要内涵,坚持统筹协调,针对本科人才培养模式改革、学科专业建设和教师队伍建设中的薄弱环节,要集中力量进行改革探索,重点突破。

2.2.3 "双一流"建设有利于促进培养模式创新

注重人才培养模式创新就是要进一步明确本科教育在高校办学的核心地位,明确本科教育是"双一流"建设高校人才培养的重要基础,把本科教育的办学成效作为考核评价体系的重要指标。要进一步明确全面提高人才培养能力的关键是教师队伍建设。人才培养,关键在教师,教师队伍素质直接决定着大学的办学能力和水平。高校只有在岗位设置、分类管理、考核评价、薪酬分配、人才引育、合理流动等各个环节系统设计科学、操作合理,革除制约教师队伍发展的制度障碍,才能汇聚起与"双一流"相称的高素质教师队伍。注重人才培养模式创新,将创新育人方式作为先导,做到学思结合、知行统一、因材施教。深化课堂教学改革,创新教育教学方法;优化育人环境,营造良好育人生态;深化创新创业教育,完善"产学研用"结合的协同育人模式;推进"互联网+"教育,利用互联网、大数据、人工智能等技术提供更加优质、个性化的教育服务,不断拓宽学生发展新空间。

2.2.4 "双一流"建设有利于促进改革发展

新一轮世界范围的科技革命、产业变革正在引发世界格局的深刻调整,增强国家核心竞争力,重构人们的生活、学习和思维方式,我国的高等教育正面临前所未有的机遇与挑战。在新的历史坐标下,"双一流"建设高校必须坚持"以本为本",做到"四个回归",把本科教育放在改革发展的前沿地位。要坚持正确政治方向,促进专业知识教育与思想政治教育相结合,将知识体系传授、价值体系培育、创新体系实践有机统一;建设高水平本科教育,继而推动重点领域、关键环节改革不断取得新突破。持续推进现代信息技术与教育教学深度融合,抢抓新一轮世界科技革命和产业变革机遇;不断推动高等教育的思维创新、理念创新、组织创新、管理创新、制度创新、方法技术创新和模式创新,在世界舞台和全球格局中去谋划改革发展,参与竞争和治理,创建中国理念、中国方法、中国标准和中国模式,建设高等教育新高地,引领中国高等教育走向世界高等教育的中心。

2.3 专业建设目标宗旨

紧紧围绕"专业素养"这一核心,构建集价值塑造、知识学习、能力培养于一体的专业素养培育体系,强化专业素养,是全面提升新工科人才培养能力和水平的必然选择[4]。

习近平总书记在全国教育大会上的讲话中,提出坚持党对教育事业的全面领导,坚持把立德树人作为根本任务,坚持优先发展教育事业,坚持社会主义办学方向,坚持扎根中国大地办教育,坚持以人民为中心发展教育,坚持深化教育改革创新,坚持把服务中华民族伟大复兴作为教育的重要使命,坚持把教师队伍建设作为基础工作,即"九个坚持"。"九个坚持"构成了一个科学严密的理论体系,是习近平教育观的集中阐述。根据习近平关于教育的重要论述,工程科技人才培养有必要重点突出专业素养培育这一核心任务。

2.3.1 "立德树人"根本任务的内在要求

中共十九大报告提出"全面贯彻党的教育方针,落实立德树人根本任务,发展素质教育,推进教育公平,培养德智体美全面发展的社会主义建设者和接班人"。落实"立德树人"的育人理念,要在坚定理想信念、厚植爱国主义情怀、加强品德修养、增长见识、培养奋斗精神、增强综合素质六个方面下功夫。在人才培养改革的探索中清晰地意识到,提升新工科人才的专业素养,要把"立德树人"作为中心环节,把思想政治工作贯穿教育教学全过程,既要强化其专业知识和技能,也要培养其承担历史使命,适应社会需要,顺应时代要求的自觉意识与能力。

牢固确立起"立德树人"理念。在价值塑造、知识学习、能力培养三位一体的专业素养培育体系中,思想政治教育被纳入专业素养之中,并当作专业素养的核心与灵魂。这充分体现了将"立德树人"作为人才培养根本任务的思想,将"为谁培养人?培养什么样的人?"贯穿在工程科技人才培养过程中,让思想政治教育与专业教育深度融合,彼此支撑,相互促进,相得益彰。

要落实"立德树人"根本任务,促进人的全面发展,不能是简单的说教,而是要融入到教学的每一个环节,不仅要讲思政课程,也要讲课程思政。当前,教好书、育好人的要求落实尚有差距,教育教学受到其他一些因素诸,如升职要求的科研、论文等影响,还未完全回归到教育的本源。

2.3.2 推进素质教育的行动指南

早在20世纪末,我国就着手全面推动素质教育。1999年6月13日,中共中央、国务院发布了《关于深化教育改革全面推进素质教育的决定》,提出"全面贯彻党的教育方针,以提高国民素质为根本宗旨,以培养学生的创新精神和实践能力为重点,造就'有理想、有道德、有文化、有纪律'的德智体美劳等全面发展的社会主义事业建设者和接班人"。习近平总书记高度重视素质教育,认为发展素质教育是当前我国教育改革的基础性工程。2013年9月,他在主持中央政治局第九次集体学习时就指出,"要深化教育改革,推进素质教育,创新教育方法,提高人才培养质量"。要将推进素质教育作为扭转应试教育偏向,推动教育现代化的突破口。

经过不断深化教育改革,素质教育也取得了长足发展,有了明确的努力方向。要推动经济和社会发展,提高国际竞争力,开展创新型国家建设,需要培养一流创新型人才,进而提升国家竞争能力,也为实现民族伟大复兴奠定人才基础。在创新实践中能够培养和激发创新思维和创新意识,掌握复杂疑难工程问题的方法,提高创新素质和能力。在传统的教育中,人才培养改革往往局限于某一具体环节,讲授式的灌输教学现象依然普遍存在,形成以学生为中心的教育教学体系尚需时日,学生自主学习的潜能还不能得到深入地挖掘与发挥,不能得到充分成长,缺乏创新能力。

要使学生成为知行合一的高素质人才,培养过程中就必须切实做到多种融合,促使学生在学习中实践,在实践中学习,以知识学习作为实践的基础,以实践作为深化知识的途径。

2.4　人才培养社会需求

经济社会的高速发展,对人才培养的层次、素质和质量都提出了更高的要求。以往的人才培养中存在诸多阻碍人才成长的问题,影响到人才的培养、成长和发展,对国家、社会、行业及领域都带来较大的影响。人才培养不仅仅是考虑目标定位的问题,更重要的是如何实施,也就是人才培养的内生动力问题。

2.4.1　以深化改革为手段,突破人才培养瓶颈

1. 教师的主导作用从课内走向课外

学校鼓励和支持各位教师积极开展教学改革,创新教学方法,努力提升教学效果,提高教学质量。鼓励教师在课堂以外发挥主导作用,直接指导学生实践。以某校为例,2010年以来,每年参与课堂之外育人工作的教师占到了总数的约60%,专业教师已经成为名副其实的育人主体。其中,约600余人担任班主任,400余人担任科技学术活动指导,250余人带队组织和指导社会实践活动,还有众多的教师参与学生党团建设、校园文化等活动[4],可见教师的主动性和积极性被调动起来,教学效果显著。

2. 学生的主体地位从被动走向主动

学校将自主实践纳入人才培养计划,规定每个学生必须获得自主实践学分才能毕业,从制度上保障了学生参与各类实践活动的主动性。学校还在推荐优秀应届本科毕业生免试攻读硕士学位研究生的工作中,拿出专门指标用于"创新创业人

才"培养,使一批在全国大学生科技创新大赛获奖,以及发表与本专业相关学术论文的优秀学生免试获得攻读研究生资格,资助学生积极参与暑期"三下乡"、勤工助学、课外科技创新、创意集市等社会实践活动,促进了大批"创新创业人才"的深度培养和质量跃升。在思想政治理论课中设置实践环节,增强思想政治理论教学的生动性和实效性,极大调动了学生参与社会实践的积极性和主动性。

2.4.2 以提升专业素养为抓手,全面推进人才培养改革

坚持育人为本、德育为先、能力为重、全面发展的育人观,不断更新教育观念,将育人过程与学校办学定位、人才培养目标以及学生的价值塑造、个性发展相融合。

1. 塑造核心价值理念,构建协同育人新体系

价值观念是专业素养的核心和灵魂。引导学生塑造正确价值观,也是人才培养的首要任务。长期的实践探索中,以"全课程育人"和"实践教学育人"为主要支撑的协同育人机制,以提升学生综合素质与能力为目标,以激发学生个体成长的积极性、主动性、创造性,发挥学生"自我教育、自我管理、自我服务"的能动作用为宗旨,以各种类型的自主实践活动为主要形式,构建起全面、完整、立体的教育体系。

以专业认知和适应大学学习为重点,通过心理辅导、主题班会等引导新生顺利完成由中学生向大学生的角色转换,尽快适应大学生活,正确定位人生航向;通过组织学生参加各种社会实践活动,帮助学生了解和认识社会,让他们在实践中了解世情国情、党情,坚定走中国特色社会主义道路的信念,增强社会责任感和公民意识;通过社会实践、科技学术活动、职业意识教育等培养学生科研兴趣、科学精神的职业意识,提高实际动手能力、发现问题解决问题的能力和创新能力;通过职业生涯规划、职业技能训练,帮助学生做好求职择业的心理准备和能力准备,强化学生事业心和自我调控、社会适应能力,培养自立自强、自主创业精神和能力,达到由学校向社会过渡的目的。

努力增强教师教书育人的自觉性和主动性,积极探索构建全程、全方位、多学科协同育人的大思政课程体系,使各类课程与思想政治理论课同向同行,形成协同效应。致力于建成更加系统开放、以学生创新创业能力培养为核心的实践教育教学体系,搭建各类实践及创新创业平台;将第二课堂纳入学分管理,积极促进第一课堂与第二课堂的深度融合;利用网络育人协同,弘扬主旋律,传播正能量,守护好广大学生共同的精神家园。

2. 通识与专业教育融合发展,增强专业素养

新一轮科技革命和产业变革正在加速演进,科技创新呈现多元深度融合特征和高度复杂性、不确定性,人工智能、大数据、量子信息等新技术可能对(创)就业、生产组织和社会活动等问题带来重大影响和冲击[18]。这就要求在知识体系设计上要强调通识教育与专业教育的有机结合,突破简单的专业眼界和单纯的知识视域局限。着力强化工程科技人才基础知识,优化专业结构,推动跨学科交叉融合。

实施"通专融合"的"大类培养",旨在培养德才兼备、基础扎实、富有人文素养与创新精神、实践应用能力突出、具有国际视野的高素质复合型人才。加强基础教学,夯实学生学科基础;确定以经济社会发展为导向,推进学校理工科专业内涵式发展,持续提高专业教育质量,体现专业优势与特色;结合通识教育核心课程,搭建通识教育支撑平台,通过历史经典与文化传承、科技发明与科学精神、文明进化与世界格局、生态环境与生命关怀、哲学智慧与批判性思维、艺术创作与审美情操等的引入与体验,旨在突破狭隘的专业知识层面,开阔视野和觉悟,培养学生的创新思维和人文素养[19]。

3. 开展创新创业实践,全面提升学生能力素养

创新是社会进步的灵魂,创业是推动经济社会发展、改善民生的重要途径。只有加快教育体制改革,注重培养学生的创新精神,才能造就规模宏大、富有创新精神、敢于承担风险的创新创业人才群体。很多学校将创新创业教育改革作为提升学生综合能力的突破口,有效贯穿于人才培养的全过程。

将学生的知识学习、社会经验、意志养成、情感体验、团队精神等有机地融合在同一活动过程中,打通了大学生的课内专业知识学习和课外社会知识学习,兼顾了科学技术知识掌握与劳动技能的形成,融合了实践创新的锻炼与个性品质的完善[4]。

通过套餐式顶层设计,开展不同层次、类型的创新创业实践,打上"创新基因"的烙印,具体可凝练为"五创+"创新创业教育体系。"五创+"着眼于"创",核心在"育",包括"创新群体+协同育人""创技工坊+竞赛育人""创意平台+科研育人""创客空间+文化育人""创业苗圃+环境育人"五个工作重心。"创新群体"是构建一个团结协作、分工明确的集体,训练了解和感受团体的力量,能够完成设定的任务,起到协同效果;通过"创技工坊"培养实际动手能力,在竞赛中树立荣誉感和竞争信心;将"创意平台"建立在科研活动中,为树立科学意识、释疑解难、探究未知打下基础,检验所学知识和拓展视野;进入"创客空间",开展设计与创造活动,培植人文素养和情怀,感受文化的影响魅力;在"创业苗圃"上,模拟"刀耕火种",体验自身

能力的淬炼过程,感受到外部环境的充分影响,没有能力、不经磨炼不会随便成功。通过不同形式的育人主题活动,从顶层设计、平台架构、外部基础三个方面入手,贯通创新创业育人工作全链条,形成"逐层递进、纵横协力、目标笃定"的创新创业教育框架。

2.5 人才培养模式改革

新工科专业虽然还没有太明确的定义,但是其特点已为大家所共识,主要是面向新兴产业的专业,以"互联网+"为核心,包括大数据、云计算、人工智能、虚拟现实、智能制造与技术等相关工科专业。相对于传统的工科人才,未来新兴产业和新经济急需的是理论知识扎实、实践能力强、具有创新意识、具备行业领军潜质的高素质复合型新工科人才。应面向产业发展需求,以成果产出为导向,优化金属材料工程人才培养体系;通过深入推进产教融合,构建全新的金属材料工程人才培养模式;以高校教师与企业人才双向交流为核心,搭建校企合作可持续发展平台。

2.5.1 传统专业改造发展,适应人才培养新要求

1. 顺应行业发展潮流,设置新的专业模块

新工科的提出不仅要求现有专业的升级改造,同时也需要设置新的专业方向,以应对产业发展、新一轮科技革命与产业变革以及《中国制造2025》等一系列国家战略。当前产业技术更新换代速度逐步加快,产业应用技术发展日新月异,部分专业设置落后于技术,学校培养的人才也落后于产业发展需求,因此,有必要通过新工科教育设置新的专业方向,构建工科创新人才培养平台,加强校企紧密联系,实现校企合作在人才培养和企业技术攻关中的良性互动。

2. 构建新工科人才培养体系

新工科是面向高等教育的一项重大改革,而实践教学又在新工科教育中起着至关重要的作用。学生通过实践教学初步了解工业生产的具体形式,学生对实践过程的感知深深地影响着学生对其专业和所从事行业的认知,因此在新工科人才培养体系的构建过程中实践教学是非常关键的一环。

推进产学研合作是人才培养的重要措施,通过深化科技体制改革,建立起以企

业为主体、市场为导向、产学研深度融合的技术创新体系。产学研合作的本质就是架起企业技术需求方与高等学校等技术供给方之间的桥梁,其实质是促进技术创新所需各种生产要素的有效组合[20]。

2.5.2 建立"双导师制"教学组织的人才培养模式

随着产学研育人模式的发展和完善,越来越多地的高校认识到企业导师在高校人才培养过程中作用巨大,高校青年教师多是博士毕业就进入学校,没有在工厂的真实体验和工程感知,工程实践能力缺乏已经严重阻碍工程类专业的教学展开。目前高校普遍重视理论基础研究,重视科研项目,重视发表论文,轻视工程实际问题,课堂教学变成了阅读课本和课件展示。较多高校,尤其是地方院校大多还没有建立相对可靠的产学研合作平台,教师也没有机会提升自己的工程实践能力。因此大力促进产学研合作平台,引入企业导师,是培养优秀工程技术人才的有力保障。

在高校中推行校内导师和企业导师的"双导师制"为工程类人才的高质量培养提供了新的路径。在大学生初入校门时选聘校内导师,进入专业课程学习时增选企业导师。明确校内导师和企业导师的职责分工,明晰双导师的职责要求,建立完善"双导师制"的政策体系,以及评估考核激励制度,提升指导实效。从学校和企业两个方面,对学生和导师两个群体在"双导师制"实施过程中的成效进行合理评估并形成反馈,不断优化实施效果。对作用发挥较好的导师,应当在职称评聘、职位晋升、工作奖励等方面进行合理激励,促进制度的规范、长效运行。"双导师制"的实施,有利于大学生进行心理疏导、人生规划引导、专业学习指导、创新创业辅导,引导大学生树立正确的人生观、世界观和价值观,全面提高大学生的思想政治素质、道德修养、专业学习能力和创新能力。

2.5.3 构建产学研深度融合的人才培养模式

充分利用高校人才、科研、学科、平台优势,以加速产业创新发展和企业转型升级为导向,共同打造集高新技术研发与成果转化、创新创业人才培养、员工专业水平与理论基础提升、科研信息交流与政策咨询于一体的产学研协同创新研究院,有利于大学转变教育模式、推广科技成果,有利于企业降低研发成本、提高产品科技含量和竞争力,有利于推动地方产业转型升级与经济快速发展。

1. 培养师生的工程意识

大学生学习专业知识主要通过课堂教师的讲授和课本,专业知识的真正理解与掌握需要理论与实践相结合,搭建学生实践教学平台有助于促进产学研深度融合。企业工程技术人员所掌握的工程基础知识和自身工作经验都是大学生想听、想学,但是在学校都学不到的。校企合作平台可以为学生提供参观学习、假期实习实践等机会,企业工程技术人员可以指导学生参与所学专业的创新创业比赛,甚至可以让学生参与到企业项目的研发过程中,让大学生切身感受所学知识的重要性和职场环境,引发学生对所学专业的兴趣,在潜移默化中启发学生的学习意识,培养学生的工程观和工程意识。

2. 强化专业教师的工程背景

产学研合作可以为专业教师进入合作企业提供机会,高校教师可以参与企业生产、科研、服务、产品推广等各个生产环节。产学研合作的培养模式,对企业、高校、学生和教师都是一个很好的机会。企业通过引入高校的高端人才对工厂中存在的问题进行发现、改进,提供新的生产技术与工艺,增加产品的附加值,提高企业的核心竞争力;学校通过产学研合作,办学模式得到了彻底的改变,增加了与社会的接触面,有利于进行教学改革,拓宽了学生的就业渠道,缩短了科研成果向产品转变的周期;教师通过参与各种实践、科研活动,可将理论和实践更好地结合起来,掌握更多行业技术的最新动态,进而快速提高自身的实践能力[19]。

3. 产学研融合中的人才培养机制与实践

(1) 搭建具有激发创新潜力的"阶梯式"实践平台

相对合理的专业知识体系和实践实训能力是新工科专业对人才的基本要求,其中就包含通过课堂学习而获得的系统理论知识,也包含通过特定的实践而获得的能够激发自身潜能、实现各项技能贯通的能力,如获取信息的能力、解决问题的能力和快速学习的能力等。依托特色专业建设、卓越工程师教育培养计划等平台,设计出层层递进的实践课程体系,包括"企业认识实习""专业基本技能操作"和"科研创新训练"等实践平台,全方位激发学生创新发展的兴趣和培养学生的实践能力和创新意识。

(2) 创建个性化、全覆盖实践教学模式

充分利用校内外的实践教学资源,结合企业实际情况,紧跟行业发展趋势,全面打造个性化和全覆盖教学过程。在低年级开设相对简单的实践课,如工程模型制作、3D打印等,启发学生具象思维,引导学生工程意识的培养,进一步明确"科学、技术和工程"的概念和在制造领域中的相互关系,鼓励高低年级学生(含研究生)主动合作式和探究式的实验方式。用非课堂的形式丰富实践教学的内容,打造更多有价值、标志性的成果和作品。

（3）建立实践能力评价的闭环体系

将"观摩、实验、实践"的一般实践环节，设计成"感知、设计、建模、工程、标准、评价"六个渐进的阶段，将感性认识与设计训练相结合，将建模、制作与工程案例相协作，将课程实验与创新实践相融通，将能力评价与专业标准相比对，结合理论知识成绩分析，形成能力评价的多元化手段。加强学科专业和用人单位对毕业生知识水平和工作业绩的跟踪反馈，并持续改进，最终形成学生创新和工程实践能力的闭环评价。

参 考 文 献

[1] 周光礼.系统理解习近平关于教育事业发展的重要论述[J].人民论坛，2019(6):6-12.

[2] 张雁明,周晖,刘俊华.高等工程教育国际交流模式及成效研究:以华中科技大学为例[J].科教文汇,2018(35):124-125.

[3] 关于印发教育部高等教育司2018年工作要点的通知[EB/OL].(2018-03-06).http://www.moe.gov.cn/s78/A08/tongzhi/201803/t20180327_331335.html.

[4] 吴玉程,宋燕,陈冬华,等.新工科背景下全员协同实践育人体系的构建与实践:以太原理工大学新工科育人体系实践为例[J].山西高等学校社会科学学报,2019(6):66-70.

[5] "新工科"建设复旦共识[J].复旦教育论坛,2017(2):27-28.

[6] "新工科"建设行动路线（"天大行动"）[EB/OL].(2017-04-12).http://www.moe.gov.cn/s78/A08/moe_745/201704/t20170412_302427.html.

[7] 龚胜意,应卫平,冯军."新工科"专业建设的发展理路与未来走向[J].黑龙江高教研究,2020(4):24-28.

[8] 教育部发布新工科选题方向[EB/OL].(2017-06-13).http://www.moe.gov.cn/jyb_xwfb/s5147/201706/t20170613_306777.html.

[9] 张海生."新工科"的内涵、主要特征与发展思路[J].山东高等教育,2018(1):36-42.

[10] 蔡映辉.新工科体制机制建设的思考与探索[J].高教探索,2019(1):37-39,117.

[11] 徐欣.新工科背景下高职院校专业学习共同体浅析[J].卷宗,2020(2):281.

[12] 林建.面向未来的中国新工科建设[J].清华大学教育研究,2017(2):26-35.

[13] 胡浩.新工科背景下钢结构原理及应用课程教学改革[J].科技资讯,

2018(5):180,182.

[14] 袁正菲.蔡元培教育思想对"新工科"建设的意义[J].考试周刊,2018(67):139-140.

[15] 教育部 工业和信息化部 中国工程院关于加快建设发展新工科实施卓越工程师教育培养计划2.0的意见[EB/OL].(2018-10-08).http://www.moe.gov.cn/srcsite/A08/moe_742/s3860/201810/t20181017_351890.html.

[16] 陈宝生.在新时代全国高等学校本科教育工作会议上的讲话[J].中国高等教育,2018(15):4-10.

[17] 吴玉程.本科教育在"双一流"建设高校的地位与作用[J].中国高等教育,2018(20):6-8.

[18] 王志刚阐述新一轮科技革命六大特征[J].中国民商,2018(6):14.

[19] 姚向远.作为思想政治教育载体的高校通识教育课程体系建构研究[D].天津:天津师范大学.2012.

[20] 陆华才.产学研深度融合在高等教育中的创新与实践[J].教育教学论坛,2017(33):124-125.

[21] 张晓伟,张乐勇.高等工科院校青年教师工程实践能力培养的问题及对策[J].科教导刊,2016(29):56-57.

专业认证和新工科背景下材料类专业人才培养的创新与实践

第3章　工程教育与改革方向

新一轮科技革命的不断推进,带动产业进行变革,经济中新的发展动能不断积聚成长,以"新技术、新产品、新业态、新模式"为特点的四新经济持续涌现[1],对高校工程技术人才的培养工作不断提出新的要求和挑战。为顺应高等工程教育改革,国家先后实施了"本科教学工程""卓越工程师教育培养计划""新工科建设"等重大改革举措。尤其是2016年6月,我国工程教育正式加入《华盛顿协议》,标志着我国工程教育认证体系得到了国际社会的广泛认可,实现了国际实质等效,工程教育改革进入了新的发展阶段。这一系列的教学改革措施,都定位于建设高水平本科教育,突出本科人才培养工作,最终落脚于本科人才培养质量的全面提高。我国工程教育要实现形成中国特色、世界一流工程教育体系,进入高等工程教育的世界第一方阵前列的目标追求,需要从"以知识为本"向"以人为本"的培养模式转变,构建现代理工科大学学生的专业素养培养体系,重点培养学生的关键素质和综合能力,以保障培养的人才能够适应终身发展和未来经济社会发展的需要。

工程教育认证强调素质教育,我国加入《华盛顿协议》后,开展了相关学科专业的工程认证,认证标准的重要指导理念是素质教育。工程教育认证对丰富、完善素质教育思想,推动高校文化素质教育、工程教育工作不断向纵深发展具有深远影响。

3.1　我国高等工程教育的发展

我国高等教育已初步形成了具有中国特色的工程教育体系。经过改革开放40多年来的快速发展,我国已成为工程教育大国,在此期间,国家发展战略重点和政治经济环境的均发生了翻天覆地的变化,同时对高等工程教育产生了巨大冲击和重大且持续性的变革。20世纪50年代,我国高等教育教学模式主要仿照苏联模式进行设置,随着教育教学模式的不断调整和对学科认知的不断深入,随后在全国开展了"院系调整"与"院校布局调整"。1985年至今,中国高等工程教育历经结构调整、体制改革(1985~2000年)及质量提升(2000年以后)三个阶段[2]。

尤其是改革开放之后,我国的高等工程教育迎来了发展的黄金时期,并且取得了长足进步。在国家层面实施了"卓越工程师教育培养计划"、新工科建设、"双一流"建设等的重大教育改革工程,显著增强了我国工程教育的实力,具体表现在以下几个方面:① 国家对高校工程教育经费投入逐年增加,高校软硬件条件得到大幅度改善;② 经过学科和专业结构优化,高等工程教育的结构趋于合理化,教育门类齐全,种类不断增加;③ 自1999年开始,高校招生规模迅速扩张,尤其是工程教育专业的本科生和研究生人数急剧增加,据统计,2016年,工学本科在校生达521万人,毕业生达119万人,专业布点共17037个,培养规模占整个高等教育体系的30%~40%;④ 随着我国高等工程教育改革的不断深入推进,高等工程教育质量稳步提升(包括开设新兴交叉学科专业、新专业,以及社会科学与人文学科的文化素质教育课程),并获得了国际高等工程教育界的认可;⑤ 高等工程教育与外界的交流合作规模不断扩大,交流合作的形式多样化[2]。

3.2 工程教育存在问题

我国高等工程教育肩负培养工程技术人才的使命,在我国工业化不断加速,对工程技术人才需求急速扩张的背景下,我国高等工程教育的发展不断面临新挑战。中国工程教育专业认证协会2015年才成立,相对于其他国家和地区的工程教育专业认证组织还有较大差距。虽然当前中国工程教育专业认证协会已经有相对系统且详细的组织结构及制度体系,但在国际上的影响力和认可度亟待提升,认证标准及相应的工作还有待完善。当前我国高等工程教育仍面临如下诸多矛盾和问题。

(1) 学生培养层次规格单一化,且层次间界限不够明晰,专科生、本科生、研究生培养特色不分明。针对该问题,可有针对性地设置不同层次的培养目标,根据承担的工程建设任务有针对性地培养工程人才。

(2) 当前我国产业结构需要大规模优化调整与升级,高校工程教育难以快速针对新兴的产业需要进行如教育规模、结构和类型的调整,从而导致工程技术人才与产业所需的毕业生要求不匹配。同时,工程教育人才培养过程中存在重理论、轻实践的现象,且多数实践培养环节因受到经费、场地等因素的制约而流于形式,导致学生在实践教育环节走马观花,难以获得良好的实践教学效果,无法实现工程教育的培养目标。

专业认证和新工科背景下材料类专业人才培养的创新与实践

（3）教学体系设置不适应工程培养特点，与国外工程教育的成效存在较大差距。目前我国工科院校超过1000所，然而各高校之间并未形成差异化人才培养模式，各高校工程教育人才培养发展目标与教育模式趋同化。另外，高等工程教育生源的质量有待提高，现有培养对象综合能力素质相对较低。

（4）校企合作是提高工程教育质量的有效手段之一，经过多年的摸索，校企合作在工程人才培养过程中虽然取得了良好的成绩，但校企合作仍存在许多亟待解决的问题。首先，高校与企业之间合作交流的产业化集成创新不足；其次，近年来海外引才存在引进人才缺乏工程实践背景的问题，高校教师未能全方位了解企业生产中存在的不足，企业未充分融入高等工程教育的角色中等问题，进而弱化了学生工程实践能力，创新创业教育重视程度不足。

（5）工程教育认证标准为工程教育最基本的质量规范，我国工程教育加入《华盛顿协议》的时间较短，工程教育认证相关的质量规范尚不健全，存在诸多未与国际化工程教育学生工程实践能力培养接轨的具体问题。因此，在实践中要努力完善形成具有国际通行的等效认证标准，使其更加科学、客观和严格。

（6）国内当前培养的高等工程技术人才尚存在缺乏国际视野、创新能力不足、设计/开发能力欠缺、合作与竞争能力较差的问题。

要解决上述问题就需要提高我国高等工程教育的质量，必然要进行全面和持续的工程教育改革。

3.3　工程教育变革必然

高等工程教育是为我国经济建设提供工程技术和企业管理人才的有效渠道，经过30多年岁月长河的洗礼，经历了深刻的变革，仍在持续、不断地完善之中。针对工程教育的发展现状、供需矛盾及对社会的教育需求，需要采取相应的措施和策略。

以需求为导向，强调实践性和应用性，培养各个层次从事工程领域活动的科技人才，发挥教育资源效用最大化。各个领域工程科技人才的现状（数量、比例和岗位层次分布），在一定程度上反映了该领域目前高等工程教育的规模和发展程度，各个领域的发展与前景标志着工程教育的发展与变革方向。只有将工程科技人才的供给与需求相结合，才能了解目前工程科技人才在数量、素质及层次方面的需求，进而有针对性地对高等工程教育进行改革发展，以满足社会经济快速发展的需求[3]。

3.3.1　变革的内在驱动力

跨入新世纪,我国高等教育成功地完成了从"精英教育"向"大众化教育"的转变,并伴随高等教育规模的不断扩大,实现了高等教育由"相对落后"到"规模第一"的跨越式发展,真正成为世界高等教育大国[4]。但整体而言,我国还不是高等教育强国,"大而不强"的问题十分突出。现在提出要加快一流大学和一流学科建设,实现高等教育内涵式发展,而推动高等教育内涵式发展,是实现高等教育现代化的战略选择。人的现代化是教育现代化的关键和核心,也是教育现代化的终极归属所在[5]。大学生的现代专业素养是提升内涵式建设的具体化表现,在宏观层面,它是面向全体学生的发展,而不是以个别或少数学生的成就为代替的;在微观层面,它又可以促进个体综合素质的协调发展,推进个体综合素养的提高。在全面推进高等教育内涵式发展的时代背景下,帮助大学生形成合理的现代专业素养结构,无疑是当前促进"人的现代化"过程中必须认真探讨和思考的问题。

3.3.2　全面发展的客观需求

"人的全面发展"是我国教育方针的理论基石。马克思认为,人的全面发展是"人以一种全面的方式,也就是说,作为完整的人,占有自己的全面的本质"。其全面发展理论的科学性在于将人的自然属性、精神属性和社会属性有机统一起来,从而使以往抽象的人性具体化为人作为"类"的共性。人性化高等教育,目的在于促进人的"类"共性的发展[6-8]。

《国家中长期教育改革和发展规划纲要(2010~2020年)》提出,要"树立科学的质量观,把促进人的全面发展、适应社会需要作为衡量教育质量的根本标准"。人的全面发展的关键就是要实现个性的自由发展。就大学生的成长目标要求来讲,自由而个性的全面发展,既是学生个体自身发展的成长目标,也是高等教育人才培养的终极目标,理论上应该包括品德素养、知识素养和能力素养,它们并不是这些构成要素的简单结合,而是协同构成的一个复杂的有机整体。

3.3.3　产业发展带动工程教育

工程领域的科技发展水平直接决定国家的核心竞争力。传统高等工程教育指工科教育,主要面对工业和制造业,以及海洋、环保等新兴产业。中国制造业特点如由大变强的转型、大量基础设施建设、工程领域的国际合作等,面临不同产业、不同层次、不同类型构成的立体结构人才需求,都亟需高等工程教育模式变革与发展。在信息化社会与经济全球化的历史背景下,高等工程教育承担着满足不同时期社会对各类工程技术人才持续需求的独特使命,客观上又对我国工程教育发展起到促进作用,这既是机遇,又是挑战。高等工程教育应以更加主动的姿态推动我国经济与社会的快速发展,制定更加系统的具有战略意义的政策与措施。

产业对工程科技人才的需求会逐步呈现区域性分布的特征,高等院校也会按照相应区域布局来满足各个区域的人才需求。随着产业不断升级、调整,将会衍生出新类型的产业需求,自然产生对新的工程科技人才的需求,从而引起高等工程教育布局在区域位置的变化。同时,新兴产业需求会促进高新技术的发展,高新技术的飞速发展与传统教育内容的结合,将会使区域内高等工程教育布局的规模扩增,并且衍生出新的教育主题。区域产业需求扩大,相应的工程科技人才需求随之增加,教育规模就相对较大,需要建立更多的高校等教育机构或扩大高校办学规模,以此来满足工程科技人才的需求增量。高校会因毕业生的就业导向受到了产业类型的影响,而进一步调整专业设置、学科结构等。

人工智能、航空航天、机器人工程、计算机科学与技术等新兴产业需求的兴起,以及对于高等工程科技人才需求量激增,创造了更多的就业机会。然而,目前高新技术产业一直存在招人困难的现象,究其原因是高新技术产业相关企业要求从业人员具有较强的综合能力,现有工程科技人才难以满足高新技术产业的发展需求。随着产业需求的不断升级,对工程科技人才的数量、层次和素质产生的要求会越来越高,为了解决这个问题,我国高等工程教育布局需要进行调整和优化,以使培养的人才能够应对高新技术产业的发展。首先,高校等教育机构人才培养的知识体系需要重新组织,将新知识融入到课程体系之中,以使知识体系满足新型工程科技人才培养的需要,使得培养出的人才能够快速适应企业发展,可将知识和技能迅速转化为生产力。其次,工程教育层次及相应层次对应的教育规模需要进行重新规划与调整,合理布局和资源配置。可以说,产业需求直接决定了高等工程教育的发展规模和前景,有利于加速高等工程教育资源的整合,促进高等工程教育布局的调整[9]。

3.4　工程教育发展方向

3.4.1　优化调整专业结构,培养学生跨学科知识融合

随着科学技术的不断发展,新经济时代的到来,传统的人才培养目标已不能满足社会的发展需要。因此,国家对高等教育的人才培养质量提出了更高的要求,对工程技术人才培养的要求变化也将成为常态。高校密切关注国家行业与区域经济的发展,探索多学科协同、交叉、融合的新型工科人才培养模式,大力推进专业的动态调整,淘汰部分社会需求少、特色不突出、建设成效不明显的专业,不断加快传统专业的提升。

同时,学校积极发展新型交叉学科,如集成电路、新材料、人工智能、下一代通信技术和高端装备制造等领域,积聚优质资源,破解学科专业壁垒,逐步实现由"专业纵深细化"转变为"学科交叉融合";引导传统优势特色专业多向拓展,升级换代,树立全新的工程教育"新理念",由"单纯学科学术导向"转变为"主动适应产业发展需求";拓展学科专业视野,开展多种形式的国际合作与办学,由"简单服务地方经济"转变为"积极对接国际标准",由"专业技术培养"转变为"激活文化自信"。

3.4.2　在创新创业中提升大学生的工程能力素养

将创新创业教育改革有效贯穿于人才培养的全过程,培养学生创新精神,提升创新能力素养,以创新理念为引领,坚持质量驱动的创新创业教育,造就规模宏大、富有创新精神、敢于承担风险的创新创业人才队伍。

1. 以自主成长为着力点,构筑全面的实践教学体系

通过构建全方位的实践教学体系,使得每个学生都能找到适合自主发展、自主成长的实践平台,潜质得到充分发挥,有效地贯彻了新时代"实践育人"的理念,解决了"知行难以合一""被动"实践的教育教学问题。主要的实践活动包括三大类型:其一,学习实践,具体包括专业课程的大设计、大作业、实践教学环节、毕业实习、社会实践及旨在拓展文化、体育、科学素质能力的各类实践活动;其二,创新实践,包括各类科技活动、科研训练、科技竞赛等,鼓励学生在实践中锻炼,在实践中

成长;其三,社会实践,包括学生的生活实践、职业实践等。三大类实践教育,将学生的知识学习、社会经验、意志养成、情感体验、团队精神等,有机地融合在同一活动过程中,打通了大学生的课内专业知识学习和课外社会知识学习,兼顾了科学技术知识掌握与劳动技能的形成,融合了实践创新的锻炼与个性品质的完善,是一种知识与技能结合、理论与实践结合的综合性教育体系,促进了学校教与学两方面的积极性、能动性,大学生理论学习能力和实践创新能力有了很大提高,为成长为一流创新型人才奠定了基础[10]。

2. 以创新理念为引领,坚持质量驱动的创新创业教育

把创新精神和创业能力作为"创新基因"深植于校园文化,凝练出具有特色的创新创业教育理念。着眼于"创",核心在"育",包括了"创新＋实践育人""创意＋竞赛育人""创造＋科研育人""创客＋协同育人""创业＋环境育人"等多个工作层面。通过实践育人、竞赛育人夯基垒台,为创新教育强势筑底;通过科研育人、协同育人、环境育人立柱架梁,支撑创业实践冲高问顶,从顶层设计、平台架构、外部支持三个方面入手,贯通创新创业育人工作全链条,最终形成"逐层递进、垂直整合、一脉相承"的创新创业工作主动局面。

3. 以政策制度为保障,实现人才培养整体格局的更新和转变

针对以往教育模式"重教轻学、重知轻行"等弊端,学校积极进行教育体制机制的改革与尝试,充分发挥教师、学生双主体的积极性,激发其内生动力,实现学校全面引导、学生自主航行的育人新模式。

第一,教师的主导作用从课内走向课外。为充分发挥教师在课堂教学中的主导作用,学校鼓励和支持各位教师积极开展教学改革,创新教学方法,努力提升教学效果,提高教学质量。第二,学生的主体地位从被动走向主动。将自主实践纳入人才培养计划,规定每个学生必须获得自主实践学分才能毕业,从制度上保障了学生参与各类实践活动的主动性。第三,由价值塑造、知识学习、能力培养三部分所组成的专业素养体系是一个相辅相成、相互作用的有机整体。只有这三个因素协同推进,且都能得到较好发展,学生的良好素养结构才能形成。其中,"价值塑造"在于优化学生道德品质,促进学生形成正确的世界观、人生观和价值观,养成学习工作生活中协调的人际关系,培养其团队合作精神;"知识学习"在于促进学生建立完备的知识体系,实现基础知识、人文社科知识、学科交叉知识与专业知识的有机统一;"能力培养"在于培养学生创造性思维、自主探究的学习能力、"敢为人先"的批判性精神等。这三个方面经由两个方向的循环实现深度融合:第一个方向起始于知识学习,经由能力养成归结于价值塑造。知识学习主要指以专业知识为基础

的教学,学生在课堂教学中掌握系统的专业综合知识之后,才能延伸到专业创新能力,提升专业创新能力必须借助实践活动,实践锻炼在形成专业创新能力的同时,也形成了发展人格、加强团队协作、深化道德修养、锤炼政治品质的需求,继而进行价值塑造;第二个方向起始于价值塑造,高校中价值塑造的首要阵地是思想政治理论教育,在提升思想素质的基础上,自然产生增强创新能力、承担社会责任的意愿,激发专业知识学习的内在动力。两个循环圈都起始于课堂教学,知识教育的主要环节在于专业课堂,价值塑造也起始于思想政治理论教育的课堂,两个循环圈交汇于能力养成,实现了协同育人的功效。

3.5　材料类专业教育与发展

3.5.1　材料的发展

材料是人类赖以生存和发展的物质基础,材料科学与工程学科是伴随着社会发展对材料研究的需要而形成和发展的[11]。世界上现有的传统材料已达几十万种,而新材料的品种则以每年大约5%的速度增长[12]。每一种代表性新材料的发现和广泛利用都促进生产方式的改变与进步,推动人类物质文明和精神文明的快速发展。

功能材料特别是半导体材料的出现进一步加速了现代技术与信息产业的发展,20世纪中叶,单晶硅被用于集成电路的工业化生产,使得电子产品不断微型化,从而迎来了信息产业革命,是人类科学技术史中上的一次重大飞跃。随着信息时代和信息产业的快速发展,为了适应集成度的不断提高和特征尺寸的不断缩小,使单晶硅材料及其制备加工技术迅速发展,大规模集成电路由此发展。在以硅器件为代表的"硅材料时代",显示出巨大的材料科学与技术作用。近年来,在微电子和光电子学领域,化合物半导体材料迅速崛起,以Si、GaAs为代表的第一、二代半导体材料迅速发展的同时,以SiC、GaN为代表的宽禁带第三代半导体材料也蓬勃兴起。人类进入了"新材料时代",不仅带来材料应用的革命,也推动产业的变革,正如白光发光二极管的出现,开启了照明的新纪元,液晶屏代替阴极摄像管将推动显示产业革命,可谓"一代材料,一代器件,一代装备,一代革命"。

20世纪以来,材料发展出现了新的格局。纳米材料与纳米技术的快速发展,为器件微型化、功能化带来新的机遇。纳米材料与器件、信息功能材料与器件、新能源转换与储能材料、生物医用与仿生材料、环境友好材料,以及重大工程及装备用关键材料、基础材料高性能化与绿色制备技术、材料设计与先进制备技术将成为材料科学与工程学科领域研究与发展的主导方向,充分展现了材料科学重要的发展趋势,即材料科学正在由单纯的材料科学与工程向多学科多领域交叉融合的方向发展。面对材料科学发展的全新格局,我国制定了中长期发展规划,立足于国家重大需求、自主创新、提高核心竞争力和增强材料科学领域持续创新能力将成为材料研究的战略重点[11,13,14]。

3.5.2　材料科学与工程学科的发展

虽然材料的使用几乎和人类社会的发展同步,已经有几千年的发展历史,然而材料科学与工程学科作为一个独立的学科,仅有短短50多年的发展历史,已经充分显示了其在现代科学技术发展和人类社会进步中所处的重要地位。

20个世纪50年代末,美国根据材料需要的发展将当时冶金学科、陶瓷学科和高分子材料学科综合并为材料科学与工程学科,美国学者首先提出"材料科学"这个名词。到80年代,国内大学先后成立材料科学与工程(系、学院)学科,材料学科大体是从几类学校中通过不同的起点发展起来的,一类是在冶金学科(钢铁和有色金属)院校中将冶金、压力加工等专业结合,再者在机械学科院校中将金属材料及热处理、铸造、锻压和粉末冶金等专业组合,通过化工学科院校将高分子材料、塑料橡胶等集中,建材学科院校将水泥、玻璃和陶瓷等形成材料板块,还有如矿物材料与加工、宝石鉴赏等方面,构成金属材料、无机非金属材料、高分子材料三大类,以及它们的复合材料形成了材料类学科,侧重于从行业具体应用的背景来提出材料的性能评价与使用。有一些综合性偏重理科基础的大学则利用自身优势,将物理学与化学交叉融合,形成材料物理与材料化学、纳米材料技术等专业,表现出理工结合模式。后来提出"大材料"概念,试图将材料科学基础由金属、无机贯通到有机高分子,这种宽口径、厚基础的教学改革模式,试图以一本书、一个内容体系贯彻到底,来适应对于不同层次学校、学生的培养目标,收到的效果是不同的,尤其是具有行业背景的学校,承担国家使命和区域经济发展任务不同,也会对材料科学与工程基础内容进行剪裁,并由有针对性地开展教学组织,逐渐实现基础研究、应用研究以及两者相结合差异化的目标导向,形成各自的人才培养特色,从而避免千校一面的同质化趋势。

目前材料科学与工程学科正逐渐成为促进经济发展和科技进步的主要学科。我国已有超过200所的高等院校设立了材料类专业(如金属材料工程、无机非金属材料工程、高分子材料工程、复合材料工程、粉体工程、材料物理、材料化学、纳米材料技术、新能源材料与器件等）。随着科学技术（信息技术、生命科学和能源工程）的迅猛发展，以及用于航空航天、海洋工程和核电工程各类新材料的不断涌现，各个学科相互交叉、融合也为材料科学发展注入新的活力。同时，材料科学与工程学科专业的人才培养质量将直接影响材料科学及现代产业的未来发展。

我国很多高校在材料科学相继探索并实施了"大类招生、分流培养"的人才培养模式，按照"宽口径、厚基础、强能力、高素质，创新意识和实践能力强"的理念来设计课程体系和教学模式。高校实施"大类招生、分流培养"的人才培养模式，一方面是为了适应市场经济发展及社会生活多元化对人才培养的要求，另一方面也有利于的高等学校教育教学改革。同时，实施"大类招生、分流培养"也有利于大学生对自己的人生规划更加清晰之后做出抉择，有利于大学生以兴趣为学习的内驱力，有利于学生的终身学习和可持续发展，更好地适应当今社会对高素质人才的需求[15]。

3.5.3 材料类专业的内涵

材料科学与工程是一门基础学科，也是一门工程学科，涉及面广，从原子、分子微观成分与组织结构的理论基础，到航空航天工程（火星探测、探月工程等）、海洋工程（石油平台、深海探测等）和信息技术工程（芯片、显示等）等材料服役的应用，理论性很强，应用目标导向，从而成为以物理和化学为基础，对材料的成分、结构组成、性质性能、加工制备以及应用技术等进行研发的综合学科。

材料具有普遍性、重要性和多样性的特点。由于材料种类繁多，难以形成统一的分类标准，因此分类方法也不尽相同。根据物理化学属性分类，可分为金属材料、无机非金属材料、有机高分子材料和复合材料。根据用途进行分类，又可分为电子材料、信息材料、航空航天材料、核材料、建筑材料、催化与能源材料、生物材料等。更常见的两种分类方法则是结构材料与功能材料、传统材料与新型材料。结构材料是以力学性能为研究指标，用以制造受力构件，同时满足一定的物理或化学性能要求，如光泽度、电导率、热导率、抗辐照、抗腐蚀、抗氧化等。功能材料则主要是利用其独特的物理、化学性质或生物功能等而形成的一类材料。例如催化材料（t及过渡族金属）、光电功能材料（种半导体材料）、吸波材料（材料、过渡族金属及其氧化物）等。某些材料往往既可以做结构材料又可以做功能材料，如铁、铜、铝等。传统材料是指那些成分稳定、工艺成熟且在工业中已批量生产并大量应用的材料，如钢铁、水泥、塑料、有色金属等。这类材料产量大、产值高、应用范围广，又是很多支柱产业的基础，故而亦称为基础材料。新型材料是指那些正在快速发展，且具有优异性能和广阔应用前景的一类材料[16]。众所周知，大部分单金属在室温

专业认证和新工科背景下材料类专业人才培养的创新与实践

下都是没有磁性的,只有铁、钴和镍这三种单金属在室温下具有磁性。然而英国利兹大学研究人员最新的研究成果显示,分子层面技术使非磁性金属也能像铁一样拥有磁性,一旦实现,能够拓宽磁性材料的选择范围,将使磁性材料产业产生巨大变革。

3.5.4 材料类专业的特点

1. 具有鲜明的工程性

材料科学与工程具有多学科相互融合、相互交叉的特点,涉及物理学、化学、冶金学、陶瓷学、高分子学等学科,研究成果被广泛应用,具有鲜明的工程性特点。

通常情况下,实验室的研究成果必须经过工程化放大、工艺优化,并通过中试试验后才能生产出符合要求的材料;此外,材料在服役过程中,在具体服役环境中还会产生新的问题,需要对材料的成分、组织结构进行反馈优化,改进后再回到应用领域。只有经过反复的应用与改进,才能成为可被应用的成熟材料。即便如此,随着科技的发展与需求的推动,材料的性能要求会越来越高,其成分、组织结构仍需不断加以改进。

2. 具有明确的应用背景和应用目的

材料科学与工程学科建设的目的是研究材料成分、组织、结构以及性能之间的内在关系,开发新材料、新技术、新方法和新工艺;或者改善成熟材料的性能和质量,降低成本和减少污染,使其价格更低或者服役性能更优,充分发挥其作用。

3. 材料科学与材料工程相辅相成、密不可分

对于材料科学与工程,材料科学侧重于发现和揭示材料成分、组织结构以及性能之间的关系,以提出新概念和新理论;其核心要义是研究材料的成分、组织结构与性能的关系,其目的是解决影响材料性能的内在因素,具有科学的性质。材料工程则侧重于寻求新手段、新技术以实现新材料的设计并用于工程建设之中;其核心要义是研究材料在制备、后处理和加工过程中的工艺技术问题,其目的是获得材料性能提升的工艺或技术。材料科学与工程是材料科学与材料工程两者优势互补、有机结合的产物。材料科学为材料工程提供材料设计的理论依据,为更好地设计、选择、使用和发展新材料提供理论基础;材料工程又为材料科学提供丰富的研究课题和物质基础。可见,材料科学与材料工程是交叉融合、紧密联系的。

3.5.5　材料的发展趋势及热点

在材料和科技迅猛发展的形势下,通信产业、生物技术、新能源技术、宇航技术等都对材料提出了更高的要求。复合化、功能化、智能化、低维化、高性能化与环境相协调已成为新材料开发的重要目标。这要求人们从材料的四个要素出发,深入到原子和电子尺度研究材料结构与性质的关系,按使用要求对材料进行组装和剪裁,得到一系列具有理想性质的新材料,同时还要重视开发材料的先进制造技术。

1. 传统材料的地位及其发展

实际上,很多新材料是在传统材料的基础上发展起来的。因为在现有材料产业中,还存在着大量材料科学与工程方面的问题需要解决。

由于金属、玻璃、陶瓷、高分子材料等原材料多为矿产资源,属于不可再生的资源,因此,在材料生产过程中必须注意节省资源、节约能源,重视再生利用和环境保护。从这个意义上讲,未来的材料必将是与自然具有更好的适应性、相容性和环境友好的材料。

传统材料,特别是对贫困国家和发展中国家来说,通常比新材料更具应用市场、更为重要。这是因为,传统材料是国民经济的基础,与人民基本生活的关系最为密切;传统材料量大面广,即使有一点改进,收益也非常可观。据估计,如果全美国的道路和桥梁的使用寿命增加1%,其收益就可达300亿美元[17]。因此,世界各国对传统材料都给予了足够的重视。第一,除了努力增产、增加品种规格以外,更多的力量应该放在改进产品质量、做好资源的综合利用上;第二,要改进生产工艺,提高生产效率,降低能耗,提高经济效益;第三,要采用新技术,使传统材料的生产不断更新换代;第四,要重视环境保护。

2. 开发新材料和发展高技术

目前,高技术和高技术产业已经成为综合国力竞争的焦点。新材料是发展高技术的基础和先导,而新材料研制与开发本身又是高技术的一部分。因此,发展高技术,必须将新材料的研发放在关键位置。

新材料产业涵盖的范围比较广,包括稀土、磁性材料、金刚石材料、新能源材料、功能陶瓷材料、光电子材料、信息材料、智能材料以及生物医用材料等行业。这些行业除少数拥有资源垄断性之外,大多数是市场化竞争性行业。尽管竞争比较激烈,但由于产品的技术含量高,产品附加值大,因而大多数企业创收能力和盈利水平都比较高。

我国已经成为新材料的生产和消费大国，当前，钢铁、重要有色金属、水泥、玻璃、高分子材料等基础材料的产量均居世界首位。但我国的新材料产业还存在很多问题，比如在生产过程中资源利用不完全、能源消耗大，在高性能材料及其品种开发、先进制备加工技术、材料高端表征技术与高端应用等方面仍与世界先进水平存在较大差距，而且大部分产品不具有自主知识产权，高技术含量和高附加值的关键材料对进口依赖性过大[18]。因此，我国新材料的研发和产业布局进度急需加快。

参考文献

[1] 中关村创新发展研究院.顺应经济新常态肩负改革新使命:中关村国家
自主创新示范区深化改革创新取得新突破[J].中国高新区,2015(10):
96-101.

[2] 王路,王振宇,赵海田.中国高等工程教育模式实践变革中的问题与对策
[J].黑龙江教育学院学报,2018(6):10-12.

[3] 赵海峰,冯修己.中国高等工程教育布局方法及思路[J].现代教育管
理,2018(9):11-16.

[4] 李广道,李供应.高校扩招及高等教育大众化对高等教育公平的影响
[J].青年时代,2019(2):177-178.

[5] 钟嘉仪.高等教育:深化人才培养实现创新驱动[J].广东教育(综合
版),2017(8):24.

[6] 袁海军.人的全面发展的反思与创新[J].当代教育论坛,2003(7):
54-56.

[7] 赵艳琴,王文东.马克思共同体思想的价值目标探微[J].商业时代,
2011(30):19-21.

[8] 张惠元,宋燕.人的全面发展视域下的"生涯导航"教育研究与探索:以太
原理工大学为例[J].思想教育研究,2014(12):100-103.

[9] 赵海峰,冯修己.中国高等工程教育布局及思路[J].现代教育管理,
2018(9):11-16.

[10] 吴玉程,宋燕,陈冬华,等.新工科背景下全员协同实践育人体系的构建
与实践:以太原理工大学新工科育人体系实践为例[J].山西高等学校社
会科学学报,2019(6):66-70.

[11] 杨璇.材料科学与工程学科建设现状与发展动态[J].城市建设理论研
究(电子版),2015(34):678.

[12] 徐霞,王国山.可持续发展对新材料的挑战[J].南京工业大学学报(社
会科学版),2003(4):69-71.

专业认证和新工科背景下材料类专业人才培养的创新与实践

[13]　邵立勤. 新材料产业的发展战略[C]// 2008 中国新材料新能源产业投融资论坛. 北京新材料发展中心, 2008.

[14]　王琦安. 新材料"十一五"发展思路及重点[J]. 新材料产业, 2006(2): 8-10.

[15]　张钰, 耿树东, 王辰, 等. 材料类专业实施"学科大类人才培养"模式的思考[J]. 吉林化工学院学报, 2018(12): 5-8.

[16]　冯志远. 材料世家[M]. 沈阳: 辽海出版社. 2010.

[17]　韩跃新, 印万忠, 王泽红. 加强基础研究、促进矿物材料工业的发展[C]// 第九届全国粉体工程学术会议暨相关设备、产品交流会. 2003.

[18]　中国风险投资研究院. 我国新材料行业发展现状与趋势[J]. 中国科技投资, 2008(6): 21-25.

第4章 专业认证的要求与目标

中国工程教育专业认证协会成立于2015年4月,是由工程教育相关的机构和个人组成的全国性社会团体,经教育部授权,开展工程教育认证工作的组织实施。协会接受社团登记管理机关民政部和业务主管单位教育部的监督管理和业务指导,是中国科学技术协会的团体会员,协会秘书处支撑单位为教育部高等教育教学评估中心。协会致力于通过开展工程教育认证,提高我国工程教育质量,为工程教育改革和发展服务,为工程教育适应政府、行业和社会需求服务,为提升中国工程教育国际竞争力服务。协会建立了国际实质等效的工程教育认证体系,认证工作得到了国际同行的广泛认可。2016年6月,我国正式加入国际上最具影响力的工程教育学位互认协议之一《华盛顿协议》,通过认证协会认证的工科专业,其毕业生学位可以得到《华盛顿协议》中其他成员组织的认可。

4.1 专业认证的标准

专业认证即工程教育专业认证,是国际通行的工程教育质量保障制度,也是实现工程教育国际互认和工程师资格国际互认的重要基础。工程教育专业认证的核心就是要确认工科专业毕业生达到行业认可的既定质量标准要求,是一种以培养目标和毕业出口要求为导向的合格性评价。工程教育专业认证要求专业课程体系设置、师资队伍配备、办学条件配置等都围绕学生毕业能力达成这一核心任务展开,并强调建立专业持续改进机制和文化以保证专业教育质量和专业教育活力。

4.1.1 专业认证的通用标准

中国工程教育专业认证协会2017年11月修订的《工程教育认证标准》中提及了专业认证的通用标准内容。

中国工程教育专业认证协会
工程教育认证标准(2017版)

(中国工程教育专业认证协会2017年11月修订)

说明

1. 本标准适用于普通高等学校本科工程教育认证。

2. 本标准由通用标准和专业补充标准组成。

3. 申请认证的专业应当提供足够的证据,证明该专业符合本标准要求。

4. 本标准在使用到以下术语时,其基本涵义是:

(1) 培养目标:培养目标是对该专业毕业生在毕业后5年左右能够达到的职业和专业成就的总体描述。

(2) 毕业要求:毕业要求是对学生毕业时应该掌握的知识和能力的具体描述,包括学生通过本专业学习所掌握的知识、技能和素养。

(3) 评估:指确定、收集和准备各类文件、数据和证据材料的工作,以便对课程教学、学生培养、毕业要求、培养目标等进行评价。有效的评估需要恰当使用直接的、间接的、量化的、非量化的手段,评估过程可以采用合理的抽样方法。

(4) 评价:评价是对评估过程中所收集到的资料和证据进行解释的过程,评价结果是提出相应改进措施的依据。

(5) 机制:指针对特定目的而制定的一套规范的处理流程,包括目的、相关规定、责任人员、方法和流程等,对流程涉及的相关人员的角色和责任有明确的定义。

5. 本标准中所提到的"复杂工程问题"必须具备下述特征(1),同时具备下述特征(2)~(7)的部分或全部:

(1) 必须运用深入的工程原理,经过分析才可能得到解决;

(2) 涉及多方面的技术、工程和其他因素,并可能相互有一定冲突;

(3) 需要通过建立合适的抽象模型才能解决,在建模过程中需要体现出创造性;

(4) 不是仅靠常用方法就可以完全解决的;

(5) 问题中涉及的因素可能没有完全包含在专业工程实践的标准和

规范中;

（6）问题相关各方利益不完全一致;

（7）具有较高的综合性,包含多个相互关联的子问题。

通用标准

1 学生

1.1 具有吸引优秀生源的制度和措施。

1.2 具有完善的学生学习指导、职业规划、就业指导、心理辅导等方面的措施并能够很好地执行落实。

1.3 对学生在整个学习过程中的表现进行跟踪与评估,并通过形成性评价保证学生毕业时达到毕业要求。

1.4 有明确的规定和相应认定过程,认可转专业、转学学生的原有学分。

2 培养目标

2.1 有公开的、符合学校定位的、适应社会经济发展需要的培养目标。

2.2 定期评价培养目标的合理性并根据评价结果对培养目标进行修订,评价与修订过程有行业或企业专家参与。

3 毕业要求

专业必须有明确、公开、可衡量的毕业要求,毕业要求应能支撑培养目标的达成。专业制定的毕业要求应完全覆盖以下内容:

3.1 工程知识:能够将数学、自然科学、工程基础和专业知识用于解决复杂工程问题。

3.2 问题分析:能够应用数学、自然科学和工程科学的基本原理,识别、表达并通过文献研究分析复杂工程问题,以获得有效结论。

3.3 设计/开发解决方案:能够设计针对复杂工程问题的解决方案,设计满足特定需求的系统、单元(部件)或工艺流程,并能够在设计环节中体现创新意识,考虑社会、健康、安全、法律、文化以及环境等因素。

3.4 研究:能够基于科学原理并采用科学方法对复杂工程问题进行研究,包括设计实验、分析与解释数据,并通过信息综合得到合理有效的结论。

3.5 使用现代工具:能够针对复杂工程问题,开发、选择与使用恰当的技术、资源、现代工程工具和信息技术工具,包括对复杂工程问题的预测与模拟,并能够理解其局限性。

3.6 工程与社会:能够基于工程相关背景知识进行合理分析,评价专业工程实践和复杂工程问题解决方案对社会、健康、安全、法律以及文化的影响，并理解应承担的责任。

3.7 环境和可持续发展：能够理解和评价针对复杂工程问题的工程实践对环境、社会可持续发展的影响。

3.8 职业规范：具有人文社会科学素养、社会责任感，能够在工程实践中理解并遵守工程职业道德和规范，履行责任。

3.9 个人和团队：能够在多学科背景下的团队中承担个体、团队成员以及负责人的角色。

3.10 沟通：能够就复杂工程问题与业界同行及社会公众进行有效沟通和交流，包括撰写报告和设计文稿、陈述发言、清晰表达或回应指令。并具备一定的国际视野，能够在跨文化背景下进行沟通和交流。

3.11 项目管理：理解并掌握工程管理原理与经济决策方法，并能在多学科环境中应用。

3.12 终身学习：具有自主学习和终身学习的意识，有不断学习和适应发展的能力。

4 持续改进

4.1 建立教学过程质量监控机制，各主要教学环节有明确的质量要求，定期开展课程体系设置和课程质量评价。建立毕业要求达成情况评价机制，定期开展毕业要求达成情况评价。

4.2 建立毕业生跟踪反馈机制以及有高等教育系统以外有关各方参与的社会评价机制，对培养目标的达成情况进行定期分析。

4.3 能证明评价的结果被用于专业的持续改进。

5 课程体系

课程设置能支持毕业要求的达成，课程体系设计有企业或行业专家参与。课程体系必须包括：

5.1 与本专业毕业要求相适应的数学与自然科学类课程（至少占总学分的15%）。

5.2 符合本专业毕业要求的工程基础类课程、专业基础类课程与专业类课程（至少占总学分的30%）。工程基础类课程和专业基础类课程能体现数学和自然科学在本专业应用能力培养，专业类课程能体现系统设计和实现能力的培养。

5.3 工程实践与毕业设计（论文）（至少占总学分的20%）。设置完善的实践教学体系，并与企业合作，开展实习、实训，培养学生的实践能力和创新能力。毕业设计（论文）选题要结合本专业的工程实际问题，培养学生的工程意识、协作精神以及综合应用所学知识解决实际问题的能力。对毕业设计（论文）的指导和考核有企业或行业专家参与。

5.4 人文社会科学类通识教育课程(至少占总学分的15%),使学生在从事工程设计时能够考虑经济、环境、法律、伦理等各种制约因素。

6 师资队伍

6.1 教师数量能满足教学需要,结构合理,并有企业或行业专家作为兼职教师。

6.2 教师具有足够的教学能力、专业水平、工程经验、沟通能力、职业发展能力,并且能够开展工程实践问题研究,参与学术交流。教师的工程背景应能满足专业教学的需要。

6.3 教师有足够时间和精力投入到本科教学和学生指导中,并积极参与教学研究与改革。

6.4 教师为学生提供指导、咨询、服务,并对学生职业生涯规划、职业从业教育有足够的指导。

6.5 教师明确他们在教学质量提升过程中的责任,不断改进工作。

7 支持条件

7.1 教室、实验室及设备在数量和功能上满足教学需要。有良好的管理、维护和更新机制,使得学生能够方便地使用。与企业合作共建实习和实训基地,在教学过程中为学生提供参与工程实践的平台。

7.2 计算机、网络以及图书资料资源能够满足学生的学习以及教师的日常教学和科研所需。资源管理规范、共享程度高。

7.3 教学经费有保证,总量能满足教学需要。

7.4 学校能够有效地支持教师队伍建设,吸引与稳定合格的教师,并支持教师本身的专业发展,包括对青年教师的指导和培养。

7.5 学校能够提供达成毕业要求所必需的基础设施,包括为学生的实践活动、创新活动提供有效支持。

7.6 学校的教学管理与服务规范,能有效地支持专业毕业要求的达成。

4.1.2 材料类专业补充标准

《工程教育认证专业类补充标准》由中国工程教育专业认证协会各专业类认证委员会提出修订草案,学术委员会审议修订,中国工程教育专业认证协会第一届理事会2020年第二次(通讯)会议审定批准[2]。主要修订内容如下:

材料类专业补充标准

本补充标准适用于按照教育部有关规定设立的,授予工学学士学位的材料类专业。

1 课程体系

课程体系设置应确保学生在毕业时具备应用自然科学(含高等物理和高等化学等)、计算机技术和工程原理等知识的能力;系统理解并能够综合应用有关材料(含冶金)领域中组成与结构、性质、合成与制备(含工艺流程等)、应用(含使用性能)等方面的科学与工程原理;通过理论分析、实践和实训、逻辑计算、统计以及建立数学模型等方法,解决合成与制备等工艺过程的材料选择、设计、工艺(含新工艺新流程等)及参数确定等材料(含冶金)领域复杂工程问题。

2 师资队伍

教师的专业知识必须覆盖专业领域中有关组成与结构、性质、合成与制备(含工艺流程等)、应用(含使用性能)等方面的内容。

4.1.3 工程教育专业认证毕业要求

根据中国工程教育专业认证协会的规定,工程教育认证专业必须有明确、公开、可衡量的毕业要求[3],毕业要求应能支撑培养目标的达成。《工程教育认证通用标准》对毕业要求的内容如下:

本标准对专业毕业要求提出了"明确、公开、可衡量、支撑、覆盖"的要求。所谓"明确",是指专业应当准确描述本专业的毕业要求,并通过指标点分解明晰毕业要求的内涵。所谓"公开",是指毕业要求应作为专业培养方案中的重要内容,通过固定渠道予以公开,并通过研讨、宣讲和解读等方式使师生知晓并具有相对一致的理解。所谓"可衡量",是指学生通过本科阶段的学习能够获得毕业要求所描述的能力和素养(可落实),且该能力和素养可以通过学生的学习成果和表现判定其达成情况(可评价)。所谓"支撑",是指专业毕业要求对学生相关能力和素养的描述,应能体现对专业培养目标的支撑。所谓"覆盖",是指专业制定的毕业要求在广度上应能完全覆盖标准中 12 项毕业要求所涉及的内容,描述的学生能力和素养在程度上应不低于 12 项标准的基本要求。

在认证实践中,上述"明确、公开、可衡量、支撑、覆盖"的要求,都可以通过专业分解的毕业要求指标点来考查。指标点是经过选择的,能够反映毕业要求内涵,且易于衡量的考查点。通过毕业要求指标点可以判断专业对于通用标准12项基本要求的内涵是否真正理解,可以判断专业建立的毕业要求达成评价机制是否具有可操作性和可靠性,也可以判断专业是否根据培养目标设计自身的毕业要求。换言之,就是如果指标点不能体现标准的含义,即使专业照抄12项通用标准也未必就能证明"覆盖";如果指标点不可衡量,即使进行了达成度评价,其结果也不能证明达成。

由于毕业要求指标点的达成需要教学活动(以下一般称为课程)的支持,因此衡量也是基于课程来实现的。从可衡量的角度看,技术类毕业要求的指标点分解应有利于与学校现行的"基础/专业基础/专业"的课程分类方式对接,符合由浅入深的教学规律,应按照能力形成的逻辑"纵向"分解。非技术类毕业要求指标点分解的关键是对相关能力和素养的内涵进行清晰表述,只有做到清晰表述才可能纳入教学内容并进行有效评价。非技术类毕业要求可按照"能力和素养要素"进行分解。

毕业要求的12项通用标准具体内容如下:

① 工程知识:能够将数学、自然科学、工程基础和专业知识用于解决复杂工程问题。

② 问题分析:能够应用数学、自然科学和工程科学的基本原理,识别、表达、并通过文献研究分析复杂工程问题,以获得有效结论。

③ 设计/开发解决方案:能够设计针对复杂工程问题的解决方案,设计满足特定需求的系统、单元(部件)或工艺流程,并能够在设计环节中体现创新意识,考虑社会、健康、安全、法律、文化以及环境等因素。

④ 研究:能够基于科学原理并采用科学方法对复杂工程问题进行研究,包括设计实验、分析与解释数据,并通过信息综合得到合理有效的结论。

⑤ 使用现代工具:能够针对复杂工程问题,开发、选择与使用恰当的技术、资源、现代工程工具和信息技术工具,包括对复杂工程问题的预测与模拟,并能够理解其局限性。

⑥ 工程与社会:能够基于工程相关背景知识进行合理分析,评价专业工程实践和复杂工程问题解决方案对社会、健康、安全、法律以及文化的影响,并理解应承担的责任。

⑦ 环境和可持续发展:能够理解和评价针对复杂工程问题的工程实践对环境、社会可持续发展的影响。

⑧ 职业规范:具有人文社会科学素养、社会责任感,能够在工程实践中理解并遵守工程职业道德和规范,履行责任。

⑨ 个人和团队:能够在多学科背景下的团队中承担个体、团队成员以及负责人的角色。

⑩ 沟通:能够就复杂工程问题与业界同行及社会公众进行有效沟通和交流,包括撰写报告和设计文稿、陈述发言、清晰表达或回应指令,并具备一定的国际视野,能够在跨文化背景下进行沟通和交流。

⑪ 项目管理：理解并掌握工程管理原理与经济决策方法，并能在多学科环境中应用。

⑫ 终身学习：具有自主学习和终身学习的意识，有不断学习和适应发展的能力。

4.2 培养目标的制定

专业人才培养目标的制定首先要符合党的教育方针，坚持育人为本、立德树人，实施素质教育，提高教育现代化水平，培养德智体全面发展的社会主义建设者和接班人，办好人民满意的教育；贯彻落实《国家中长期教育改革和发展规划纲要（2010～2020）》，"牢固确立人才培养在高校工作中的中心地位，着力培养信念执著、品德优良、知识丰富、本领过硬的高素质专门人才和拔尖创新人才"。一方面，金属材料工程专业人才培养目标是学校人才培养目标的细化和延伸，与学校的办学思路保持一致，与学校的学科和专业布局相适应；另一方面，金属材料工程专业人才培养目标与社会需求状况相适应，满足国家和地区经济建设的需要、科技进步和社会发展的需要。

4.2.1 培养目标合理性评价的制度和措施

专业对培养目标合理性评价主要包括校内教学调研（教师、在校生）、校外社会评价（校友、用人单位、行业企业）等。以每年一次的毕业生调查、毕业生座谈会、用人单位调查、行业企业专家调研等为主要依据，本专业建立了较为完善的培养目标合理性评价机制，专业对培养目标合理性进行评价。评价的方式、参加人员等情况见表4.1，这些调查方式通常都是与课程体系设置等调查一起进行。

表4.1 专业对培养目标合理性进行评价的方式、参加人员等情况

评价数据来源	责任人	参加人员	周期	工作方式	评价结果
教师研讨	系负责人	院教学指导分委员会委员、专业教师	1～2年	系组织的教学法活动：内容涉及专业办学指导思想、培养目标、课程设置等	座谈会原始记录

评价数据来源	责任人	参加人员	周期	工作方式	评价结果
毕业生座谈	学院学生工作办公室	毕业生代表	应届毕业生每年一次,往届毕业生不定期	主要以座谈会形式进行,内容涉及专业办学指导思想、培养目标、课程设置、毕业要求达成等;利用毕业生来校报告、聚会等各种机会进行座谈	座谈记录等
用人单位调查	学院学生工作办公室	用人单位	不定期(但1年至少1次)	以座谈、调研、问卷调查的形式向用人单位征求意见和建议;利用学校招聘会、教师出差、开展合作项目等各种机会向企业征求意见	调查问卷原始记录、分析报告等,座谈记录
行业企业专家座谈	系负责人	行业企业专家	不定期(2年至少1次)	通过召开座谈会征求行业企业专家对培养目标、毕业要求、课程体系等的意见和建议	座谈记录

本科生培养方案(含培养目标)的制定(修订),培养方案的制定(修订)工作由学校统一部署,学院组织各专业按要求和规程进行。各专业也可根据现有培养方案执行情况,综合分析与评估毕业生反馈和用人单位意见等各类反馈信息,对专业培养方案(含培养目标)进行制定(修订),经学院教学指导分委员会与学校主管部门批准后实施。培养方案具体制定(修订)过程如图4.1所示。

(1) 学院依据学校相关通知文件精神和国际国内高等教育发展趋势提出培养方案(含培养目标)制定(修订)的原则和指导思想,经学院教学指导分委员会讨论通过后正式启动新一版培养方案(含培养目标)的制定(修订)工作。

(2) 专业系主任根据专业办学情况、毕业要求达成度评价以及毕业生反馈和用人单位意见等各类反馈信息综合分析与评估,提出培养方案(含培养目标)制定(修订)的基本建议。

(3) 专业系主任组织专业教师讨论,提出培养方案(含培养目标)制定(修订)初稿,经由行业企业专家座谈会、用人单位座谈会、校友座谈会等渠道,征求培养方案(含培养目标)制定(修订)意见,由专业讨论形成培养方案(含培养目标)制定(修订)方案的建议稿。

(4) 学院根据专业培养方案(含培养目标)制定(修订)方案的建议稿提出正式的制定(修订)方案,经学院教学指导分委员会审查批准后呈报学校。

(5) 学校审查批准学院的制定(修订)方案,教务部发布实施。

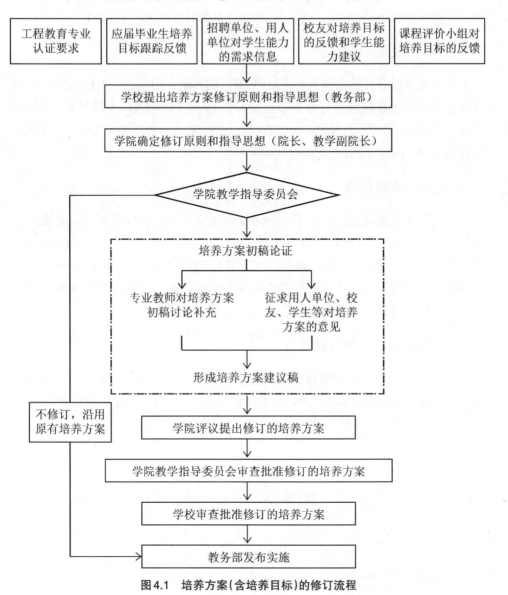

图4.1 培养方案(含培养目标)的修订流程

4.2.2 培养目标合理性评价的主要内容和方法

1. 教师研讨

学院每年都会组织召开各系教师座谈会,会议参加人员为学院教学指导分委员会部分委员、部分专业教师等,请每位老师根据日常教学过程中学生学习情况,对专业办学指导思想、培养目标、课程设置、毕业要求等各方面进行全面的评价与交流。

2. 毕业生座谈会

学院每年都会开展在校学生座谈会工作,同时也利用毕业生来校参加活动、毕业周年聚会等各种机会进行专业毕业生调查,从毕业5年及以上的毕业生中选择部分学生代表,请毕业生根据多年工作学习情况,对专业办学指导思想、培养目标、课程设置、毕业要求等各方面进行全面的评价与交流。

3. 用人单位调查

学院每年不定期会以调研、问卷调查的形式向用人单位征求意见和建议;根据培养目标,设计毕业生素质与能力的分项指标,让用人单位重点针对毕业5年及以上学生的工作表现进行填写。同时也利用用人单位来学校招聘会、教师出差、开展合作项目等机会向用人单位进行对毕业生满意度调查。问卷分析的结果,也可以反映培养目标的制定是否合理。

4. 行业企业专家座谈

学院及专业负责人利用行业企业专家来学校出差、交流的机会,或者在2~4年培养目标修订之前,邀请行业企业专家进行座谈,从行业与企业的视角出发,征求对专业培养目标合理性的意见。

4.3　毕业要求的达成评价

4.3.1　评价原则

(1) 毕业要求达成情况评价包括:课程教学对毕业要求达成情况的评价、毕业生能力达成情况的自我评价、用人单位对毕业要求达成情况的评价。

(2) 课程教学对毕业要求达成情况的评价方法是:按12项毕业要求,每个毕业要求分解为若干个指标点,每个指标点由若干课程支撑,各支撑课程需确定用于支撑该指标点的考核内容和方式。

(3) 各支撑课程确定的用于支撑该指标点的考核内容和方式需合理、可衡量。

（4）在设置分指标点支撑典型课程的权重时,主要综合考虑课程对指标点支撑的强弱关系,课程内容与毕业要求分指标点内涵的相关度,以及支撑课程的课时数等因素。

（5）对每门课程在指标点中的权重进行赋值,每个指标点对应的所有课程权重赋值之和等于1。

（6）评价对象:取金属材料工程专业该届全体学生作为评价对象。

（7）经指定的责任教授对每门课程评价方案和依据的合理性进行确认。

（8）课程和毕业要求达成情况必须严格按照考核方式和成绩进行评价。

（9）评价责任人和课程责任教授需严格按照本评价办法对课程达成情况进行评价,评价小组需严格按照本评价办法对毕业生毕业要求达成情况进行评价。

（10）评价结果作为持续改进的依据,不作为教师考核的依据。

4.3.2　评价方案

（1）毕业要求达成情况评价机制:首先,依据培养目标制定适合本专业学生的毕业要求,进一步分解为35个指标点,设置相应的教学环节支撑35个指标点,每一个指标点有2～5门主要课程支撑,对每门课程根据其对毕业要求的贡献度赋予相应的权重。其次,围绕相应指标点实施教学活动,制定各指标点详尽的评价计划。评价计划包括选择恰当的评价方法、实施评估并收集评估数据、分析得出评价结果、将评价结果用于持续改进等。

（2）评价方法:以直接评价为主,间接评价收集的数据作为补充。直接评价方法包括考核成绩分析法和评分表法等评价技术性指标。考核成绩分析法是通过计算某项毕业要求指标点在不同课程中相应试题的平均得分比例,结合本门课程贡献度权重,计算得出该项毕业要求的达成情况评价结果。评分表法主要用于评价非技术性指标,为了评价学生对某一项毕业要求指标点在某一门课程中的达成情况,制定详细、具体、可衡量的评价指标,设置不同的达成情况层级,并对指标点的不同达成情况给出定性描述。对某一项毕业要求在某一门课程中的达成情况评价由指导教师依据评分表,根据学生的试卷、实验报告、课程报告、作业等评价学生在该项指标点上的表现,并通过满意程度给出量化分数,计算出该项毕业要求在该门课程中的达成情况评价值。最后综合该项毕业要求在不同课程中的达成情况评价值和相应课程的支撑权重,计算得出评价结果。间接评价方法采取调查问卷方式,包括应届毕业生、往届毕业生、毕业生就业单位的调查及社会第三方调查,获取培养目标和毕业要求的达成情况。

（3）数据来源：直接评价要求每位教师提供相应的合理考核和评价毕业要求达成的数据，首先制定试卷、作业、报告、设计等项目相应的评分标准，再依据评分标准给出每位学生在该项的得分，最终按每项的考核权重计算出每位学生在该门课程中的综合得分，按班级平均分和该门课程对毕业要求赋予的权重计算最终的达成情况数据。数据的采集是课程全体学生的考核结果，如果该课程支撑几个指标点，需要将考核结果根据课程支撑的指标点分类，再分别采集。数据采集的周期依据专业评估毕业要求达成情况的周期、课程达成毕业要求的评估周期进行。数据收集过程中，如果发现评价方法有不合理之处，及时调整或补充采用其他的评价方法收集数据，教师在收集数据的过程中应根据反馈情况及时进行持续改进。间接评价采取问卷调查形式，通过受访单位以及毕业生对毕业要求核心能力重要性的认同程度以及毕业生的表现逐项按级打分，评价毕业要求的达成情况。

（4）评价机构：本专业成立专业毕业要求达成情况评价工作小组，成员由系主任、系副主任等专业负责人及骨干教师组成。专业教师依据毕业要求拆分的各项指标点、课程的教学目标、达成途径、评价依据及评价方式，通过采用直接评价与间接评价方法收集数据，进行达成情况评价，依据评价结果提出持续改进思路。专业教学质量评估小组对评价数据进行审核及分析，并对毕业要求达成情况进行评价，确定达成情况并形成专业持续改进的意见，经学院教学指导委员会讨论，最终确定持续改进总体措施。

（5）评价周期：达成情况评价以两个学年为周期，即在每一个教学活动结束后进行，以连续统计两个学年的数据为依据。

（6）结果反馈：对于每个毕业要求指标点，计算支撑该指标点的主要课程的评价结果，求和得出该指标点达成情况评价结果；与专业"毕业要求的评价方法"规定的合格标准相比较，明确该项毕业要求评价结果是否"达成"，并给出结论。对毕业要求中每一项的达成情况进行全面评价，形成《毕业要求达成情况评价表》。同时本专业已建立持续改进机制，在毕业要求达成情况评价过程中，不断地把评价结果反馈给课程及相应教学环节负责人、专业负责人，并用于持续改进。学院教学指导委员会每年定期召集教学工作例会，对学院各项建议改进的问题进行讨论，并讨论教学质量评估小组形成分析结论，给出最终结果，并将结果通知相关教师。

（7）在开展课程达成情况评价前，由学院教学指导委员会对该门课程的评价依据（主要是对学生的考核结果，包括试卷、大作业、报告、设计等）合理性进行确认：考核内容完整体现了对相应毕业要求指标点的考核（试题难度、分值、覆盖面等）；考核的形式合理；结果判定严格。采用试卷或报告作为达成情况评价依据，判定结果为"合理"。

（8）评价责任人在课程结束后需填写《课程毕业要求达成情况评价表》和《毕

业要求达成情况评价表》。

（9）毕业要求达成情况评价工作小组在学生毕业后，根据所有教学环节的达成情况评价结果，对毕业生整体毕业要求达成情况进行评价。

4.4　课程体系的设置

目前，以工程教育专业认证为目的进行教学改革研究的成果很多，主要集中在两个方面。一方面是对照专业认证标准进行专业体系的改进与完善，具体包括专业课程体系的改革、实践教学体系的构建以及创新能力培养等。另一方面的研究侧重于通过改革某一门课程的教学以达成认证标准中的某一具体能力，包括课程内容体系改革、课程建设、实验课教改、教学方法改革以及课程考核方式改革等[4, 5]。

课程体系的设置必须能够支撑所有毕业要求的达成，而每一门课程能对应支撑一个或若干个毕业要求。同时，每门课程的教学大纲需要明确规定各章节或知识点具体支撑的毕业要求。根据教学大纲中对毕业要求的关联程度，可以将课程的支撑度分为若干等级，通过设置权重对毕业要求的达成进行量化分析。此外，每个毕业要求由若干门课程共同支撑，而共同支撑的所有课程对单个毕业要求的关联度总和为该毕业要求的支撑度。

首先，通过调研与需求分析的方式修订专业培养目标，培养目标须符合学校定位以及社会需求。培养目标的合理性评价以是否满足专业认证标准为评价标准。其次，基于培养目标制定毕业要求。毕业要求以认证标准的12项为参考，最终以是否完全覆盖培养目标为衡量标准。最后，以毕业要求为依据构建专业的课程体系。课程体系的合理性评价采用公式计算课程对每项毕业要求的支撑度，只有当所有的毕业要求支撑度均满足时才认为该专业课程体系的构建合理。任何一个环节通过评价后，该环节工作默认为结束并不再进行修改，同时自动进入下一环节的工作。

当课程体系对毕业要求的支撑度过低时，则将所有缺失的毕业要求系统梳理，并对照课程进行归类。若有对应的归属课程则针对该课程的教学大纲进行调整，若没有归属课程则增设相应的课程并撰写教学大纲。以上流程不断循环，直到所有毕业要求的支撑度满足条件。完整的人才培养评价机制包括四个方面，分别是：培养目标定位的准确度评价、毕业要求对培养目标的覆盖度评价、课程对毕业要求的支撑度评价、教学效果对毕业要求的达成度评价。其中，培养目标的定位准确度评价主要由学校定位、社会需求、毕业生和用人单位的反馈等信息组成。毕业要求对培养目标的覆盖度可以从二维矩阵表中评价。毕业要求的达成评价需要依据教学效果进行评价。在明确毕业要求的基础上，可以通过确定课程对毕业要求的关联程度来进行支撑度评价分析，并构建专业的课程体系。

4.5　师资队伍的建设

4.5.1　工程教育师资队伍的能力要求

中国的工程教育改革势在必行，也引发了社会各界乃至全球的广泛关注。总的来说，共同关注的热点问题可以归结于教育体系、教育模式、工程实践以及能否持续改进等几个方面。相对来说，对于支撑工程教育质量保障体系的师资队伍建设的关注明显不够。从工程教育的实际过程出发，要保证工程教育实施效果和质量，拥有一支能够真正满足工程教育专业认证需求的高水平师资队伍至关重要[6,7]。《华盛顿协议》所倡导的工程教育专业认证三个基本理念即以学生为中心、成果导向和持续改进，高水平、高质量、可衡量的工程教育师资队伍应至少具备以下五个方面的能力。

1. 良好的职业道德是前提

任何教师都应具备的一个首要的基本素质就是良好的职业道德。从事工程教育专业的高水平教师，在持续加强自身的道德修养的基础上，具备良好的师德和工程师必备的严谨作风也是执业所必需的要求，在工程教育具体的实施过程中，教师本身更应该以更高规格的职业道德标准严格要求自己。开展工程教育的学校，在办学过程中更应该积极倡导和弘扬人间正气，传递和培育正能量，建设一支具有良好职业道德的师资队伍。有较强的事业心和责任感，有良好的职业道德和较强的团结协作精神，这些都是工程教育专业教师从业和立身的前提。

2. 扎实的专业知识是基础

工程教育的根本目的在于培养高水平、高质量的工程师，工程教育的教师首先就应具备扎实的专业基础知识和能力。专业教师在知识理论层面，首先就需要牢牢掌握自然科学相关基础学科的基本原理和方法，还应具备较强的描述、分析等解决实际、实践工程相关问题的能力;进而在具备扎实的工程专业知识的基础上,广泛涉猎数学、物理、哲学等自然学科、社会学科相关领域,形成自身丰富、系统的知识体系;同时工程教育的教师还应具备将理论知识与现场实践完美结合并适当进行创新的能力,从而促进知识迁移、传承以及实际应用。也就是说,从事工程教育的专业教师,基础能力要求就是必须系统学习掌握自然科学知识、专业基础知识、专业知识与技能、教育知识与技能等。

3. 较强的工程教育教学能力是根本

作为新时期从事工程教育的专业教师,"优秀工程师"的能力素养是必备的基础技能,而且作为一名教育工作者,"传道、授业、解惑"的角色亘古不变。现代高校所开展的工程教育,本身就要求将工程技术与现代高等教育进行有机结合,所以卓越的高等工程教育教师,必须具备突出的教育教学能力,这是实现高质量工程教育的根基所在。将工程科技的实践糅合到常规的教育教学过程中,同时结合自身科研、实践成果开展课堂教育教学。另外,在教学过程中引入创新性的教育教学模式改革,对于从事高等工程教育的教师而言也是必不可少的,逐步转变课堂讲授、知识灌输的常规教学模式,建立"以学生为中心"的、符合工程教育专业认证标准的教学模式,实现将灌输课堂、封闭课堂、知识课堂和"句号"课堂向对话课堂、开放课堂、能力课堂和"问号"课堂的转变,从课堂出发、从具体问题出发、从实践工程背景出发,培养学生发现问题、解决问题、总结问题、拓展问题以及团队协作的能力。

4. 丰富的工程实践经历是保障

现代工程教育的根本出发点是为未来培养更多更高质量的工程师人才。想要实现卓越工程师的培养,作为工程教育的教师,在系统接收现代工程科技相关的理论培训的基础上,更迫切地需要丰富的工程实践经历;只有在实际的工程实践相关工作中逐步积累实践经验,才有可能在实际的工程教育教学过程中,真正地完成理论联系实际,帮助学生将在课堂上、书本里所学到的理论知识融会贯通,引导学生逐步过渡和成长为一名合格的"卓越工程师"。

5. 卓越的工程技术创新能力是提升

高质量的卓越工程师,不应该仅仅停留在能够解决实际工程问题的层面。作为一名"卓越工程师",工程实践技术相关的创新能力必不可少。作为从事工程教育的专业教师,在平时的科研和教学工作中,应该可以敏锐地、及时地洞察到本领域和相关领域的前沿、热点和方向,充分了解行业和领域内最新、最迫切的需求,具备并随时保持良好的创新意识和能力,及时促成这种能力更多、更好地服务于行业和高校,实现产学研一体式推进和发展,引领工程实践技术的时代潮流,培养适应时代需求,甚至引领时代发展的有用人才。

4.5.2　工程教育师资队伍建设存在的问题

1. 终身学习的自我意识不强

现代世界高速发展,工程技术不断革新,知识体系的升级换代日新月异,这就要求从事工程教育的教师必须不断追求新知识、新思想、新能力,持续性地拓宽自己的工程视野,并及时更新对工程过程中常见问题的认知,这样才能将最新、最准确、最实用的信息传授给学生,工程教育才能够得到不断的进步和发展。另外,工程教育的教师还需在潜心钻研基础业务的前提下,勇于开拓、善于创新,提升自己作为一名教育工作者的专业素养、教学水平和实践能力。目前国内诸多材料类专业的师资队伍建设均存在教师自身进行终身学习的意识不强等的问题。

2. 师资队伍结构不合理

工程教育的快速发展,对高质量、高水平的工程教育教师的需求迫在眉睫。我国高校教师队伍的建设,在引进人才的过程中,更注重其理论水平及学术成就。大部分都是"从高校到高校"的优秀学子,他们拥有诸多的证书,求学期间大部分的时间都用于理论学习和学术研究,严重缺乏社会实践和工程实践经验;工作后又迫于职称晋升的压力以及社会环境,很少有人主动寻找机会参与实践锻炼,这也是目前我国高校理论研究型教师偏多,而工程实践类教师偏少的主要原因,师资队伍的体量和结构不合理的现状始终没有得到很好的解决。目前在材料类专业教师中青年教师过多,并且青年教师大部分都是硕士或博士毕业后直接转为教师,与实际工程实践相关的工作经验缺乏,工程培训或工程设计的理念较为薄弱。

3. 激励措施和政策配套不足

在当前世界盛行的工程教育发展趋势下,对于从事高校工程教育的专业教师而言,在职称评聘、教学评价等方面,工程实践特色或优势所赋予的比重偏弱,工程设计和实践方面的成果或贡献,与所应当得到的相应的实际奖励严重不匹配。因此,必然造成大部分工程教育教师放弃开展周期很长的工程实践类项目,理论研究或基础应用研究更受欢迎,久而久之,必然造成实践研发积极性的急剧恶化。材料类专业与全国其他类专业类似,也存在这种不匹配或激励不足的问题,导致很多专业教师重科研、轻教学、弱实践;高校里对教师的激励措施和评价政策,大多都是围绕科研项目、发表论文来进行的,缺乏促进教学,尤其是工程类、实践型教学的激励措施,导致专业教师实践教学的积极性不高。

4. 教师和学生的实践机会少

工程教育的快速发展,要求从事工程教育的教师以及所培养的学生不仅仅立足于学校自身,更为关键的是面向社会、面向产业、面向行业的快速发展。实施工程教育,教师的工程背景偏弱已经是我国工程教育的典型软肋之一,在大多数进行工程教育的高校,能够提供给学生进行必要的工程实践训练的机会也明显不足。相关高校,很多都是为了完成实践教学任务,安排或带领学生进入到相关的企业进行参观访学交流;同时相关企业,也只会在有迫切技术革新或升级的需求时,才会邀请高校教师和学生到其单位或公司参与实践开发。这种情况造成了高校与行业或企业实际实践需求的脱节,卓越工程师的培养需要政府、学校、企业、协会、行业等多个方面的通力合作并形成良性循环。

5. 兼职教师队伍建设需加强

基于工程教育快速发展的大趋势,现代高校里的应用型教师和理论型教师只有在相互结合、相互配合的基础上,才有可能培养出更高质量的"卓越工程师"。如前所述,高校里大多数教师的工程实践背景以及从事工程实践的机会偏少偏弱,这种情况下,从相关高水平企业或行业聘请优秀的兼职教师,参与到高校的工程教育培训过程中,或者为高校教师和学生提供更多的实践实训机会,无疑是一种切实可行的途径和方法。目前材料类专业的兼职教师数量尚显不足,且其实际参与教学过程的效率和效果还有待提高。学校应出台相关政策,使兼职教师从聘任到考核走上规范化、制度化的轨道。

4.6 专业认证的持续改进机制

2016年,我国的工程教育加入《华盛顿协议》,在中国工程教育专业认证协会的积极工作下,我国工程教育认证体系产生了明显的进步,越来越多的高校认可并开始积极实践以"学生为中心""成果导向"和"持续改进"为核心的理念。在整个工程教育专业认证的体系中,持续改进的理念至关重要,贯穿于从学生到支撑条件的整个认证体系中,从学生到培养目标,从毕业要求到课程体系,从师资队伍建设到支持条件,持续改进的理念开始逐步深入人心,也取得了积极的实施效果。受到工程教育专业认证的有益启发,目前全国参与工程教育专业认证的高校,在各个版本的学生培养方案中,以及新工科、国家级省级一流学科建设的过程中,都逐步贯彻实施了持续改进的理念[8, 9],具体如图4.2所示。

图4.2所示为工程教育专业认证所倡导的持续改进机制在人才培养过程对应的各个环节。从关系图中可以看出,在工程教育专业认证的过程中,持续改进的理念在培养目标、毕业要求、课程体系、师资队伍、支持条件等具体的过程或环节中都有很具体的体现,整个工程教育专业认证的体系,实现了以学生培养为中心,以成果导向为目标,这样的设计和具体实施,同时有利于全面提升专业建设水平与优化教学改革步伐,综合提高工程实践类人才培养质量。

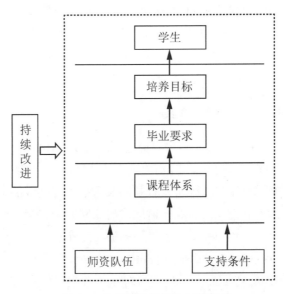

图4.2　持续改进机制作用的环节

持续改进理念或机制在具体的实施过程中,通常由学校或具体的教务部门牵头,各个具体负责教学任务的学院或系做相应的配合,建立学校、学院两级教学质量闭环监控保障体系。高校通过制定一系列工程教育或教学相关管理规章制度,从顶层设计、教学管理、教师、学生等多个维度对教学工作过程进行组织、调度、监督和评价。其次,监控和保障各个主要的教学环节,确保培养方案、教学计划、教学过程以及考核、反馈评价等过程及完成质量与相应的学生培养毕业要求和培养目标相匹配,并将学生毕业要求评价及培养目标达成的质量情况进行反馈,调控优化各个主要教学环节,形成系统的记录文档,即形成"评价—反馈—改进"的自循环体系,充分保证人才培养质量的进一步提升。

参 考 文 献

[1] 工程教育认证标准（2017年11月修订）[EB/OL].中国工程教育专业认证协会.（2020-02-17）.https://www.ceeaa.org.cn/gcjyzyrzxh/rzcxjbz/gcjyrzbz/tybz/599711/index.html.

[2] 材料类专业补充标准[EB/OL].中国工程教育专业认证协会.https://www.ceeaa.org.cn/gcjyzyrzxh/rzcxjbz/gcjyrzbz/18gzylybcbz/cllzy/index.html.

[3] 工程教育认证标准解读及使用指南[EB/OL].中国工程教育专业认证协会.https://www.ceeaa.org.cn/gcjyzyrzxh/rzcxjbz/gjwj/gzzn/index.html.

[4] 梁叔全,胡小清,蔡圳阳,等.基于创新人才培养目标导向的理工类学院文化多维建构策略:以中南大学材料科学与工程学院为例[J].现代大学教育,2019(6):100-108.

[5] 赵毅,梅迎军,黄维蓉.工程教育专业认证背景下材料科学与工程专业人才培养模式改革与探索[J].大学教育,2020(11):39-42.

[6] 刘勤安,邢辉,吴桐辉.工程教育专业认证背景下的师资队伍建设[J].航海教育研究,2017,34(01):29-33.

[7] 梁政勇,董贺新,武杰,等.专业认证背景下的工程教育师资队伍建设初探[J].广州化工,2018,46(08):125-126.

[8] 李志义.解析工程教育专业认证的持续改进理念[J].中国高等教育2015,（15）:33-35.

[9] 孙晶,张伟,崔岩,等.工程教育专业认证的持续改进理念与实践[J].大学教育,2018,（7）:71-73,86.

第5章 材料专业认证的实践与效果

目前,国内大多高校都设立了材料类专业,因为学校办学历史、目标定位和所处层次不同,对专业的要求和培养目标各有差异。合肥工业大学金属材料工程专业是我国同类型专业第一个申请并顺利通过国家工程教育专业认证的材料类专业,学生来源广泛,课程体系完善,毕业目标合理,并建立了持续改进机制,师资队伍和支持条件充足。2018年再次顺利通过国家工程教育专业认证复评,真正实现了"以评促建,以评促改,评建结合"的效果。2019年该专业成功获批为教育部首届"国家级一流本科专业建设点"(双万计划)。

5.1 材料专业的基本要求

以合肥工业大学材料科学与工程学院金属材料工程专业为例,对照中国工程教育专业认证协会制定的毕业要求12项通用标准,结合"明确、公开、可衡量、支撑、覆盖"的要求,合肥工业大学金属材料工程专业对上一版本指导性教学计划中的毕业要求进行了修订,将原计划中的10项毕业要求调整为12项毕业要求。根据我国工程教育与国际接轨的需求,依据《合肥工业大学本科学生学籍管理办法》《合肥工业大学授予普通高等教育学士学位工作办法》以及《合肥工业大学"能力导向的一体化教学体系建设指南"》的有关规定,对照工程教育专业认证标准,制定了合肥工业大学金属材料工程专业指导性教学计划。

5.1.1 专业毕业要求及指标点分解

12项毕业要求及具体的分解指标点如下:

毕业要求1 工程知识:能够将数学、自然科学、工程基础和专业知识用于解决金属材料工程领域的复杂工程问题,并了解材料科学和金属材料工程专业的前沿发展现状和趋势。

指标点1–1 能够将数学、自然科学、工程基础和专业知识用于解决金属材料工程领域的复杂工程问题的恰当表述中。

指标点1–2 能够针对一个系统或过程建立合适的数学模型,并利用恰当的边界条件求解。

指标点1–3 能够将工程基础和专业知识用于分析确定金属材料工程中的服役条件和优化途径。

指标点1–4 能够将工程和专业知识用于金属材料工程中的设计、控制和改进。

毕业要求2 问题分析:能够应用数学、自然科学和工程科学的基本原理,并通过文献研究,识别、表达、分析金属材料领域的复杂工程问题,以获得有效结论。

指标点2–1 能够将数学、自然科学基本原理运用于金属材料工程问题的识别与表述。

指标点2–2 能够通过上述原理,并通过文献研究,分析金属材料领域的复杂工程问题,以获得有效结论。

毕业要求3 设计/开发解决方案:能够设计针对金属材料领域的复杂工程问题的解决方案,设计满足特定需求的金属材料、部件及工艺流程,并能够在设计环节中体现创新意识,考虑社会、健康、安全、法律、文化以及环境等因素。

指标点3–1 能够根据客户的需求,针对金属材料复杂工程问题进行分析和提炼,确定设计目标。

指标点3–2 能够在安全、环境、法律、健康等现实约束条件下,对解决方案的可行性进行初步分析与论证。

指标点3–3 能够针对金属材料领域的复杂工程问题设计解决方案,设计并优选满足特定需求的金属材料、部件及工艺流程,体现创新意识。

毕业要求4 研究:能够基于科学原理并采用科学方法对金属材料领域的复杂工程问题进行研究,包括设计实验、分析与解释数据,并通过信息综合得到合理有效的结论。

指标点4–1 能够对金属材料、部件、工艺相关的各类物理现象、组织、结构、特性进行识别、测试和实验验证,正确采集信息和数据。

指标点4–2 能够基于专业理论根据对象特征,制定实验方案,构建实验系统,采用科学的实验方法进行实验。

指标点4–3 能够对实验结果进行分析和解释,并通过信息综合得到合理有效的结论。

毕业要求5 使用现代工具:能够针对金属材料领域的复杂工程,开发、选择与使用恰当的技术、资源、现代工程工具和信息技术工具,包括对复杂工程问题的预测与模拟,并了解其局限性。

指标点 5-1 能够选择和运用计算机工具、工程制图、信息化工具和技术,表达和解决金属材料工程的设计问题。

指标点 5-2 能够有效利用网络资源,能利用信息技术方法获取金属材料工程重要信息和文献资料。

指标点 5-3 能够根据现代工程工具和信息技术工具的局限性和适应范围,选择、开发恰当工具对金属材料领域复杂工程问题进行预测与模拟。

毕业要求 6 工程与社会:能够基于工程相关背景知识进行合理分析,评价金属材料工程实践和金属材料领域的复杂工程问题解决方案对社会、健康、安全、法律以及文化的影响,并理解应承担的责任。

指标点 6-1 了解与金属材料工程相关的技术标准、知识产权、产业政策和法律法规。

指标点 6-2 能正确认识金属材料工程领域新产品、新技术、新工艺、新材料的开发和应用对于客观世界和社会的影响。

指标点 6-3 能正确分析和评价金属材料复杂工程问题解决方案对社会、健康、安全以及文化的影响,并理解应承担的责任。

毕业要求 7 环境和可持续发展:能够理解和评价针对金属材料领域复杂工程问题的工程实践对环境、社会可持续发展的影响。

指标点 7-1 理解国家的环境可持续发展战略及相关的政策和法律、法规。

指标点 7-2 能理解和评价金属材料工程实践对于环境和社会可持续发展的影响。

毕业要求 8 职业规范:具有人文社会科学素养、社会责任感和工程职业道德。

指标点 8-1 了解中国发展的历史沿革和国情,增强自身人文社会科学素养。

指标点 8-2 有良好的思想道德修养,理解中国特色社会主义建设的科学理论体系。

指标点 8-3 有健康的体魄,有意愿、有能力服务社会,理解个人在历史、社会和自然环境中的地位与责任。

指标点 8-4 在工程领域复杂工程问题实践中,具有工程师的职业道德和责任。

毕业要求 9 个人和团队:能够在多学科背景下的团队中承担个体、团队成员以及负责人的角色。

指标点 9-1 掌握材料科学相关学科的背景知识,了解学科工程基础知识。

指标点 9-2 能够理解个人在团队中所处的角色、所应发挥的作用、所应担当的责任,以及个体对团队及团队其他成员的影响。

指标点9-3 能够理解多学科团队和每个成员对解决复杂工程问题作用和意义,具有在金属材料工程多学科背景的团队合作中发挥作用的能力。

毕业要求10 沟通:能够就金属材料领域复杂工程问题与业界同行及社会公众进行有效沟通和交流,包括撰写报告和设计文稿、陈述发言、清晰表达或回应指令;并具备一定的国际视野,能够在跨文化背景下进行沟通和交流。

指标点10-1 针对业界交流需求、习惯、方法和管理要求,能够就复杂金属材料工程复杂技术问题选择恰当的用户沟通和交流方法。

指标点10-2 掌握技术文件写作方法,能够就复杂金属材料工程实施方案面向用户或社会公众撰写可行性和技术报告,陈述、发布上述报告,倾听并回应公众意见,与用户及社会公众进行有效沟通和交流。

指标点10-3 能够针对复杂工程问题撰写设计文档、测试报告和用户手册,通过口头及书面方式进行有效的陈述、表达。

指标点10-4 能够用至少一门外语撰写、陈述、发布可行性和技术报告,具备一定的国际视野,能够在跨文化背景下与用户及社会公众进行沟通和交流。

毕业要求11 项目管理:理解并掌握工程管理原理与经济决策方法,并能在多学科环境中应用。

指标点11-1 理解金属材料工程活动中涉及的重要经济与管理因素。

指标点11-2 具有在多学科环境中应用工程管理和经济决策知识的能力。

毕业要求12 终身学习:具有自主学习和终身学习的意识,有不断学习和适应发展的能力。

指标点12-1 对自主学习和终身学习的必要性有正确的认识。

指标点12-2 具备强健的体魄,有不断学习和适应发展的能力。

5.1.2 毕业要求指标点与通用标准的关系

该专业分解后的毕业要求指标点与国家工程教育专业认证的通用标准保持了完整的被覆盖关系,如表5.1所示。

表5.1 专业毕业要求和认证通用标准的覆盖关系

序号	专业毕业要求	认证通用标准	覆盖情况分析
1	毕业要求1 工程知识：能够将数学、自然科学、工程基础和专业知识用于解决金属材料工程领域的复杂工程问题，并了解材料科学和金属材料工程专业的前沿发展现状和趋势	工程知识：能够将数学、自然科学、工程基础和专业知识用于解决复杂工程问题	覆盖
2	毕业要求2 问题分析：能够应用数学、自然科学和工程科学的基本原理，并通过文献研究，识别、表达、分析金属材料领域的复杂工程问题，以获得有效结论	问题分析：能够应用数学、自然科学和工程科学的基本原理，识别、表达、并通过文献研究分析复杂工程问题，以获得有效结论	覆盖
3	毕业要求3 设计/开发解决方案：能够设计针对金属材料领域的复杂工程问题的解决方案，设计满足特定需求的金属材料、部件及工艺流程，并能够在设计环节中体现创新意识，考虑社会、健康、安全、法律、文化以及环境等因素	设计/开发解决方案：能够设计针对复杂工程问题的解决方案，设计满足特定需求的系统、单元（部件）或工艺流程，并能够在设计环节中体现创新意识，考虑社会、健康、安全、法律、文化以及环境等因素	覆盖
4	毕业要求4 研究：能够基于科学原理并采用科学方法对金属材料领域的复杂工程问题进行研究，包括设计实验、分析与解释数据、并通过信息综合得到合理有效的结论	研究：能够基于科学原理并采用科学方法对复杂工程问题进行研究，包括设计实验、分析与解释数据、并通过信息综合得到合理有效的结论	覆盖
5	毕业要求5 使用现代工具：能够针对金属材料领域的复杂工程，开发、选择与使用恰当的技术、资源、现代工程工具和信息技术工具，包括对复杂工程问题的预测与模拟，并了解其局限性	使用现代工具：能够针对复杂工程问题，开发、选择与使用恰当的技术、资源、现代工程工具和信息技术工具，包括对复杂工程问题的预测与模拟，并能够理解其局限性	覆盖
6	毕业要求6 工程与社会：能够基于工程相关背景知识进行合理分析，评价金属材料工程实践和金属材料领域的复杂工程问题解决方案对社会、健康、安全、法律以及文化的影响，并理解应承担的责任	工程与社会：能够基于工程相关背景知识进行合理分析，评价专业工程实践和复杂工程问题解决方案对社会、健康、安全、法律以及文化的影响，并理解应承担的责任	覆盖

序号	专业毕业要求	认证通用标准	覆盖情况分析
7	毕业要求7 环境和可持续发展：能够理解和评价针对金属材料领域复杂工程问题的工程实践对环境、社会可持续发展的影响	环境和可持续发展：能够理解和评价针对复杂工程问题的工程实践对环境、社会可持续发展的影响	覆盖
8	毕业要求8 职业规范：具有人文社会科学素养、社会责任感和工程职业道德	职业规范：具有人文社会科学素养、社会责任感，能够在工程实践中理解并遵守工程职业道德和规范，履行责任	覆盖
9	毕业要求9 个人和团队：能够在多学科背景下的团队中承担个体、团队成员以及负责人的角色	个人和团队：能够在多学科背景下的团队中承担个体、团队成员以及负责人的角色	覆盖
10	毕业要求10 沟通：能够就金属材料领域复杂工程问题与业界同行及社会公众进行有效沟通和交流，包括撰写报告和设计文稿、陈述发言、清晰表达或回应指令；并具备一定的国际视野，能够在跨文化背景下进行沟通和交流，	沟通：能够就复杂工程问题与业界同行及社会公众进行有效沟通和交流，包括撰写报告和设计文稿、陈述发言、清晰表达或回应指令；并具备一定的国际视野，能够在跨文化背景下进行沟通和交流	覆盖
11	毕业要求11 项目管理：理解并掌握工程管理原理与经济决策方法，并能在多学科环境中应用	项目管理：理解并掌握工程管理原理与经济决策方法，并能在多学科环境中应用	覆盖
12	毕业要求12 终身学习：具有自主学习和终身学习的意识，有不断学习和适应发展的能力	终身学习：具有自主学习和终身学习的意识，有不断学习和适应发展的能力	覆盖

5.1.3 毕业要求的宣传

（1）让学生知道毕业要求的方式如下：

① 招生宣传时，介绍专业毕业要求；

② 新生入学教育安排专业介绍，介绍内容包括金属材料工程专业本科毕业要求；

③ 学生会在上课过程中，通过教师的宣讲进一步了解课程目标和毕业要求；

④ 学生可通过学院网站了解金属材料工程专业毕业要求。

（2）让教师知道毕业要求的方式如下：

① 教师通过院、系（中心）教师大会，教学研讨和教学会议，参与培养计划制定（修订）等过程，熟悉本专业毕业要求；

② 每位教师均有金属材料工程专业本科培养方案电子版，其中有毕业要求的描述；

③ 教师在制定、讨论课程大纲和进行毕业要求达成情况评价的过程中，会进一步深入理解毕业要求的内涵；

④ 教师可以通过学院网站了解本专业的毕业要求。

（3）让社会了解毕业要求的方式如下：

① 每年向社会发放学校招生简章，简章内容包括有本专业毕业要求；

② 每年向社会发放学校就业宣传册，宣传册内容包括有本专业毕业要求；

③ 通过对用人单位进行毕业要求达成情况调研，进一步宣传本专业毕业要求；

④ 合肥工业大学材料学院网站专业介绍中有本专业毕业要求。

通过上述宣传和研讨，教师和学生都能明确了解本专业毕业要求及其内涵，并能在教学和学习过程中，对照毕业要求，安排教学活动和开展学习。

5.2 材料专业的培养目标

5.2.1 材料专业培养目标的内容

以合肥工业大学材料科学与工程学院金属材料工程专业为例，该专业的培养目的为：培养适应社会、经济、科技发展需要，德智体美全面发展，具有社会责任感、良好职业道德、综合素质和创新精神，国际视野开阔，具备金属材料工程专业的基础知识和专业知识，能在材料、机械、汽车、航空航天、冶金、化工、能源等相关行业，特别是在高性能金属材料、复合材料、材料表面工程等领域从事技术与产品开发、工程设计、生产与经营管理、科学研究等工作的高级工程技术人才。

根据金属材料工程专业的培养目的，此专业的培养目标为：

目标1）人文素质：具有扎实的人文社会科学素养，身心健康、品德高尚、善于创新，具备较强的社会责任感和良好的职业道德。

目标2）理论知识：系统掌握材料科学与工程技术的基础知识，具备从事金属材料、复合材料和材料表面工程等领域工作的理论基础、技术基础和专业知识。

目标3）工程能力：具备科学研究、分析解决金属材料工程相关领域复杂工程问题的能力，能够在金属材料工程相关领域从事科学研究、材料设计、工艺设计、设备开发、技术改造等工作。

目标4）个人发展：具备适应科技快速发展的能力，具有较高的外语水平和计算机应用能力，具有良好的书面表达、交流沟通能力和团队合作精神。

目标5）终身学习：具有良好的自主学习和终身学习意识，有不断开拓国际视野的能力，具备较强的法律意识。

基于所具备的素质、知识、能力，经过毕业后五年左右的社会和职业实践，事业发展预期如下：

预期1：具有独立和协作分析解决金属材料工程相关领域复杂工程问题的能力，能够作为技术骨干从事工艺设计、产品开发等方面的工作。

预期2：具有较强的科学研究能力和创新精神，能够独立承担金属材料工程领域复杂工程问题解决过程中的技术研发或改造工作。

预期3：具有良好的生产管理和决策能力，能够作为部门负责人或业务主管从事生产、营销、行政等管理工作。

从上述专业培养目标的文字表述可以看出，此专业毕业生就业的专业领域主要为材料、机械、汽车、航空航天、冶金、化工、能源等相关行业，特别是高性能金属材料、复合材料、材料表面工程等领域。职业特征为从事技术与产品开发、工程设计、生产与经营管理、科学研究等工作。职业定位为高级工程技术人才，要求毕业生不仅具有良好的人文素质、系统的理论知识，还应该具备科学研究、分析解决金属材料工程相关领域复杂工程问题的能力。从个人发展来看，毕业生应该具备适应科技快速发展的能力，具有较高的外语水平和计算机应用能力，具有良好的书面表达、交流沟通能力和团队合作精神，同时还要具备良好的终身学习的能力。

5.2.2　材料专业培养目标的修订

合肥工业大学在系统研究和综合分析工程教育专业认证、卓越工程师培养计划等人才培养模式等基础上，提出进行"能力导向的一体化教学体系"的构建，用以指导教学计划的制定（修订）及相应教学过程的管理。根据《合肥工业大学"能力导向的一体化教学体系建设指南"》，金属材料工程专业围绕学生工程实践能力、创新能力和创业意识的培养，贯穿"能力导向"的工程教育理念，构建并完善了符合人才成长规律、适应社会发展需要、体现学校特色的金属材料工程专业"能力导向的一体化教学体系"和人才培养方案（含培养目标）。

学院依据学校相关通知文件精神和国际国内高等教育发展趋势提出培养方案（含培养目标）制定（修订）的原则和指导思想，经学院教学指导分委员会讨论通过后正式启动新一版培养方案（含培养目标）的制定（修订）工作。专业系主任根据前期专业办学情况、毕业要求达成度评价，以及对毕业生反馈和用人单位意见等各类反馈信息综合分析与评估，提出培养方案（含培养目标）制定（修订）的基本建议。近年来，金属材料工程专业组织召开了多次金属材料工程专业培养方案（含培养目标）制定（修订）会议，会议参加人员为学院教学指导分委员会部分委员、部分专业教师，提出了专业的培养目标、毕业要求及课程设置的初步方案。学院组织召开了行业、企业专家座谈，会议参加人员为学院教学指导分委员会部分委员、部分专业教师，提出了专业的培养目标、毕业要求及课程设置的优化方案；邀请安徽合力股份有限公司正高级工程师、合肥百胜科技发展股份有限公司总经理、安徽省机械科学研究院正高级工程师、中国电子科技集团公司第三十八研究所教授级高工、合肥波林新材料股份有限公司总经理正高级工程师、江苏启东高压油泵厂总经理正高级工程师等行业企业专家，学院相关领导及金属材料系负责人参会讨论。结合行业企业专家座谈会以及金属材料专业会议从不同角度对培养方案的培养目标、培养规格及课程设置所进行的充分分析和评价，形成了专业的培养方案（含培养目标）的建议稿，报送学院。在此基础上，学院进一步邀请南京航空航天大学先进材料与成形技术研究所所长、中南大学材料科学与工程学院院长、行业专家安徽江淮汽车股份有限公司副总经理、安徽铜陵有色金属集团副总经理（教授级高工）等高校专家及行业专家进行函评工作。学院根据函评意见，再次召开行业企业专家座谈会进行审核讨论，对方案进行进一步完善。最后经过学院教学指导分委员会讨论修改审查批准后呈报学校。学校审核批准金属材料工程专业培养方案后，方案由教务部发布实施。

　　《合肥工业大学"能力导向的一体化教学体系建设指南"》是用以指导专业教学计划的制定（修订）及相应教学过程的管理的重要文件。根据指南要求，教学计划的制定（修订）、培养目标的确定、课程体系的设计等过程均需要行业企业专家的参与。在最近一次的修订工作中，安徽江淮汽车股份有限公司副总经理从企业对毕业生发展的角度提出了对培养目标预期进行细化的要求，安徽铜陵有色金属集团副总经理（教授级高工）就新时代背景下学生就业领域的变化提出建议，这些都是行业企业专家结合实际工作中对毕业生情况的分析总结得出的，该专业采纳了部分意见与建议，行业企业专家在设定人才培养目标、确定毕业要求、设计课程体系等环节都发挥了重要作用。

5.2.3 专业培养目标的定位

学校办学定位是本专业培养目标定位的主要依据。合肥工业大学突出培养本科生的工程实践能力和创新能力,在学校章程中明确提出,坚持"以立德树人为根本任务",培养学生扎实的基础理论和专业知识,使学生具有较强的工程实践能力、创新能力和创业意识。根据学校的办学定位、专业办学现状、社会经济及金属材料行业发展对学生在"知识、能力、素养"等方面要求的调研,并结合工程教育认证标准"通用标准"和"补充标准—材料类专业",确定了本专业的培养目标。

1. 专业培养目标与学校定位的关系

(1) 学校定位

合肥工业大学创建于1945年,是一所教育部直属的全国重点大学、国家"211工程"重点建设高校和"985工程"优势学科创新平台建设高校,是教育部、工业和信息化部与安徽省共建高校。70多年来,学校以民族振兴和社会进步为己任,深怀"工业报国"之志,秉承"厚德、笃学、崇实、尚新"的校训,恪守"勤奋、严谨、求实、创新"的校风,发扬"艰苦奋斗、自强不息、追求卓越、勇攀高峰"的光荣传统,形成了"工程基础厚、工作作风实、创业能力强"的鲜明办学特色,成为国家人才培养、科学研究、社会服务和文化传承创新的重要基地。学校把立德树人作为根本任务,根据国家经济社会发展要求,结合全国高等教育发展形势,依据自身基础和发展要求,确定了现阶段的办学定位:坚持社会主义办学方向,以培养德智体美全面发展的社会主义事业建设者和接班人为目标,按照"育人为本、德育为先、能力为重、全面发展"的要求培养学生。学校的办学定位是:努力培养"工程基础厚、工作作风实、创业能力强"的工程应用型、创新型的高级专门人才,实现"德才兼备、能力卓越,自觉服务国家的骨干与领军人才"的人才培养总目标。

(2) 本专业培养目标与学校定位的关系

合肥工业大学在系统研究和综合分析工程教育专业认证、卓越工程师培养计划等人才培养模式等基础上,提出进行"能力导向的一体化教学体系"的构建,根据《合肥工业大学"能力导向的一体化教学体系建设指南"》,金属材料工程专业围绕学生工程实践能力、创新能力和创业意识的培养,贯穿"能力导向"的工程教育理念,构建并完善了符合人才成长规律、适应社会发展需要、体现学校特色的金属材料工程专业"能力导向的一体化教学体系"和人才培养方案(含培养目标)。

本专业的培养目标中明确提出,毕业生应该系统掌握材料科学与工程技术的基础知识,具备从事金属材料、复合材料和材料表面工程等领域工作的理论基础、技术基础和专业知识,具有较高的外语水平和计算机应用能力,同时应该具备科学研究、分析解决金属材料工程相关领域复杂工程问题的能力,能够在金属材料工程相关领域从事科学研究、材料设计、工艺设计、设备开发、技术改造等工作。这是与学校定位中工程应用型人才相吻合,也体现了学校人才培养"工程基础厚"的特色。

本专业培养目标中明确提出,专业培养的学生不仅应具备"工程基础厚"的特点,还应适应社会、经济、科技发展需要,具有扎实的人文社会科学素养,身心健康、品德高尚,具备较强的社会责任感和良好的职业道德,具备较强的法律意识。这也是学校定位人才培养特色"工作作风实"的基础与保证。

本专业培养目标中明确提出,专业培养的学生应该善于创新,具备适应科技快速发展的能力,具有良好的书面表达、交流沟通能力和团队合作精神,并且具备终身学习的能力,具有良好的自主学习和终身学习意识,不断开拓国际视野,具备创新型人才的素质。这是学校定位人才培养特色"创业能力强"的体现与要求。

综合上述三个方面分析,该专业的培养目标高度符合学校的办学定位。

2. 专业培养目标与专业人才培养定位的关系

(1) 专业人才培养定位

合肥工业大学金属材料工程专业前身是合肥工业大学"金属材料及热处理专业",始建于1973年,1974年经国家机械电子工业部批准正式以"金属材料及热处理专业"向全国招生,1978年恢复高考时作为全日制四年本科面向全国招生,经过40余年的发展,已形成了从本科到硕士、博士、博士后的完整人才培养体系。金属材料工程专业根据学校办学定位,也逐步确定了专业的人才培养定位为:主要面向大中型骨干企业,重点服务区域经济和地方经济,培养能在金属材料工程领域从事技术与产品开发、工程设计、生产与经营管理、科学研究等工作的高级工程技术人才。

(2) 本专业培养目标与专业人才培养定位的关系

从上述金属材料工程专业人才培养定位来看,培养的人才主要面向大中型骨干企业,重点服务区域经济与地方经济,而此专业培养目标从人文素质、理论知识与工程能力角度来看,要求毕业后五年左右,具有扎实的人文社会科学素养,身心健康、品德高尚、善于创新,具备较强的社会责任感和良好的职业道德。同时还要能够系统掌握材料科学与工程技术的基础知识,具备从事金属材料、复合材料和材料表面工程等领域工作的理论基础、技术基础和专业知识;具备科学研究、分析解决金属材料工程相关领域复杂工程问题的能力,能够在金属材料工程相关领域从事科学研究、材料设计、工艺设计、设备开发、技术改造等工作。这为毕业生在区域或地方大中型骨干企业工作提供了人文素质与专业理论知识的保证。其次,专业培养目标还从个人发展与终身学习两个方面确保毕业五年左右时间,学生仍具备适应科技快速发展的能力,具有较高的外语水平和计算机应用能力,具有良好的书面表达、交流沟通能力和团队合作精神,同时具有良好的自主学习和终身学习意识,有不断开拓国际视野的能力,具备较强的法律意识。在知识更新不断加速的今天,培养目标相关指标可以为毕业五年左右的学生成为金属材料工程领域从事技术与产品开发、工程设计、生产与经营管理、科学研究等工作的高级工程技术人才提供保障。因此,培养目标是建立在对专业人才培养定位的深度思考上,与专业人才培养定位高度符合。

3. 专业培养目标与社会发展需要的关系

材料是人类生存和发展的物质基础,人类文明的发展与材料息息相关。金属材料是材料的一个重要组成部分,是国民经济基础产业之一,还是国民经济的重要组成部分,为工业与生活用品提供了物质基础保障。

近五年来,国内经济出现了突飞猛进的发展,长三角地区工业基础雄厚,与金属材料相关的产业,如机械制造业、钢铁和有色金属冶炼与加工等在经济结构中占重要地位,长三角经济区成为世界制造产业基地的趋势日渐明显。安徽省内不仅拥有江淮汽车股份有限公司、合力叉车股份有限公司等与金属材料的设计、成型加工、性能优化紧密相关的企业,近年来,随着科技的不断发展,安徽省高性能金属材料以及金属功能材料的研发制造,也进入了高速发展的势头。马鞍山钢铁股份有限公司是我国特大型钢铁联合企业之一,铜陵有色金属集团股份有限公司为国家发改委首批列入符合《铜冶炼行业准入条件》的七家企业之一,是目前国内产业链最为完整的综合性铜业生产企业之一。合肥市"大湖名城,创新高地"的定位,也带动了合肥市及全省新型高性能金属材料的研发势头,如中科院合肥分院核能高性能金属材料的研发,中国电子科技集团公司第三十八研究所与第四十三所对电子产品相关功能材料的研发很多也是建立在金属材料性能的基础上。

从上述社会经济发展需求来看,金属材料行业对人才的技术性要求较强,用人需求主要集中在机械、汽车、冶金、电子、能源等领域,需要大量的金属材料专业人才,现在我国各行业对于金属材料领域的人才需求情况,仍处于供不应求的状态,而金属材料工程就业前景较为乐观,因此无论在人才的数量和质量都要予以保证。安徽省对金属材料工程专业的毕业大学生的需求量约为2000人/年,而目前省内高校培养的金属材料工程专业高级工程技术人才每年不到1000人,可见缺口仍然比较大,就业市场相对乐观。

目前全世界范围在各领域的竞争都十分激烈,很多行业的竞争源头就是材料领域的竞争,提高现有材料的性能和开发新型材料正迫在眉睫,因此社会对于金属材料工程专业的发展提出了很高的要求,对专业培养的人才也提出了新的要求,不仅要求毕业生具有扎实的理论知识,具备解决金属材料工程相关领域复杂工程问题的能力,同时要求毕业生具备良好的综合素质(具有社会责任感、良好职业道德、综合素质和创新精神,国际视野开阔)。在知识日新月异的现状下,社会经济发展也对学生的个人发展以及终身学习的能力提出了更高的要求,只有这样才能成为适应社会、经济、科技发展的需要,能在材料、机械、汽车、航空航天、冶金、化工能源等相关行业,从事技术与产品开发、工程设计、生产与经营管理、科学研究等工作的高级工程技术人才。

因此,该专业培养目标的确定与修订,是建立在对社会经济发展调研,尤其是金属材料行业发展对学生在"知识、能力、素养"等方面要求的基础上的。

5.2.4 专业培养目标的公开

合肥工业大学金属材料工程专业通过如下方式公开培养目标,使学生、教师和社会充分了解专业培养目标。

1. 学生理解培养目标

专业通过新生入学教育、新生专业介绍、专业导论、专业前沿讲座、网站宣传和校外专家论坛等形式,让学生全面深入地了解专业培养目标及本专业最新发展动态,具体来说,学生可以通过以下渠道理解材料工程专业培养目标:

(1) 通过学校网站(http://www.hfut.edu.cn)和材料科学与工程学院网站(http://mse.hfut.edu.cn/)以及招生宣传册(附件)了解本专业概况及专业培养目标。

(2) 通过学校招生章程、招生宣传材料、招生网(http://bkzs.hfut.edu.cn)、招生咨询电话了解本专业培养目标。

(3) 组织本专业教师采取走进中学、参加招生宣传交流会等形式进行现场招生宣传与咨询,选拔教师进中学开展科普知识讲座,让学生入学前提前了解本专业培养目标。

(4) 学生通过学校、学院组织的各种活动了解专业培养目标,如入学教育、专业介绍、参观专业实验室、选择专业教师担任班主任与班导师等。

(5) 学生通过师生交流了解本专业培养目标。通过授课教师、班主任、班导师、本科生指导教师、学生辅导员、教学管理人员以及行政管理人员与学生的专业教育教学活动,使学生细致了解本专业培养目标在毕业要求和课程体系方面的具体体现。本专业通过大学四年的教学活动,使学生更加深入体会本专业的培养目标。

2. 教师理解培养目标

该专业通过教师参与培养方案的制定（修订）、定期开展教学法活动、不定期举办教师教学研讨会、鼓励和引导教师参加各类教学培训等形式，使教师明确理解本专业的培养目标，认识自己承担的课程在专业培养目标实现中的作用，并在此基础上开展教学活动。

（1）任课教师、督导组、辅导员、班主任、班导师、教学管理人员等进行课程学业指导、课程实施过程督导，通过专业教育、课程设计、课程实验、课外实践与竞赛活动、毕业设计（论文）、专业发展专题讲座等环节直接或间接进行本专业培养目标的宣传和落实。

（2）对教师尤其是新教师，通过教师岗前培训、院系大会、教学法活动、生产实习、校际交流、教学研讨会、企业课题合作、学生座谈、校友交流等多种渠道和形式使其理解本专业的培养目标，以便把握本专业人才培养的方向和途径。

（3）所有专业教师都有培养目标的电子版，通过本专业教师参加教学大纲的撰写，了解培养目标的形成过程，以及培养目标的具体内涵和对学生的毕业要求，同时在课程开始的第一课向学生介绍课程目标与专业培养目标的联系，并在培养目标形成过程中多轮次征求本专业教师，以便专业教师把握本专业培养目标的实现。

3. 对社会公开培养目标

该专业通过举办新生家长会、招生宣传、校友会、网络媒体等渠道让家长及社会了解专业培养目标。

（1）在新生入学时召开新生家长会，向新生家长宣传本专业的培养目标。

（2）通过招生宣传、就业宣讲、校园开放日，让社会了解本专业的培养目标。例如在招生宣传中，本专业派教师到全国各地重点中学和优质生源基地，召开现场咨询会，向社会宣传本专业的培养目标。

（3）建立面向社会开放的信息化沟通渠道，通过学校和学院网站、电话等为考生、家长提供针对本专业培养目标等方面的答疑解惑和咨询服务。

（4）充分利用校友会、网络媒体等平台，通过毕业生回母校联谊活动、校友交流活动、媒体宣传等多个环节，不定期地向社会公开本专业的培养目标。

因此，该专业具有公开的、符合学校定位的、适应社会经济发展需要的培养目标。

5.3　材料专业的课程体系

5.3.1　课程设置对毕业要求指标点的支撑和对应关系

该专业主要课程与毕业要求指标点的对应关系如表5.2所示(表中H、M、L分别表示课程对于每项毕业要求达成的强支撑、中支撑和弱支撑)。由表5.2可以看出主要课程体系对12项毕业要求具有很好的支撑,其中重点课程对毕业要求的支撑理由及说明如下:

毕业要求1　工程知识:能够将数学、自然科学、工程基础和专业知识用于解决金属材料工程领域的复杂工程问题,并了解材料科学和金属材料工程专业的前沿发展现状和趋势。

本专业开设的高等数学、线性代数、概率论与数理统计、大学物理、工科化学及物理化学等课程支撑了自然科学基础知识的要求;工程力学、工程图学、电工与电子技术、大学计算机基础及机械设计基础等课程支撑了工程基础知识的需求;材料科学基础、材料工程基础、材料力学性能、金属材料学、材料成形原理及工艺、热处理原理及工艺等课程支撑了金属材料专业基础知识的需求。这些基础知识都成为解决金属材料工程领域的复杂工程问题的基础,能够将复杂的工程问题进行分解,综合考虑多方面的因素,采用多种可能的方案解决工程问题,该能力可通过金属材料工程综合实验课程进行训练。

同样,毕业设计也是综合利用所学的各种知识,解决具体的工程技术问题,并且在研究过程中通过文献的调研、与导师的交流了解该领域的前沿发展现状及趋势,这种过程的训练可使其达到该项毕业要求。

毕业要求2　问题分析:能够应用数学、自然科学和工程科学的基本原理,并通过文献研究、识别、表达、分析金属材料领域的复杂工程问题,以获得有效结论。

本专业开设的材料力学性能、材料分析测试方法、材料成形原理及工艺、热处理原理及工艺以及粉末冶金原理及工艺等专业课程支撑了将数学、物理、化学等基础知识用于金属材料工程领域的表述,是识别和判断复杂工程问题的关键环节,并将复杂工程问题模型化。譬如材料组织结构的模型化、性能与组织结构关系的公式化以及声、光、电、磁等物理性能表征金属材料组织结构的变化等。这些专业课程的学习能够实现对金属材料工程领域的复杂工程问题进行识别、描述和分析,能够通过文献分析不同的解决方案,从而获得解决复杂工程问题的方法并最终获得有效结论。

表 5.2　课程体系与毕业要求的对应关系（1）

课程类型 / 课程名称	要求1：工程知识				要求2：问题分析		要求3：设计/开发解决方案			要求4：研究		
毕业要求指标点	1-1 能够将数学、自然科学、工程基础和专业知识用于金属材料工程领域的复杂工程问题的恰当表述中	1-2 能针对一个系统或过程建立合适的数学模型，并利用恰当的边界条件求解	1-3 能够将工程基础和专业知识用于分析确定金属材料工程中的服役条件和优化途径	1-4 能够将工程和专业知识用于金属材料工程的设计、控制和改进	2-1 能够将数学、自然科学和工程科学基本原理运用于金属材料工程问题的识别与表述	2-2 能通过上述原理，并通过文献研究、分析金属材料领域的复杂工程问题，以获得有效结论	3-1 能够根据客户的需求，针对金属材料复杂工程问题进行分析并提炼、确定设计目标	3-2 能在安全、环境、法律、健康等约束条件下，对解决方案的可行性进行初步分析与论证	3-3 能够针对金属材料领域的复杂工程问题设计解决方案、设计并选优满足特定需求的金属材料、部件及工艺流程，体现创新意识	4-1 能够对金属材料、部件、工艺相关的物理现象、组织、结构、特性进行识别、测试和实验验证，正确采集信息和数据	4-2 能够基于专业理论根据对象特征，制定实验方案，构建实验体系，采用科学的方法进行实验	4-3 能够对实验结果进行分析和解释，并通过信息综合得到合理有效的结论

课程类别	课程名称	1	2	3	4	5	6
数学与自然科学类必修课程	高等数学A	M					
	线性代数	M					
	概率论与数理统计	M					
	大学物理B	M					
	工科化学	M					
	物理化学B	M		M			
工程基础类必修课程	大学计算机基础	L	M				L
	工程图学A	L	M				
	电工与电子技术A	H	H				
	工程力学A	H	H				
	机械设计基础B	H					
专业基础类及专业必修课程	材料科学基础1	L	H	M	H		
	材料工程基础2	L	L				
	金属物理性能		M	M	M		
	材料力学性能A		H	H	H		
	材料分析测试方法	M		H	H		
	Engineering Materials（双语）			M			
	金属材料学		H	H	M	M	
	材料成形原理及工艺		H	H	H	M	
	热处理原理及工艺		H	H	H	M	
	专业导论						

课程							
加热设备及车间设计	M				M		
合金熔炼原理及工艺	L						
材料的摩擦与磨损			M			M	M
CAD/CAM基础							
粉末冶金原理及工艺				M			
创新创业教育							
军事训练							
大学物理实验							
就业指导							
工程训练B							
机械设计课程设计		L				M	
金属材料工程基础实验						M	
金属材料工程综合实验		H			M	M	H
电子实习							
认识实习						H	
毕业实习						H	
工艺与设备课程设计						H	H
毕业设计	H					H	M

人文社会科学类通识教育课程	形势与政策							
	英语							
	大学体育							
	大学生心理健康							
	毛泽东思想与中国特色社会主义理论体系概论							
	马克思主义基本原理概论							
	中国近现代史纲要							
	思想道德修养与法律基础							
	现代企业管理							
	军事理论							

表 5.2 课程体系与毕业要求的对应关系(2)

课程类型	课程名称	要求5：使用现代工具			要求6：工程与社会			要求7：环境和可持续发展		要求8：职业规范			
	毕业要求指标点	5-1 能够选择和运用计算机工具、工程制图、信息化工具和解决金属材料工程的设计问题	5-2 能够有效利用网络资源、工程信息化工具和文献资料获取金属材料工程重要信息	5-3 能够根据现代工程工具和信息技术工具的局限性和适应范围，开发选择对金属材料领域复杂工程问题进行预测与模拟	6-1 了解与金属材料工程相关的技术标准、知识产权、产业政策和法律法规	6-2 能正确认识金属材料工程领域新产品、新技术、新工艺、新材料的开发和应用对客观世界和社会的影响	6-3 能正确分析和评价金属材料工程复杂工程问题解决方案对社会、健康、安全以及文化的影响，并理解应承担的责任	7-1 理解国家的环境可持续发展战略、相关的政策和法律法规	7-2 能理解和评价金属材料工程实践对环境、社会可持续发展的影响	8-1 了解中国发展的历史和沿革、国情，增强自身人文社会科学素养	8-2 有良好的思想道德修养、理解中国特色社会主义建设的理论体系	8-3 有健康的体魄，有意愿、有能力服务社会，理解个人在历史、社会和自然环境中的地位与责任	8-4 在工程领域复杂工程问题实践中，具有工程师的职业道德和责任
数学与自然科学类必修课程	高等数学A												
	线性代数												
	概率论与数理统计												
	大学物理B												
	工科化学												
	物理化学B												

专业认证和新工科背景下材料类专业人才培养的创新与实践

课程类别	课程名称							
工程基础类必修课程	大学计算机基础	M	H	M				
	工程图学A	H						
	电工与电子技术A	M						
	工程力学A							
	机械设计基础B							
专业基础类及专业必修课程	材料科学基础1							
	材料工程基础2							
	金属物理性能							
	材料力学性能A			M				
	材料分析测试方法		H					
	Engineering Materials（双语）							
	金属材料学			M				
	材料成形原理及工艺				H			
	热处理原理及工艺			L	H			
	专业导论			L	M			
选修课中的专业主干课程	加热设备及车间设计	L		L			L	
	合金熔炼原理及工艺							
	材料的摩擦与磨损				H			
	CAD/CAM基础							
	粉末冶金原理及工艺			M				

类别	课程								
	创新创业教育								
	军事训练							H	
	大学物理实验								
	就业指导							H	
工程实践与毕业设计	工程训练B								H
	机械设计课程设计	L							
	金属材料工程基础实验	H							
	金属材料工程综合实验			H					
	电子实习		H				H		H
	认识实习		H			H			
	毕业实习			H	M	H	M		H
	工艺与设备课程设计	H					H		
	毕业设计			H	M		M	M	M
人文社会科学类通识教育课程	形势与政策				H				
	英语								
	大学体育							M	
	大学生心理健康								
	毛泽东思想与中国特色社会主义理论体系概论			H					

课程						
马克思主义基本原理概论					H	
中国近现代史纲要				H		H
思想道德修养与法律基础						H
现代企业管理				M		
军事理论						H

专业认证和新工科背景下材料类专业人才培养的创新与实践

表 5.2　课程体系与毕业要求的对应关系（3）

课程类型	课程名称	要求9：个人和团队			要求10：沟通				要求11：项目管理		要求12：终身学习	
	毕业要求指标点	9-1 掌握材料科学科相关学科的背景知识，了解学科工程基础知识	9-2 能够理解个人在团队中所处的角色，所应发挥的作用，所应担当的责任，以及个体对团队及其他团队成员的影响	9-3 能够理解多学科团队和每个成员对解决复杂工程问题作用和意义，具有在金属材料工程多学科背景的团队合作中发挥作用的能力	10-1 针对业界需求、流行习惯、方法和管理要求，能够就复杂金属材料工程复杂技术问题选择恰当的用户沟通的方法	10-2 掌握技术文作写作方法，能够就复杂金属材料工程实施方案面向社会公众撰写可行性和技术报告、陈述报告，并回应公众意见，与用户及社会公众进行有效沟通和交流	10-3 能够针对复杂工程设计文档、测试报告和用户手册，通过口头及书面方式进行有效行的陈述、表达	10-4 能够用至少一门外语撰写、陈述，发布可行性和技术报告，具备一定的国际视野，能够在跨文化背景下与用户及社会公众进行沟通和交流	11-1 理解金属材料工程活动中涉及的重要经济与管理因素	11-2 具有在多学科环境中应用工程管理和经济决策知识的能力	12-1 对自主学习和终身学习的必要性有正确的认识	12-2 具备强健的体魄，有不断学习和适应发展的能力
数学与自然科学类必修课程	高等数学A											H
	线性代数											
	概率论与数理统计											
	大学物理B											
	工科化学											M
	物理化学B											M

课程类别	课程名称				H列	
工程基础类必修课程	大学计算机基础					
	工程图学A					
	电工与电子技术A					
	工程力学A					
	机械设计基础B	H				
专业基础类及专业必修课程	材料科学基础1					
	材料工程基础2					
	金属物理性能					
	材料力学性能A					
	材料分析测试方法					
	Engineering Materials（双语）	H			H	
	金属材料学					
	材料成形原理及工艺					
	热处理原理及工艺			L		
	专业导论	H				
选修课中的专业主干课程	加热设备及车间设计					
	合金熔炼原理及工艺					
	材料的摩擦与磨损					

续表

	CAD/CAM基础											
	粉末冶金原理及工艺											
工程实践与毕业设计	创新创业教育			L	L	L		L	H		M	
	军事训练		H									M
	大学物理实验			H								
	就业指导		L									
	工程训练B		H	H								
	机械设计课程设计			L		L	H			H		
	金属材料工程基础实验											
	金属材料工程综合实验			L	L	H			L			
	电子实习			H		L						
	认识实习	L			H		H					
	毕业实习				H	H						
	工艺与设备课程设计						M			H		
	毕业设计				L	H	H	L				

课程类别	课程名称									
人文社会科学类通识教育课程	形势与政策							H	H	M	M
	英语							H			
	大学体育										
	大学生心理健康										
	毛泽东思想与中国特色社会主义理论体系概论									H	
	马克思主义基本原理概论									H	
	中国近现代史纲要		L	H							
	思想道德修养与法律基础		H								
	现代企业管理		H					H	H		
	军事理论										

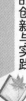

专业认证和新工科背景下材料类专业人才培养的创新与实践

毕业要求3 设计/开发解决方案：能够设计针对金属材料领域的复杂工程问题的解决方案，设计满足特定需求的金属材料、部件及工艺流程，并能够在设计环节中体现创新意识，考虑社会、健康、安全、法律、文化以及环境等因素。

本专业开设机械设计基础B、金属物理性能、材料力学性能A、材料分析测试方法、材料成形原理及工艺、热处理原理及工艺、金属材料学等专业课程培养学生能够通过分析金属材料工程领域的复杂问题提出相应的解决方案，选择满足需求的材料、部件及工艺流程，并且在设计过程中考虑多方面的影响因素。

毕业要求4 研究：能够基于科学原理并采用科学方法对金属材料领域的复杂工程问题进行研究，包括设计实验、分析与解释数据，并通过信息综合得到合理有效的结论。

本专业开始材料科学基础1、材料工程基础2、热处理原理及工艺、金属物理性能及材料力学性能等专业基础课程培养学生从事材料科学研究的基本知识和原理，开设材料分析测试方法、金属材料工程综合实验训练学生利用所学的基本原理进行实验设计、结构性能表征、实验结果分析及解释，通过材料的表征及性能测试等综合信息获得有效的研究结论。

毕业要求5 使用现代工具：能够针对金属材料领域的复杂工程，开发、选择与使用恰当的技术、资源、现代工程工具和信息技术工具，包括对复杂工程问题的预测与模拟，并了解其局限性。

本专业开设大学计算机基础、电工与电子技术A、CAD/CAM基础培养学生能够运用现代的工程工具及信息基数工具，进行金属材料工程领域复杂问题的分析及模拟、预测，开设金属材料工程基础实验、金属材料工程综合实验、工艺与设备课程设计及毕业设计等教学环节，能够培养学生运用各种设备、工具及信息技术进行金属材料工程领域复杂工程问题的训练。

毕业要求6 工程与社会：能够基于工程相关背景知识进行合理分析，评价金属材料工程实践和金属材料领域的复杂工程问题解决方案对社会、健康、安全、法律以及文化的影响，并理解应承担的责任。

本专业开设金属材料学、材料成形原理及工艺、热处理原理及工艺、合金熔炼原理及工艺，金属材料工程综合实验、认识实习、毕业实习、工艺与设备课程设计和毕业设计获得工程相关背景知识，在提出金属材料工程领域复杂工程问题的解决方案的同时理解该方案对社会、健康、安全、法律以及文化的影响，并理解应承担的责任。

毕业要求7 环境和可持续发展：能够理解和评价针对金属材料领域复杂工程问题的工程实践对环境、社会可持续发展的影响。

本专业开设形式与政策、毛泽东思想与中国特色社会主义理论体系概论、思想道德修养及法律基础使同学对当今社会发展过程以及遇到的现实能源、环境问题有更为明确的认识。开设加热设备及车间设计、工艺与设备课程设计课程使学生了解本专业领域的工程实践对环境、社会可持续发展的影响,譬如加热设备的高能耗、污染问题,新型环保节能材料在该领域的应用等。

毕业要求8 职业规范:具有人文社会科学素养、社会责任感和工程职业道德。

本专业开设就业指导、形式与政策、大学生心理健康、毛泽东思想与中国特色社会主义理论体系概论、马克思主义基本原理概论以及思想道德修养与法律基础等课程,提高学生人文社会科学素养、社会责任感和工程职业道德,并在实习及毕业设计、创新创业教育等过程中强化这种规范。

毕业要求9 个人和团队:能够在多学科背景下的团队中承担个体、团队成员以及负责人的角色。

本专业开设军事训练、大学物理实验、工程训练B、电子实习、认识实习毕业实习通过分组共同完成某项工作训练学生进行团队工作能力,能够与团队成员进行很好的合作,发挥各自的优势共同完成工作,因此可有效支撑毕业要求9。

毕业要求10 沟通:能够就金属材料领域复杂工程问题与业界同行及社会公众进行有效沟通和交流,包括撰写报告和设计文稿、陈述发言、清晰表达或回应指令,并具备一定的国际视野,能够在跨文化背景下进行沟通和交流。

本专业开设 Engineering Materials(双语)、工程训练B、金属材料工程综合实验、认识实习、毕业实习以及毕业设计,可训练学生与同学、指导教师、企业工程师之间的沟通交流,能够清晰阐述、表达自己的观点,并能够与对方进行有效的沟通交流、获取有效信息。

毕业要求11 项目管理:理解并掌握工程管理原理与经济决策方法,并能在多学科环境中应用。

本专业开设形势与政策和现代企业管理课程,使学生理解并掌握工程管理原理与经济决策方法,开设创新创业教育(大学生创新创业训练计划项目)、机械设计课程设计、工艺与设备课程设计、毕业设计等实践环节,在实践过程中运用所学项目管理的基本原理和方法。

毕业要求12 终身学习:具有自主学习和终身学习的意识,有不断学习和适应发展的能力。

本专业开设高等数学、大学物理B、工科化学、大学计算机基础、英语等基础课程,使学生具备自主学习和终身学习的基础;开设军事训练、就业指导、工程训练B、形式与政策、大学生心理健康、毛泽东思想与中国特色社会主义理论体系概论等课程,使学生明确自主学习和终身学习的必要性,强化自主学习和终身学习的意识。

表5.3列举了典型课程的课程目标与毕业要求的对应关系,充分体现课程体系对毕业要求的强支撑。

表5.3 典型课程目标与毕业要求的对应关系

毕业要求	课程	课程目标摘要
1. 工程知识	高等数学	掌握函数微积分学、向量代数和空间解析几何、多元函数微积分学、无穷级数（包括傅里叶级数）、微分方程等方面的基本概念、基本理论和基本运算技能,培养学生具有抽象概括问题的能力、逻辑推理能力、空间抽象能力以及自学能力,特别注意培养学生具有比较熟练的运算能力和综合运用所学知识分析和解决问题以及创新能力
	大学物理	掌握和理解经典物理及近代物理中的主要原理、主要思想、主要定理定律、主要方法以及主要结论;掌握物质的相互作用及物质的基本运动形式及其相互转化规律,培养学生的探索精神、创新精神和科学思维能力,建立对客观世界的科学认识,培养解决工程问题的基本能力与素质
	材料科学基础	了解并掌握材料微结构基本知识及表征方法;了解和掌握扩散及凝固的基本规律和理论,并解决实际相关问题;了解和掌握二元、三元合金相图相关概念、定律及应用,能根据相图分析合金平衡结晶过程及凝固组织;了解和掌握材料变形、回复和再结晶、加工硬化的基本概念、机制,及其在生产中的应用;了解金相分析技术,铁碳合金平衡组织形貌特征,及部分二元、三元合金显微组织形貌特征,加深对所学课程的理解和认识
	金属材料工程综合实验	掌握材料设计的基本知识;掌握材料设计的工具;独立动手实验的能力;掌握分析和解决工程问题的能力
2. 问题分析	热处理原理及工艺	掌握金属材料中相变的基本理论,钢中各种组织的相变规律、组织形貌及性能特点;掌握热处理的基本原理及工艺特点,能够根据特定钢种及用途进行热处理工艺设计;能够明确金属材料的成分、热处理工艺、组织结构及性能之间的关系,能够合理运用这些关系进行金属零件的工程失效分析及科学研究;了解当代热处理新工艺、新技术的发展趋势,并明确其对金属材料产业发展的影响
	金属材料学	掌握金属材料合金化的基本原理,了解各种金属材料的成分与热处理特点、组织结构与性能关系;独立完成从机械零件的服役条件出发,根据性能的要求,正确选择材料和合理地制订热处理工艺;具备金属材料研究开发和应用的理论基础;掌握金属材料的主要分类方式及常用金属材料产品相关技术标准中的重要科学、技术内涵

毕业要求	课程	课程目标摘要
	材料成形原理及工艺	掌握金属材料铸造、焊接及塑性成形和工程塑料成型过程中相关物理过程、基本概念、基本规律和基本原理；掌握铸造成形、焊接成形、塑性成形和塑料成型过程的基本工艺方法和相关设备；掌握铸造成形、焊接成形、塑性成形和塑料成型过程的技术要点及各类成形缺陷的产生原因、规律及控制方法
	材料力学性能 A	掌握材料力学性能指标的测试原理、测试方法、技术标准，了解材料力学性能的工程意义；掌握材料力学性能指标的意义、分析计算方法及工程应用；掌握材料在各种服役条件下的失效形式、微观机理及分析方法；掌握材料力学性能的基本理论，掌握材料力学性能指标的相互关系和影响因素，并提出合理结论和改进措施
3. 设计/开发解决方案	金属物理性能	掌握各种金属物理性能的基本概念和物理本质，了解相应功能材料的性能特点；掌握金属材料成分、相变及其他因素对物理性能的影响规律，能够掌握物理性能测试基本原理和方法；能够明确金属材料物理特性在材料研发中的重要作用，能够合理运用这些性能特征进行功能材料的特性分析及科学研究；了解当代功能材料发展趋势，并明确其对金属材料产业发展的影响
	粉末冶金原理及工艺	掌握金属粉末制备和性能检测，粉末成形、烧结的基本原理，成形、烧结的基本工艺过程、工艺方法、特点和适用范围；了解粉末成形及烧结理论与实践的新发展；学会运用相关的物理化学、力学、材料科学基础原理分析粉末生产、粉末和成形烧结过程中发生变化的本质，探索提高产品性能和质量的途径
	金属材料工程综合实验	掌握材料设计的基本知识；掌握材料设计的工具；独立动手实验的能力；掌握分析和解决工程问题的能力
4. 研究	材料工程基础 2	掌握材料工程中流体力学的基本研究方法、流体力学基本概念、基本理论和流体机械的工作原理、性能参数和流量调节；掌握传质的基本概念、菲克定律、流体中的分子扩散规律，理解对流传质系数、对流传质准则方程及其应用；掌握各种温度测量的基本原理与技术，理解温度测试仪器的构造及功能；掌握流体力学基本理论、材料的应力—应变行为、真空度、测试基本原理和测试技术

毕业要求	课程	课程目标摘要
	毕业设计	培养学生综合运用所学的金属材料科学工程各专业方向的基础理论、基本技能和专业知识来分析问题和解决问题的能力；熟悉设备设计、生产技术和科学研究工作中的一般程序和方法；培养学生调查研究，查阅技术文献、资料、手册，进行工程计算与设计、图纸绘制及编写技术文件的能力；要求学生在分析和解决问题的同时，体会科学研究对人类社会的重要性；培养学生严谨的科学态度和良好的科学诚信
5. 现代工具	材料分析测试方法	掌握材料分析测试方法的基本原理；熟悉各种分析仪器基本结构与工作原理，以及样品制备方法；了解分析仪器的应用范围能初步运用所学理论及方法，分析有关材料组织结构、成分等简单的实际问题
	CAD/CAM基础	使学生掌握CAD/CAM的基本知识，在一定程度上了解CAD/CAM的理论与方法；具有计算机操作应用能力、综合设计制造能力，能熟练掌握平面绘图软件及三维造型软件等；具有利用CAD/CAM的理论与方法分析问题和解决问题的能力
	计算机在材料中的应用	明确计算机在金属材料生产设计环节中的具体应用，材料领域中基础数学模型构建方法以及数据处理基本原理；掌握Origin等常用数据处理软件的基本操作，能够针对数据特点进行适当的分析处理以辅助材料实验设计；能够明确计算机在金属材料检测和相图计算模拟方面的应用特点，能够依据材料自身特点选择性地进行检测数据后处理，掌握特定金属材料对应的相图和热处理过程的软件化分析处理操作
6. 工程与社会	专业导论	熟悉金属材料工程专业基础知识、专业概况及培养计划，明确本专业的研究和就业方向；了解材料学科背景知识、发展历史及对人类历史发展的影响；了解材料学科的发展前沿，以及新材料、新工艺发展对目前社会发展的意义
	毕业实习	了解学科发展现状、前景及相关产业的政策、法规；了解特殊服役条件下复合材料的失效形式、性能要求、强化手段及其在国防和国民经济中的重要作用；了解与研究生产车间生产特点及车间的组织与管理；研究与掌握典型材料的生产过程及生产车间设备的结构和性能；了解实习厂主要设备的配备及其特点，并考察材料与环境保护问题

第 5 章　材料专业认证的实践与效果

毕业要求	课程	课程目标摘要
7.环境和可持续发展	工艺与设备课程设计	掌握工艺与设备设计的基本知识,包括服役条件分析、选材分析、热处理工艺选择、设备选型、车间设计等;掌握工艺与设备设计的基本方法;能独立进行工艺与设备的设计
	加热设备及车间设计	掌握各种加热设备的基本结构特点和应用,尤其是新设备的应用和发展趋势;掌握加热设备设计所涉及的各种基本原理,能够运用这些原理进行新型加热设备的设计及旧设备的节能改造;(课程目标3)具备根据零件特点和生产需求合理选择热处理设备种类及型号,进而进行热处理车间的设计;(课程目标4)了解加热设备的发展方向和相关的法律法规,理解加热设备新技术的发展对热处理行业及环境的可持续发展的意义
	形势与政策	帮助学生正确认识国家的政治、经济形势、国家改革与发展所处的国际环境、时代背景,正确理解党的基本路线、重大方针和政策,正确分析社会关注的热点问题,激发学生爱国主义热情,增强民族自信心和社会责任感
8.职业规范	马克思主义基本原理概论	掌握和了解马克思主义哲学、马克思主义政治经济学以及科学社会主义的基本理论,在实践中学会运用马克思主义的基本原理认识和分析各种社会实际问题,正确认识人类社会的本质、社会发展动力和社会发展基本规律,正确认识资本主义和社会主义在其发展过程中出现的各种新情况、新问题,认识社会主义代替资本主义的历史必然性,从而坚定对社会主义和共产主义的信念
	思想道德修养与法律基础	了解思想道德修养与法律基础课研究的对象和基本任务,熟练掌握科学的人生观、价值观、道德观和法制观的基本要求,在实践中自觉提高自身的思想道德素质和法律素质
	现代企业管理	理解管理的含义和管理的职能、管理理论的发展、管理的基本原理、管理道德与社会责任;了解现代企业类型及企业系统、现代企业制度、企业的设立与分立、企业管理及其基础工作、企业战略和PEST、SWOT分析等战略工具;了解掌握人力资源管理、绩效管理与薪酬管理等经营决策类型与程序、经营决策方法与过程管理、市场调研与预测、STP战略和市场营销组合等

毕业要求	课程	课程目标摘要
9.个人和团队	电子实习	了解无线电接收基础知识；了解电子电路的读图知识；实现电子收音机的焊接、组装、微调
	工程训练	掌握机械制造的基本工艺知识与工艺方法；掌握基本操作技能，了解新工艺及新技术；培养大工程意识和提升各方面工程素质
	毕业实习	了解学科发展现状、前景及相关产业的政策、法规；了解特殊服役条件下复合材料的失效形式、性能要求、强化手段及其在国防和国民经济中的重要作用；了解与研究生产车间生产特点及车间的组织与管理；研究与掌握典型材料的生产过程及生产车间设备的结构和性能；了解实习厂主要设备的配备及其特点，并考察材料与环境保护问题
10.沟通	英语	以英语语言知识与应用技能、学习策略和跨文化交际为主要内容，以外语教学理论为指导，并集多种教学模式和教学手段为一体的教学体系。大学英语的教学目标是培养学生的英语综合应用能力，特别是听说能力，使学生在今后工作和社会交往中能用英语有效地进行口头和书面的信息交流，同时增强其自主学习能力，提高综合文化素养，以适应我国社会发展和国际交流的需要
	认识实习	了解学科发展现状、前景及相关产业的政策、法规；了解金属材料及其强化手段在复杂工程问题中的地位与作用；熟悉实习热处理车间的生产任务、生产技术和技术管理，熟悉中心实验室的任务和检测技术；掌握实习厂热处理车间主要产品器件的选材及其加工工艺；了解实习厂主要设备的配备及其特点，并能根据所考察的设备和材料与工作人员进行有效沟通
11.项目管理	现代企业管理	理解管理的含义和管理的职能、管理理论的发展、管理的基本原理、管理道德与社会责任；了解现代企业类型及企业系统、现代企业制度、企业的设立与分立、企业管理及其基础工作、企业战略和PEST、SWOT分析等战略工具；了解掌握人力资源管理、绩效管理与薪酬管理等经营决策类型与程序、经营决策方法与过程管理、市场调研与预测、STP战略和市场营销组合等
	毕业设计	培养学生综合运用所学的金属材料科学工程各专业方向的基础理论、基本技能和专业知识来分析问题和解决问题的能力；熟悉设备设计、生产技术和科学研究工作中的一般程序和方法；培养学生调查研究，查阅技术文献、资料、手册，进行工程计算与设计、图纸绘制及编写技术文件的能力；要求学生在分析和解决问题的同时，体会科学研究对人类社会的重要性；培养学生严谨的科学态度和良好的科学诚信

第5章　材料专业认证的实践与效果

毕业要求	课程	课程目标摘要
	金属材料工程综合实验	掌握材料设计的基本知识；掌握材料设计的工具；独立动手实验的能力；掌握分析和解决工程问题的能力
12.终身学习	马克思主义基本原理概论	掌握和了解马克思主义哲学、马克思主义政治经济学以及科学社会主义的基本理论，在实践中学会运用马克思主义的基本原理认识和分析各种社会实际问题，正确认识人类社会的本质、社会发展动力和社会发展基本规律，正确认识资本主义和社会主义在其发展过程中出现的各种新情况、新问题，认识社会主义代替资本主义的历史必然性，从而坚定对社会主义和共产主义的信念
	形势与政策	帮助学生正确认识国家的政治、经济形势，国家改革与发展所处的国际环境、时代背景，正确理解党的基本路线、重大方针和政策，正确分析社会关注的热点问题，激发学生爱国主义热情，增强民族自信心和社会责任感

5.3.2　课程大纲的制定和修订

教学大纲一般与教学计划的修订同步,待教学计划基本定稿后根据培养方案的要求以及课程体系的变化修订课程教学大纲。

根据学校发布《关于制定本科专业教学计划课程教学大纲工作的通知》,明确指出教学大纲的制定原则:要根据学院、学科、专业的具体特点,进行教学创新,以《能力导向的一体化教学体系建设指南》为指导,依据教学大纲模板,制定符合学校人才培养特色和要求的课程教学大纲。学校下发了教学大纲编写说明和大纲模板,要求制定教学大纲时,文字明确扼要、结构合理、层次清晰、格式规范。课程教学大纲由各学院、相关单位按专业、教研室(系、部、所)组织编写,由学院(单位)教学指导委员会论证审批后报教务部备案。以下是《热处理原理及工艺》课程的教学大纲示例,所有课程大纲均以该种方式呈现。

《热处理原理及工艺》课程
教学大纲

1. 课程概况

材料科学与工程学院课程概况如表5.4所示。

表5.4 材料科学与工程学院课程概况表

开课单位	材料科学与工程学院	课程类型	专业必修	
课程名称	热处理原理及工艺	课程代码	0320062B	
开课学期	5	学时/学分	56学时/3.5学分	
选课对象	金属材料工程专业			
先修课程	高等数学、大学物理、工科化学、物理化学、材料科学基础、材料工程基础			
课程教材	《钢的热处理（原理和工艺）》（第四版），胡光立、谢希文，西北工业大学出版社，2012年			
参考书目和资料	《热处理手册》第四版，中国机械工程学会热处理学会编，机械工业出版社，2013年 《金属固态相变原理》，徐洲、赵连城，科学出版社，2004年 《金属热处理原理与工艺》，王顺兴，哈尔滨工业大学出版社，2009年			

课程简介：本课程为金属材料工程专业必修课程，主要介绍金属材料中相变的基本理论，着重讲解材料热处理的基本原理，主要包括金属（钢）在加热、冷却过程中相变的基本原理以及所获得组织的结构与性能之间的关系，在此基础上介绍各种热处理工艺，包括退火、正火、淬火、回火、表面热处理和化学热处理。通过本课程的学习使学生能够掌握热处理的基本原理，并根据原理针对碳素钢、合金钢的服役条件及技术要求，合理选择和制订热处理工艺方案，了解当代热处理新工艺、新技术的发展趋势

课程目标（Course Objectives, CO）	支撑的毕业要求指标点
(CO1)掌握金属材料中相变的基本理论，钢中各种组织的相变规律、组织形貌及性能特点（支撑指标点2-1）； (CO2)掌握热处理的基本原理及工艺特点，能够针对特定钢种根据其性能要求进行热处理工艺设计，并且在设计过程中综合考虑成本、安全、环保等多方面因素（支撑指标点3-2）； (CO3)能够明确金属材料的成分、热处理工艺、组织结构及性能之间的关系，能够合理运用这些关系进行金属零件的工程失效分析及科学研究（支撑指标点4-1）； (CO4)掌握金属材料工程领域新材料、热处理新工艺、新技术的发展趋势，并明确其对金属材料产业发展的影响（支撑指标点6-2）	2-1 能够将数学、自然科学和工程科学基本原理运用于金属材料工程问题的识别与表述； 3-2 能够在安全、环境、法律、健康等现实约束条件下，对解决方案的可行性进行初步分析与论证； 4-1 能够对金属材料、部件、工艺相关的各类物理现象、组织、结构、特性进行识别、测试和实验验证，正确采集信息和数据； 6-2 能正确认识金属材料工程领域新产品、新技术、新工艺、新材料的开发和应用对于客观世界和社会的影响

教学方式（Pedagogical Methods，PM）	■PM1.讲授法教学	48学时 85.7%		■PM2.研讨式学习	4学时 7.15%
	■PM3.案例教学	4学时 7.15%		□PM4.网络教学	学时 %
	□PM5.角色扮演教学	学时 %		□PM6.体验学习	学时 %
	□PM7.服务学习	学时 %		□PM8.自主学习	学时 %
评估方式（Evaluation Methods，EM）	□EM1.课堂测试	%	■EM 2.期中考试	30%	■EM3.期末考试	40%
	■EM4.作业撰写	10%	□EM5.实验分析报告	%	■EM6.期末报告	10%
	□EM7.课堂演讲	%	□EM8.论文撰述	%	■EM9.出勤率	10%
	□EM10.口试	%	□EM11.设计报告	%		%

注:■代表选中的教学方式和评估方式。

2. 评分标准

评分标准如表5.5所示。

表5.5　评分标准表

评估方式	课程目标	评估标准
期中考试	CO1 CO2 CO3	通过考试评估学生课程目标的达成情况，试题内容分布如下： 1）选择题、填空题、简答题，考核相变的基本理论　分值30% 2）选择题、问答题，考核特定条件下热处理工艺的设计和选择　分值40% 3）问答题，考核学生运用材料成分、工艺、组织及性能之间关系进行相关分析和研究的能力　分值30% 具体评分标准根据试卷确定
期末考试	CO1 CO2 CO3	通过考试评估学生课程目标的达成情况，试题内容分布如下： 1）选择题、填空题、简答题，考核相变的基本理论　分值30% 2）选择题、问答题，考核特定条件下热处理工艺的设计和选择　分值40% 3）问答题，考核学生运用材料成分、工艺、组织及性能之间关系进行相关分析和研究的能力　分值30% 具体评分标准根据试卷确定
作业	CO1 CO2	通过课堂作业和课外作业两种方式考核学生相变基本理论和工艺的设计和选择，具体评分标准根据作业内容确定

专业认证和新工科背景下材料类专业人才培养的创新与实践

评估方式	课程目标	评估标准
期末报告	CO4	期末报告按照以下标准评分： 95分：通过文献分析全面掌握金属材料工程领域新材料、热处理新工艺、新技术的发展趋势，并明确其对金属材料产业发展的影响 85分：基本掌握金属材料工程领域新材料、热处理新工艺、新技术的发展趋势，基本明确其对金属材料产业发展的影响 75分：部分掌握金属材料工程领域新材料、热处理新工艺、新技术的发展趋势 65分：简单了解金属材料工程领域新材料、热处理新工艺、新技术的发展趋势 50分：不了解金属材料工程领域新材料、热处理新工艺、新技术的发展趋势

3. 教学日历

教学课程目标与教学主要内容如表5.6所示。

表5.6　教学日历

课次	学时	课程目标	教学主要内容	教学方式	评估方式
1	2	CO1 CO4	绪论：课程大纲介绍，热处理行业发展概况、前景；第一章　金属固态相变概论：金属固态相变主要类型	PM1	EM4 EM9
2	2	CO1 CO2	第一章　金属固态相变概论：金属固态相变的主要特点，形核、晶核长大及固态相变动力学	PM1	EM4 EM9
3	2	CO1 CO2	第二章　钢的加热转变：奥氏体的形成、奥氏体形成的机理	PM1	EM4 EM9
4	2	CO1 CO2 CO3	第二章　钢的加热转变：奥氏体形成的动力学；奥氏体晶粒长大及其控制	PM1	EM4 EM9
5	2	CO1 CO2	第三章　珠光体转变与钢的退火和正火：钢的冷却转变概述；珠光体的组织和性质	PM1	EM4 EM9
6	2	CO1 CO2	第三章　珠光体转变与钢的退火和正火：珠光体转变机理，珠光体转变动力学；	PM1	EM4 EM9
7	2	CO1 CO2	第三章　珠光体转变与钢的退火和正火：先共析转变；合金钢中其他类型的奥氏体高温分解转变	PM1	EM4 EM9
8	2	CO2 CO3 CO4	第三章　珠光体转变与钢的退火和正火：钢的退火和正火	PM1	EM4 EM9

课次	学时	课程目标	教学主要内容	教学方式	评估方式
9	2	CO1 CO2	第四章 马氏体转变：马氏体的晶体结构和转变特点；马氏体转变的切变模型	PM1 PM2	EM4 EM9
10	2	CO1 CO2	第四章 马氏体转变：马氏体的组织形态；马氏体转变热力学分析	PM1	EM4 EM9
11	2	CO1 CO2	第四章 马氏体转变：马氏体转变动力学；马氏体的力学性能	PM1	EM4 EM9
12	2	CO1 CO2 CO3	第四章 马氏体转变：奥氏体的稳定化	PM1	EM4 EM9
13	2	CO1 CO2 CO4	第四章 马氏体转变：热弹性马氏体与形状记忆效应	PM1	EM4 EM9
14	2	CO1 CO2	第五章 贝氏体转变：贝氏体的组织形态和亚结构；贝氏体转变的特点和晶体学；贝氏体转变过程及其热力学分析	PM1	EM4 EM9
15	2	CO1 CO2	第五章 贝氏体转变：贝氏体转变机理概述；贝氏体转变动力学；贝氏体的力学性能；魏氏组织	PM1	EM4 EM9
16	2	CO2 CO3	第六章 钢的过冷奥氏体转变图：IT图；CT图；IT图与CT图的比较和应用	PM1 PM2	EM4 EM2
17	2	CO2 CO3	第七章 钢的淬火：淬火方法及工艺参数的确定	PM1 PM3	EM4 EM9
18	2	CO2 CO3	第七章 钢的淬火：淬火介质；钢的淬透性	PM1	EM4 EM9
19	2	CO2 CO3	第七章 钢的淬火：淬火缺陷及其防止	PM1 PM3	EM4 EM9
20	2	CO3 CO4	第七章 钢的淬火：淬火新工艺的发展	PM1 PM2	EM4 EM9
21	2	CO1 CO2 CO3	第八章 回火转变与钢的回火：淬火钢在回火时的组织转变；淬火钢挥霍后力学性能的变化	PM1	EM4 EM9
22	2	CO2 CO3	第八章 回火转变与钢的回火：合金元素对回火的影响、回火脆化现象；回火工艺	PM1 PM3	EM4 EM9
23	2	CO2 CO3	第九章 钢的化学热处理：化学热处理概述、钢的渗碳	PM1 PM3	EM4 EM9
24	2	CO2 CO3	第九章 钢的化学热处理：钢的氮化	PM1	EM4 EM9

专业认证和新工科背景下材料类专业人才培养的创新与实践

课次	学时	课程目标	教学主要内容	教学方式	评估方式
25	2	CO2 CO3 CO4	第九章 钢的化学热处理:钢的碳氮共渗;钢的渗硼、渗铝	PM1	EM4 EM9
26	2	CO2 CO3 CO4	第十章 特种热处理:表面热处理、真空热处理	PM1 PM3	EM4 EM9
27	2	CO2 CO3 CO4	第十章 特种热处理:形变热处理、钢的时效	PM1 PM3	EM4 EM9
28	2		复习课	PM1 PM2	EM4 EM9
			期末考试		EM3
总学时 56,其中课内 56 学时,实验 0 学时,上机 0 学时					

4. 授课教师信息一览表

授课教师信息如表5.7所示。

表5.7 授课教师信息表

姓名	徐**	秦**		
电子邮箱	g**1979@126.com	a**@126.com		
电话	158****6105	139****0005		
接待咨询地点	材料楼713	材料楼北附409		
接待咨询时间				

5. 教学内容及要求

教学具体内容及要求如下。

绪论
第一章 金属固态相变概论

教学要求:掌握金属固态相变的主要类型、特点;新相形核及长大方式;位向关系及惯习现象;固态相变热力学及动力学。

教学重点:金属固态相变的主要类型、特点;新相形核及长大方式;位向关系及惯习现象。

教学难点:固态相变按阻力最小进行的途径。

第二章 钢的加热转变

教学要求：掌握奥氏体等温转变；奥氏体晶粒长大及其控制，奥氏体晶粒度及其影响因素。

教学重点：平衡组织加热时的奥氏体化过程。

教学难点：奥氏体长大机制。

第三章 珠光体转变与钢的退火和正火

教学要求：掌握珠光体的组织形态；等温温度或冷却速度对珠光体组织机械性能的影响；片状珠光体和粒状珠光体的形成；退火、正火的定义、分类及工艺的制定。

教学重点：珠光体的组织形态与机械性能的关系；退火、正火的定义、分类及工艺的制定。

教学难点：等温温度或冷却速度对珠光体组织及机械性能的影响。

第四章 马氏体转变

教学要求：掌握马氏体转变的定义；马氏体相变的基本特征；马氏体组织形态与机械性能的关系；马氏体相变的热力学、动力学；Ms 的定义及影响因素；奥氏体的稳定化；热弹性马氏体转变与形状记忆效应。

教学重点：马氏体的组织形态与机械性能的关系；Ms、马氏体亚结构及其影响因素。

教学难点：冷却速度对钢的淬火组织及机械性能的影响；马氏体二次切变模型。

第五章 贝氏体转变

教学要求：掌握贝氏体转变的基本特征、组织形态与机械性能；贝氏体转变的热力学条件。

教学重点：贝氏体的组织形态与机械性能的关系。

教学难点：等温温度对碳原子扩散及贝氏体组织形态的影响。

第六章 钢的过冷奥氏体转变图

教学要求：掌握过冷奥氏体的 IT 图和 CT 图的建立、图式基本类型以及 IT 图与 CT 图的比较和应用。

教学重点：IT 图和 CT 图的影响因素及对比应用。

教学难点：IT 图和 CT 图的应用。

第七章 钢的淬火

教学要求:掌握淬火定义、方法及工艺规范;淬透性的定义及影响因素;淬火应力、变形、开裂及影响因素和防止方法。

教学重点:淬火方法及工艺规范;淬透性定义及影响因素;淬火应力、变形、开裂及防止方法。

教学难点:淬火方法及工艺规范;淬火应力、变形的变化规律及防止方法。

第八章 回火转变与钢的回火

教学要求:掌握回火的定义、目的;淬火钢在回火时组织的转变;合金元素对回火转变的影响;回火对机械性能的影响;回火脆性;回火工艺规范。

教学重点:淬火钢在回火时组织及机械性能的变化;合金元素对回火转变的影响;回火工艺规范。

教学难点:淬火钢在回火时组织的转变。

第九章 钢的化学热处理

教学要求:掌握化学热处理的定义、目的、分类及应用;钢的渗碳、渗氮、碳氮共渗以及其他化学热处理的工艺、组织和性能。

教学重点:钢的渗碳、渗氮、碳氮共渗工艺、组织和性能。

教学难点:钢的渗碳和渗氮工艺、组织和性能的对比分析。

第十章 特种热处理

教学要求:掌握表面淬火的目的、方法、特点及应用;了解真空热处理和形变热处理的基本原理、特点及应用。

教学重点:感应加热表面淬火的原理、相变特点、表面淬火组织及性能、工艺参数。

教学难点:感应加热表面淬火组织及性能分析。

5.3.3 必修课程先后修关系说明

合肥工业大学金属材料工程专业指导性教学计划中课程体系如表5.8～表5.12所示:

表5.8 通识教育必修课表

课程编号	课程名称	考试方式	总学时	学时分配				课内学分	课外学分	各学期学分分配								建议起止周次	是否集中周考试
				课内	实验	上机	课外			1	2	3	4	5	6	7	8		
1201111B 1201121B 1201131B 1201141B 1201151B 1201161B 1201171B 1201181B	形势与政策	O	128	64			64	2		0.25	0.25	0.25	0.25	0.25	0.25	0.25	0.25	1~19	是
1500011B 1500021B 1500031B 1500041B	英语	√	176	160			16	10	1	2.5	2.5	2.5	2.5					1~19	是
5100011B 5100021B 5100031B 5100041B	大学教育	√	144	144			256 (不计入总学时)	2	1	0.5	0.5	0.5	0.5					1~19	是

课程编号	课程名称	考试方式	总学时	课内	实验	上机	课外	课内学分	课外学分	1	2	3	4	5	6	7	8	建议起止周次	是否集中周考试
1200141B 1200151B	毛泽东思想与中国特色社会主义理论体系概论	√	88	56			32	3.5	2			2	1.5					1~19	是
1200021B	马克思主义基本原理概论	√	48	32			16	2	1		2							1~9	是
1200081B	中国近现代史纲要	√	40	32			8	2	0.5				2					1~19	是
1200051B	思想道德修养与法律基础	√	48	32			16	2	1	2								1~9	是
5200011B	军事理论	O	32	24			8	1.5			1.5							1~9	是
5200021B	大学生心理健康	√	32	24			8	1.5		1.5								1~19	是
1400211B 1400221B	高等数学A	√	192	192				12		6	6							1~19	是
1000231B 1000241B	大学物理B	√	116	112	4			7			3	4						1~19	是
0600011B	工科化学	√	32	24	8			2		2								1~19	是
1400071B	线性代数	√	40	40				2.5				2.5						1~19	是

课程编号	课程名称	考试方式	总学时	学时分配				课内学分	课外学分	各学期学分分配								建议起止周次	是否集中周考试
				课内	实验	上机	课外			1	2	3	4	5	6	7	8		
1400091B	概率论与数理统计	√	48	48				3				3						1~19	是
0500011B	大学计算机基础	√	24	12		12		1		1								1~19	是
0400052B	电工与电子技术A	√	72	48	24			4.5				4.5						1~19	是
1100011B	现代企业管理	√	24	24				1.5										1~19	是
合计			1156	1004	36	12	104	60	6.5	15.75	15.75	19.25	6.75	0.25	0.25	1.75	0.25	1~19	是

备注：① 总学时合计中不包括形式与政策的总学时，课外学时合计中不包括形式与政策，大学体育的课外学时。
② 表格的考试方式一列中"O"代表"考查"，"√"代表"考试"，下同。

表 5.9 学科基础课程和专业必修课

课程编号	课程名称	是否专业主干课程	考试方式	总学时	课内	实验	上机	课外	课内学分	课外学分	1	2	3	4	5	6	7	8	建议起止周次	是否集中周考试
0600062B	物理化学B	是	√	64	56	8			4					4					1～19	是
0200011B 0200021B	工程图学A	是	√	88	80	8			5.5		2.5	3							1～19	是
0700071B	工程力学B	是	√	64	60	4			4				4						1～19	是
0200022B	机械设计基础B	是	√	48	40	8			3					3					1～16	是
0300012B	专业导论	是	√	8	8				0.5		0.5								1～4	是
0320142B 0320152B	Engineering Materials（双语）1	是	√	64	64				4						2	2			1～19	是
0300022B 0300032B	材料科学基础1	是	√	80	72	8			5					2.5	2.5				1～19 1～9	是
0300082B	材料工程基础2	是	√	48	40	8			3						3				1～19	是
0300092B	材料分析测试方法	是	√	48	40	8			3							3			1～19	是
0320052B	金属材料学	是	√	40	40				2.5						2.5				8～19	是

第 5 章 材料专业认证的实践与效果

课程编号	课程名称	是否专业主干课程	考试方式	学时分配					课内学分	课外学分	各学期学分分配								建议起止周次	是否集中周考试
				总学时	课内	实验	上机	课外			1	2	3	4	5	6	7	8		
0320062B	热处理原理及工艺	是	√	56	56				3.5						3.5				1~19	是
0320072B	金属物理性能	是	√	32	32				2						2				11~19	是
0320162B	材料力学性能A	是	√	40	40				2.5							2.5			1~10	是
0350062B 0350072B	材料成形原理及工艺	是	√	80	72	8			5						2.5	2.5			1~19	是
合计				760	700	60	0	0	47.5	0	3	3	4	9.5	18	10	0	0		

表5.10 专业选修课表

课程编号	课程名称	是否专业主干课程	考试方式	总学时	学时分配				课内学分	课外学分	各学期学分分配								建议起止周次	是否集中周考试
					课内	实验	上机	课外			1	2	3	4	5	6	7	8		
0320120X	加热设备及车间设计	是	√	32	32				2							2			1~19	是
0320110X	粉末冶金原理及工艺	是	√	32	32				2							2			1~19	是
0350390X	CAD/CAM基础	是	√	32	16		16		2						2				1~19	是
0320140X	材料的摩擦与磨损	是	√	32	28	4			2							2			1~19	是
0320270X	合金熔炼原理与工艺	是	√	32	32				2						2				1~19	是
0330260X	粉末冶金材料学B	否	√	32	32				2								2		1~19	是
0320190X	复合材料学	否	√	32	32				2								2		1~19	是
0320280X	硬质合金B	否	√	32	24				1.5								1.5		1~19	是
0320290X	有色金属熔铸与加工	否	√	32	32				2								2		1~19	是
0320220X	金属腐蚀与防护	否	√	32	28	4			2								2		1~19	是

课程编号	课程名称	是否专业主干课程	考试方式	总学时	学时分配 课内	实验	上机	课外	课内学分	课外学分	各学期学分分配 1	2	3	4	5	6	7	8	建议起止周次	是否集中周考试
0320230X	材料表面工程	否	√	32	32				2								2		1~19	是
0320300X	薄膜科学与技术B	否	√	32	32				2								2		1~19	是
0320250X	工程材料检测技术	否	√	32	32				2								2		1~19	是
0320130X	计算机在材料科学中的应用	否	√	32	20	12			2								2		1~19	是
0320260X	功能材料	否	√	32	32				2								2		1~19	是
0320310X	纳米材料学	否	√	32	28	4			2								2		1~19	是
合 计				504	464	24	16	0	31.5	0	0	0	0	0	4	6	21.5	0		
最低专业选修课程合计				296					19						4	6	9			

表5.11　集中安排的实践环节表

课程编号	实践环节名称	考试方式	周数	实验时数	上机时数	学分	1	2	3	4	5	6	7	8	建议起止周次
5700013B	入学教育	O	0.5			0	√								1
5200023B	军事训练	O	2			2	2								1～2
5700023B 5700033B 5700043B 5700053B 5700063B 5700073B 5700083B 5700093B	公益活动	O	1			0	√	√	√	√	√	√	√	√	分散
5600013B	就业指导	O	8学时			0.5						0.5			
0320014B	创新创业教育	O				4	√	√	√	√	√	√	√	4	分散
5300023B	工程训练B	O	4			4			4						1～4
5300053B	电子实习	O	1			1				1					1～4
1000013B 1000023B	大学物理实验	O		48		2				1	1				分散
0200023B	机械设计基础课程设计	O	3	6		3				3					11～19
0320263B	认识实习	O	2			2						2			3～6
0320173B	金属材料工程基础实验	O		36		1.5					√	1.5			分散
0320283B	工艺与设备课程设计	O	3			3						3			11～19
0320313B	金属材料工程综合实验	O	2			2							2		11～19
0320293B	毕业实习	O	2			2							2		3～6

课程编号	实践环节名称	考试方式	周数	实验时数	上机时数	学分	1	2	3	4	5	6	7	8	建议起止周次
0320323B	毕业设计	O	15			15								15	1~19
合 计			35.5	90	0	42	2	0	5	5	0	7	2	21	

表5.12　各教学环节学时、学分配表

课程类别		课程性质	学时	学分	1	2	3	4	5	6	7	8	学分比例
理论教学	通识教育课程	必修	1052	66.5	17	17.5	21	8.5	0.25	0.25	1.75	0.25	35%
		选修	144	9	1	3	0	4	1				5%
	学科基础与专业课程	必修	760	47.5	3	3	4	9.5	18	10	0	0	25%
		选修（最低）	296	19	0	0	0	0	4	6	9	0	10%
	辅修课程	选修	96	6		2			2	2			3%
实践教学	集中安排的实践环节（含创新创业教育4学分）	必修	35.5周	42	2	0	5	5	0	7	2	21	22%
合计			2348	190	23	25.5	30	27	25.25	25.25	12.75	21.25	100%
最低毕业学分			190										

备注：① 实践教学学时填周数。

② 学时不包括课外学时，学分包括课内学分和课外学分。

③ 四年制最低毕业学分原则上不高于190学分。

专业认证和新工科背景下材料类专业人才培养的创新与实践

各课程之间的先后修关系如图5.1所示,前四个学期主要进行数学及自然类基础课程以及工程基础课程的学习,第五、第六学期主要进行学科基础课程及专业必修课程的学习,第七学期主要进行专业选修课程以及综合性的综合实验课程的学些,第八学期主要完成毕业实习和毕业设计。

部分课程之间存在明显的先修关系,譬如物理化学具有直接关系的先修课程为大学物理和工科化学,机械设计基础具有直接关系的先修课程为工程图学,完成热处理原理及工艺、金属材料学、加热设备及车间设计等专业课程之后才能开展工艺与设备课程设计的工作,专业主干课程结束后进行金属材料基础实验的课程学习等等。部分课程在教学内容上也会体现出先后修的关系,譬如热处理原理及工艺之前必须完成材料科学基础中关于铁碳相图的学习,金属材料学必须在热处理原理及工艺之后才能开课。

5.3.4 学生选课的规定和措施

毕业生的最低要求为总学分190学分,所有学生必须获得规定学分才能毕业。其中,148学分是通过课堂教学获得的,其他42学分是从实践教学环节获得;必修课为165学分,占总学分的比例为86.84%。按照学校教务部的学分规定:一般课堂教学课程(含实验)的学分数按课时确定,每16学时为1学分,体育课程每24学时为1学分;对实践性教学环节,实验每24学时为1学分,综合实验、课程设计、实习、毕业设计(论文)等集中进行的实践性教学环节,每周1个学分。各类课程的学分要求、总学分要求分析情况见表5.13。

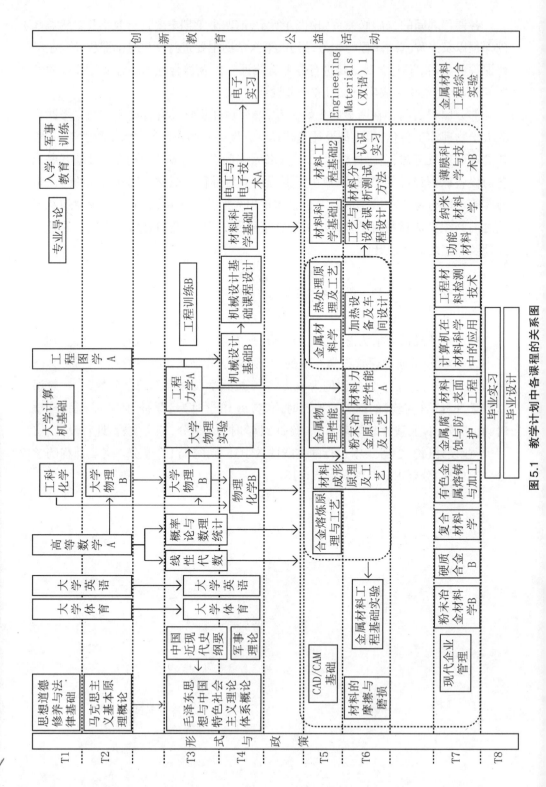

图 5.1　教学计划中各课程的关系图

表5.13　各类课程的学分要求和总学分要求分析

通用标准	课程名称	学分	所属知识领域	占学分比例是否达标
数学与自然科学类必修课程	高等数学A	12	数学知识	16.05%达标
	线性代数	2.5		
	概率论与数理统计	3		
	大学物理B	7	物理知识	
	工科化学	2	化学知识	
	物理化学B	4		
	合计	30.5		
工程基础类课程	大学计算机基础	1	计算机与信息技术类知识	31.05%达标
	工程图学A	5.5	工程制图类	
	电工与电子技术A	4.5	电工电子类	
	工程力学A	4	力学类	
	机械设计基础B	3	机械类	
专业基础类及专业必修课程	材料科学基础1	5	材料学科基础课程，专业必修课程	
	材料工程基础2	3		
	金属物理性能	2		
	材料力学性能A	2.5		
	材料分析测试方法	3		
	Engineering Materials（双语）	4		
	专业导论	0.5		
	金属材料学	2.5		
	材料成形原理及工艺	5		
	热处理原理及工艺	3.5		
专业主干课程	加热设备及车间设计	2	专业主干课程	
	合金熔炼原理与工艺	2		
	材料的摩擦与磨损	2		
	CAD/CAM基础	2		
	粉末冶金原理及工艺	2		
	合计	59		

通用标准	课程名称	学分	所属知识领域	占学分比例是否达标
工程实践与毕业设计	创新创业教育	4	综合素质、能力培养类	22.11% 达标
	军事训练	2		
	工程训练B	4		
	就业指导	0.5		
	大学物理实验	2	实验类	
	金属材料工程基础实验	1.5		
	金属材料工程综合实验	2		
	电子实习	1	实习类	
	认识实习	2		
	毕业实习	2		
	机械设计基础课程设计	3	工程设计类	
	工艺与设备课程设计	3		
	毕业设计	15	毕业设计（论文）	
	合计	42		
人文社会科学类通识教育课程	英语	11	人文社会科学	17.37% 达标
	大学体育	3		
	形势与政策	2		
	大学生心理健康	1.5		
	毛泽东思想与中国特色社会主义理论体系概论	5.5		
	马克思主义基本原理概论	3		
	中国近现代史纲要	2.5		
	思想道德修养与法律基础	3		
	军事理论	1.5		
	合计	33		

　　对照工程教育专业认证通用标准和材料类专业补充标准,专业认证补充标准对金属材料工程专业要求的物理化学、材料科学基础、材料工程基础、材料性能表征、金属材料及热处理、材料结构表征、材料制备技术、材料加工成形等知识领域都包含在学科基础课及专业必修课程当中。本专业教学计划课程体系中数学与自然科学类必修课程30.5学分,占总学分的16.05%;工程基础类、学科专业基础类与专业类必修课程59学分,占总学分的31.05%;工程实践与毕业设计(论文)部分为42学分,占总学分的22.11%;人文社会科学类通识教育课程33学分,占总学分的

17.37％,均达到工程教育专业认证通用标准和材料类专业补充标准的要求。

学校设通识教育选修课六类:哲学、历史与心理学;文化、语言与文学;经济、管理及法律;理科(自然科学);工科(自然科学);艺术与体育。学生毕业时其通识教育选修课学分分布应不少于上述类别中的五类,且不低于6学分。

创新实践活动学分:依据《合肥工业大学大学生创新实践活动学分认定管理办法》,学生在校学习期间,结合自己的兴趣、特长和能力,合理安排参加本办法所规定的创新实践学分项目,并取得相应的4个学分才可毕业。创新实践活动的认定范围包括国际、国家、省部级组织的各项创新实践活动或创新实践项目。

专业选修课程:本专业提供与金属材料工程相关的选修课17门,共33.5学分,学生必须选够15.5学分。其中《加热设备及车间设计》《粉末冶金原理及工艺》《CAD/CAM基础》《计算机在材料中的应用》和《材料的摩擦与磨损》五门课程因为对专业的支撑需要,与后续的《金属材料工程综合实验》及《工艺与设备课程设计》关联度较高,设为专业主干课程,并通过每学期的选课指导,对学生就此五门课程进行专门解释和动员。自本计划开始实施以来,所有同学都选修了这五门课程。

根据学校教务部《合肥工业大学选课选教管理暂行办法》,同时确定了选课程序、选课系统数据处理规则、课表问题以及有关规定和要求,并在每年规定的时间内在校园网上发布选课通知,同时通过学院教务、辅导员、教研室等多个层面对学生进行选课指导。学院教学指导分委员会成员、专业骨干教师和教务员按计划指导学生选课,要求学生在学期结束两周前依据专业教学执行计划核对自己下学期的课表,以免漏选。专业教师通过QQ、E-mail等方式随时和学生沟通并答疑,以保证学生选学的课程能满足对各类课程学分的要求。大四时每个学期会再提醒学生核查专业模块课程的所修学分情况,以便毕业之前达到学分的要求,并制表供学生自查。

5.3.5 课程体系修订,以及行业、企业专家参与和发挥的作用

为达成本专业培养目标和毕业要求,适应社会和用人单位对金属材料工程专业毕业生在知识、能力和素质等方面的需求,按照学校的统一安排,本专业一般每2~4年制定(修订)一次专业培养方案,课程体系的修订和培养方案的修订同时进行。各专业综合分析、评估毕业生和用人单位意见等各类反馈信息后,对专业培养方案(含课程体系)进行制定(修订),经学院教学指导分委员会与学校主管部门批准后实施。

综合考虑各方面的意见后,教学计划中的课程体系进行了如下修订:

① 通识教育必修课程中增加《大学生心理健康》(32学时)课程;

② 删除《C++语言程序设计》(48学时)课程；

③ 将课程《物理化学C》(56学时)改为《物理化学B》(64学时)；

④ 学科基础课中增加《材料工程基础2》(48学时)课程；

⑤ 《金属材料工程基础实验(I)》实验课程分拆为《材料科学基础》和《分析测试方法》课程(院级平台课程)；

⑥ 选修课程中增加《合金熔炼原理与工艺》《有色金属熔铸与加工》和《轻合金》三门课程；

⑦ 集中安排的实践环节中《创新教育》由6个学分改为4学分；

⑧ 删除《材料学院社会实践》(2学分)课程；

⑨ 删除《学科前沿讲座/企业案例分析》(1学分)课程。

参与专业指导性教学计划修订和课程体系设置的企业专家名单、身份、参与方式、提出建议等见表5.14。

表5.14　参与教学计划修订的企业专家情况

序号	姓名	职称/职务	单位	参与方式	提出建议
1	李*	正高级工程师/集团副总经理	安徽江淮汽车集团股份有限公司乘用车制造公司	教学计划外审	建议集中开设金属材料工程基础实验，促使学生自己动手设计和开展实验；《金属材料导论》（双语）和《金属材料专业导论》两门课程名称近似，无法区分；授课拓展金属材料工程领域的最新科研和工程实践进展
2	王**	正高/秘书长	安徽铜基新材料产业基数创新战略联盟秘书处	教学计划外审	课程体系中增加有色金属的冶炼及加工相关课程；适当增加实践环节内容，强化学生对具体实践问题的认识
3	解**	正高级工程师	安徽合力股份有限公司	座谈会	学科基础课和专业选修课加起来63学分，还不到通识教育必修课的65.5学分，专业课的比重偏低，考虑适当调整；课程安排建议将《材料成形原理基工艺》课时适当增加，《材料物理性能》改为《金属物理性能》，突出金属特色；《热处理原理及工艺》拆分成两门课，分别是热处理原理和热处理工艺，增加学时

序号	姓名	职称/职务	单位	参与方式	提出建议
4	吴**	正高级工程师	安徽合力股份有限公司	座谈会	《金属材料导论》（双语）建议更改课程名称，与《金属材料专业导论》的名称过于相近； 《热处理原理和工艺》课程能否增加学时，以前是两门独立的课程； 《加热设备基车间设计》可否提到必修课程中，因为后面有课程设计应该会涉及这门课的内容
5	张*	高级工程师/总经理	启东热处理协作中心	座谈会	课程体系合理，接地气，相比以前虽然专业名称改了但主干课程都还保留着； 建议专业课时比重适当加大，让学生有更多的时间、精力放在专业课的学习上
6	马**	正高级工程师	合肥波林新材料股份有限公司	座谈会	《粉末冶金原理及工艺》应该调整为专业必修课，并且应该以模块的形式增加粉末冶金的内容； 《材料工程基础》课程提前到第四学期
7	张**	正高级工程师	合肥百胜科技发展股份有限公司	座谈会	《毕业设计（论文）》应增加周数，和毕业实习合起来，放到企业去做； 创新创业教育要加强，尤其是加强创业教育，这些应该在人文社会科学课程部分重点加强； 《大学生心理健康》课程很好，有助于帮助学生提高情商； 《综合实验》很重要，考虑增加课时； 《材料成型原理及工艺》课程放在必修课很好，但课时偏多，成型方面的知识主要是介绍性概念性的，不需要深入掌握； 《材料工程基础》放在第五学期合适

第 5 章 材料专业认证的实践与效果

序号	姓名	职称/职务	单位	参与方式	提出建议
8	邱**	正高级工程师	合肥机械研究所	座谈会	考虑到专业背景主要是面向机械行业、面向企业、面向解决复杂工程问题，建议分析检测的课程适当增加，至少在专业课程中穿插介绍分析检测手段、方法和标准； 选修课《工程材料检测技术》适当增加学时，放到主干课程中更好；工程图学的课时适中；《机械设计基础》课程可考虑适当增加学时，并适当提前到大二上学期较好； 《材料科学基础》课程应当提前到第四学期
9	宗*	高级工程师	合肥工业大学复合材料公司	座谈会	总体课程体系没有问题，可考虑物理化学学时适当增加，电工电子技术从专业课调整为通识课程，以增加专业课的学时和学分
10	谭**	教授级高工	中国电子科技集团公司第三十八研究所	座谈会	建议在选修课中按照培养目标所提的三个方向设置高性能金属材料、表面工程、复合材料三个模块

5.3.6 符合本专业毕业要求的数学与自然科学类课程

1. 数学与自然科学类课程学分情况

数学与自然科学类必修课程在教学计划中为不少于30.5学分,占总学分的16.05%。数学类内容包括微积分、微分方程、线性代数、概率和统计等基础知识；自然科学类包括力学、光学、分子物理学、电磁学等物理知识以及相关机化学内容。满足材料类专业补充标准以及工程教育专业认证通用标准中15%的要求。

表5.15列举了本专业教学计划中数学与自然科学类课程相应学分情况以及对标准要求的覆盖关系,说明了课程对于培养目标和学生能力达成的支撑,为使学生具备解决金属材料工程领域的复杂工程问题的能力提供了知识基础。

2. 保证学生修满此类课程的要求和措施

本类课程为必修课程,要求所有同学都必须完成本类课程的学习并获得所需学分。《合肥工业大学选课选教管理暂行办法》中明确规定"学生选课首先要保证修完本专业教学计划规定的必修课程"。《合肥工业大学本科生学籍管理办法》,在其第四章课程考核与成绩记载中明确规定"对于必修的理论课程考核不合格,学校提供一次补考机会。学生不参加补考以及补考不及格、实践教学环节课程不及格,必须参加下一轮选课,选中后重新进行修读(即重修)。在允许的学习年限内,不合格课程可申请重修多次,直至重修合格"。

学院教务员每学年进行挂科同学及科目统计,反馈给辅导员、班导师,督促同学准备并参加补考,辅导补考未通过的同学在下一轮选课时进行该课程的重新选课。辅导员和班导师通过当面谈话、QQ聊天等方式督促重修的同学加强学习,以确保获得所需的必修课学分。

下面以《物理化学B》课程作为基础类课程的代表性课程例,说明此类课程如何加强识别、表达和分析复杂工程问题能力的培养。

《物理化学B》是高等数学、工科化学的后继课程,是工科类专业学生必须掌握的基础课程之一,其核心知识点是化学热力学和化学动力学,应用物理学中的一些基本原理和高等数学的方法,定量地阐明物质变化(包括化学反应)的方向与限度及过程中能量守恒和转化问题、化学反应的速率与机理问题以及物质结构与性质的问题,具体要求掌握化学热力学、电化学热力学、化学动力学的基础知识并能够进行相关计算;掌握相率及相图识别,能够利用相图;掌握表面现象基础知识及相关计算。

课程目标均为物理化学的基础知识,一方面与数学、物理、化学等的基本原理、方法紧密相关,譬如各种基本公式的推导、计算均运用了基本的数学及其他自然科学的基础知识;另一方面又与工程实践紧密相关,譬如化学热力学、动力学的相关知识是反应过程能否进行、如何进行的判据,相图、相率更是金属材料在外界条件改变时所处状态的判别工具。对于这部分内容的掌握可以使得学生能够具备利用数学等基本原理去识别和表述金属材料工程问题的能力。通过表面现象基础知识和相关计算的学习,利用数学等基础知识分析材料表面与体内的差别,为解决不同环境下金属材料的腐蚀、磨损等各种表面问题提供基础,并可确定不同金属材料适合的服役条件以及进一步优化的思路和途径。相关实验方法和仪器的使用也为优化解决方案提供手段。

因此该课程的学习及课程目标的达成可以实现"能够将数学、自然科学和工程科学基本原理运用于金属材料工程问题的识别与表述"(指标点2-1)和"能够将工程基础和专业知识用于分析确定金属材料工程中的服役条件和优化途径"(指标点1-3)。

表5.15　数学与自然科学类课程及其对毕业要求的支撑关系

课程名称	课程学分	课程目标	教学内容	课程目标达成评价方法	所支撑的毕业要求
高等数学A	12	1. 掌握高等数学的基本理论知识，掌握用于解决复杂金属材料工程问题的基础理论和基本方法； 2. 培养严格的逻辑思维能力与推理论证能力，具有较强的分析能力、归纳能力、抽象能力、空间想象能力、演绎推理能力、准确计算能力、学习新的数学知识的能力	函数；极限与连续；一元函数微分学；一元函数微分学的应用；一元函数积分学；一元函数积分学的应用；常微分方程；向量代数与空间解析几何；多元函数微分学；重积分；曲线积分；曲面积分；无穷级数	根据出勤、课堂提问与作业完成情况给出平时成绩，综合平时成绩和考试得分，给出最终评价	1-1　能够将数学、自然科学、工程基础和专业知识用于解决金属材料工程领域的复杂工程问题的恰当表述中； 12-2　具备强健的体魄，有不断学习和适应发展的能力
线性代数	2.5	1. 掌握线性代数的基本理论知识； 2. 培养严格的逻辑思维能力与推理论证能力，具备熟练的运算能力与技巧	行列式、矩阵及运算、矩阵的初等变换与线性方程组、向量组的线性相关性、相似矩阵及二次型	根据出勤、课堂提问与作业完成情况给出平时成绩，综合平时成绩和考试得分，给出最终评价	1-1　能够将数学、自然科学、工程基础和专业知识用于解决金属材料工程领域的复杂工程问题的恰当表述中
概率论与数理统计	3	1. 掌握概率论与数理统计的基本理论知识； 2. 培养严格的逻辑思维能力与推理论证能力； 3. 具备熟练的运算能力与技巧；提高建立数学模型，并应用概率论与数理统计这一工具解决实际应用问题的能力	随机事件及其概率；随机变量及其分布；多维随机变量及其分布；随机变量的数字特征；大数定律及中心极限定理；样本及抽样分布；参数估计；假设检验	根据出勤、课堂提问与作业完成情况给出平时成绩，综合平时成绩和考试得分，给出最终评价	1-1　能够将数学、自然科学、工程基础和专业知识用于解决金属材料工程领域的复杂工程问题的恰当表述中

课程名称	课程学分	课程目标	教学内容	课程目标达成评价方法	所支撑的毕业要求
大学物理	7	1. 掌握物理学的基本知识； 2. 掌握建立物理模型、定性分析与定量分析的能力； 3. 掌握独立获取知识和解决问题的科学研究能力	力和运动（运动学和动力学）；运动的守恒量和守恒定律；刚体的运动；相对论基础；静止电荷的电场；恒定电流的磁场；电磁感应，电磁场理论；机械振动；机械波，电磁波；演示物理实验	根据出勤、课堂提问与作业完成情况给出平时成绩，综合平时成绩和考试得分，给出最终评价	1-1 能够将数学、自然科学、工程基础和专业知识用于解决金属材料工程领域的复杂工程问题的恰当表述中； 12-2 具备强健的体魄，有不断学习和适应发展的能力
工科化学	2	1. 掌握化学的基本知识和基本概念； 2. 针对常见的化学测定方法，能够进行文献查询、信息分析、数据处理、分析和轮涨； 3. 结合化学测定目标制定实验方案，进行实验、分析和解释数据，从数据中获取有用的信息	化学反应中质量与能量关系；化学反应的方向、速率和限度；酸碱反应和沉淀反应；氧化还原反应与应用电化学；原子结构与元素周期性；分子的结构与性质；固体的结构与性质；配位化合物；元素概论；s、p、d、ds区元素；镧系元素和锕系元素；无机化学与生态环境	根据出勤率与作业完成情况给出平时成绩，综合平时成绩和考试得分，给出最终评价	1-1 能够将数学、自然科学、工程基础和专业知识用于解决金属材料工程领域的复杂工程问题的恰当表述中； 12-2 具备强健的体魄，有不断学习和适应发展的能力

第 5 章　材料专业认证的实践与效果

课程名称	课程学分	课程目标	教学内容	课程目标达成评价方法	所支撑的毕业要求
物理化学B	4	1.掌握化学热力学的基本知识并会计算； 2.掌握相率及相图识别，会利用相图； 3.掌握电化学热力学基础知识并会计算； 4.掌握表面现象基础知识及相关计算； 5.掌握化学动力学基本知识及相关计算； 6.掌握基本物理化学实验方法及仪器	气体的PVT行为、热力学第一定律、热力学第二定律、多组分系统热力学、化学平衡、相平衡、电化学、界面现象、化学动力学	综合出勤率、实验预习报告、实验表现及实验报告给出评价结果	1-3 能够将工程基础和专业知识用于分析确定金属材料工程中的服役条件和优化途径； 2-1 能够将数学、自然科学和工程科学基本原理运用于金属材料工程问题的识别与表述

5.3.7　符合本专业毕业要求的工程基础、专业基础与专业类课程

1. 工程基础类、专业基础类与专业类课程学分情况

教学计划中工程基础类、专业基础类与专业类课程共59学分，占总学分的31.05%，满足工程教育专业认证通用标准中不少于30%的要求。其中，工程基础类课程的教学内容包括计算机与信息技术类、工程制图类、电工电子类、力学类和机械类等知识领域；专业基础课课程的教学内容包括材料科学基础、材料工程基础、材料分析测试方法、金属物理性能、材料力学性能课程；专业必修课程的教学内容包括金属材料导论、金属材料学、材料成形原理及工艺、热处理原理及工艺、专业导论课程；限选的专业主干课程包括加热设备及车间设计、计算机在材料科学中的应用、材料的摩擦与磨损、模具CAD/CAM基础和粉末冶金原理及工艺课程。

表5.16列举了本专业教学计划中工程基础类、专业基础类及专业类课程相应学分情况以及对毕业要求的覆盖关系，说明了课程对于培养目标和学生毕业要求达成的支撑。

2. 保证学生修满此类课程的要求和措施

本类课程中的工程基础类、专业基础类课程以及专业必修课程均为必修课程，要求所有同学都必须完成本类课程的学习并获得所需学分。其选课要求及措施与其他必修课程完全相同。

加热设备及车间设计、合金熔炼原理及工艺、材料的摩擦与磨损、CAD/CAM基础和粉末冶金原理及工艺课程五门专业主干课程放在专业选修课程里面，但由于与其他必修环节（如工艺与设备课程设计、金属材料工程基础实验、金属材料工程综合实验等）具有关联性，所以要求学生修习这五门课程。每年度学生开始选课期间，专业教师、学院教务员会通过各种方式告诉学生这些课程与其他必修环节之间的关联，引导学生选课。

表5.16 工程基础、专业基础及专业类课程及其对毕业要求的支撑关系

课程名称	课程学分	课程目标	教学内容	课程目标达成评价方法	所支撑的毕业要求
大学计算机基础	1	1. 了解可计算性与计算模型，培养计算思维意识和能力； 2. 介绍计算机的软硬件构成及其基本原理，熟悉信息的表示与编码，培养计算机的基本使用技能； 3. 提高计算机的应用能力：重点是网络、多媒体、数据库等技术的基本知识和应用；理解信息安全和程序设计方面的基本知识； 4. 通过实践培养创新意识和动手能力，为学习后继计算机基础课程夯实基础	计算机基础知识、可计算性与计算模型基本理论，信息表示与编码，系统软硬件构造及其基本原理，计算机网络基础、算法分析与实现等	实验分析报告、课堂测试、期中考试，考勤、期末考试进行最终评价	1-2 能够针对一个系统或过程建立合适的数学模型，并利用恰当的边界条件求解； 5-2 能够有效利用网络资源，能利用信息技术方法获取金属材料工程重要信息和文献资料

课程名称	课程学分	课程目标	教学内容	课程目标达成评价方法	所支撑的毕业要求
工程图学 A	5.5	1. 培养学生掌握工程图学的基本理论和知识； 2. 培养学生掌握手工绘图和计算机绘图技能，并能够用于工程设计	制图的基本知识与技能；计算机三维建模及绘图；基本立体的投影及建模；立体表面上几何元素的投影；组合体的视图与建模；轴测图；机件的常用表达方法；标准件和常用件；零件图、装配图等	根据出勤、课堂提问、作业与测试和期终考试得分，给出最终评价	1-2 能够针对一个系统或过程建立合适的数学模型，并利用恰当的边界条件求解； 5-1 能够选择和运用计算机工具、工程制图、信息化工具和技术，表达和解决金属材料工程的设计问题
工程力学 A	4	1. 掌握构件力学分析的基本概念、知识和基本计算； 2. 掌握构件安全性能主要指标和分析计算理论与方法； 3. 初步了解杆件安全设计要求，材料性能测试实验原理和操作方法	构件静力学受力分析；汇交力学和力偶系；平面力系和空间力系等力系的简化与平衡；桁架、摩擦与重心及形心；轴向拉伸与压缩、扭转；梁的弯曲内力应力和变形；应力分析与强度准则；组合变形时的强度计算；压杆稳定；平面图形的几何性质	根据出勤、作业、期中考试、期末考试得分以及实验分析报告，给出最终评价	1-2 能够针对一个系统或过程建立合适的数学模型，并利用恰当的边界条件求解； 1-3 能够将工程基础和专业知识用于分析确定金属材料工程中的服役条件和优化途径
电工与电子技术 A	4.5	1. 掌握电工技术与电子技术基本理论、基本知识、基础理论、专业知识及其应用能力； 2. 培养学生掌握电工技术与电子技术实验技能；并能够用于解决工程实际问题的能力	电路的基本概念与基本定律与电路的分析方法；电路的暂态分析；正弦交流电路（含三相电路）；变压器；交流电动机；继电接触控制系统；半导体器件及应用；放大电路，集成运放的应用；逻辑门与组合逻辑	根据实验操作及作业与测验给出平时成绩，综合平时成绩和考试得分，给出最终评价	5-1 能够选择和运用计算机工具、工程制图、信息化工具和技术，表达和解决金属材料工程的设计问题

课程名称	课程学分	课程目标	教学内容	课程目标达成评价方法	所支撑的毕业要求
机械设计基础B	3	1.掌握常用机构的工作原理、特点、应用等基本知识，了解动力学基础知识； 2.掌握通用机械零件的工作原理、特点、结构和标准； 3.培养追求创新的态度和意识，为今后从事技术革新创造条件； 4.具有选用和设计通用机械零件的能力； 5.掌握文献检索、资料查询及运用现代信息技术获取相关信息的基本方法，具有运用标准、规范、手册、图册的能力； 6.初步具备运用手册设计机械传动装置和简单机械的能力； 7.具有工程实践或实验学习经历，提升空间抽象能力，团队合作能力，交流、决断能力	常用机构的基本原理、运动特性和机构动力学的基本知识；用机械零件的工作原理、特点、选用和设计计算的基本知识	综合作业、考勤、实验分析报告以及期末考试，给出最终评价	1-2 能够针对一个系统或过程建立合适的数学模型，并利用恰当的边界条件求解

课程名称	课程学分	课程目标	教学内容	课程目标达成评价方法	所支撑的毕业要求
材料科学基础1	4.5	1. 了解并掌握材料微结构基本知识及表征方法； 2. 了解和掌握扩散及凝固的基本规律和理论，并解决实际相关问题； 3. 了解和掌握二元、三元合金相图相关概念、定律及应用，能根据相图分析合金平衡结晶过程及凝固组织； 4. 了解和掌握材料变形、回复和再结晶、加工硬化的基本概念、机制，及其在生产中的应用； 5. 了解金相分析技术，铁碳合金平衡组织形貌特征，及部分二元、三元合金显微组织形貌特征，加深对所学课程的理解和认识	原子间的结合键、固体结构、晶向指数和晶面指数的标定和晶向及晶面的确定以及晶体缺陷相关知识；扩散的基本概念、定律和判据；液—固界面结构及温度分布对晶体形态的影响；相律、结晶规律及其应用；二元相图相关概念；三元合金相图表示法、相关定律及应用；四相反应的类型及判断方法；水平截面图和垂直截面图的分析方法；材料的变形、回复和再结晶、加工硬化的基本概念、机制及其在生产中的应用	根据实验分析报告、考勤、期中考试和期末考试成绩，给出最终评价	1-3 能够将工程基础和专业知识用于分析确定金属材料工程中的服役条件和优化途径； 2-1 能够将数学、自然科学和工程科学基本原理运用于金属材料工程问题的识别与表述； 4-1 能够对金属材料、部件、工艺相关的各类物理现象、组织、结构、特性进行识别、测试和实验验证，正确采集信息和数据； 9-1 掌握材料科学相关学科的背景知识，了解学科工程基础知识

课程名称	课程学分	课程目标	教学内容	课程目标达成评价方法	所支撑的毕业要求
材料工程基础2	3	1. 掌握材料工程中流体力学的基本研究方法、流体力学基本概念、基本理论和流体机械的工作原理、性能参数和流量调节； 2. 掌握传质的基本概念、菲克定律、流体中的分子扩散规律，理解对流传质系数、对流传质准则方程及其应用； 3. 掌握各种温度测量的基本原理与技术，理解温度测试仪器的构造及功能； 4. 掌握流体力学基本理论、材料的应力—应变行为、真空度、测试基本原理和测试技术	材料工程基础理论，阐明工程流体力学初步知识，传热即导热、对流换热和辐射换热的基本规律，以及流动传质的基本规律；对材料的工程化几何轮廓、应力—应变行为、温度、真空度及其与材料的相互作用行为进行较详细的介绍	根据实验分析报告、考勤、课堂演讲、期中考试和期末考试成绩，给出最终评价	4-2 能够基于科学原理并采用科学方法对金属材料领域的复杂工程问题进行实验设计； 5-3 能够初步运用现代信息技术工具对金属材料领域复杂工程问题进行预测与模拟，并了解其局限性； 6-1 了解与金属材料工程相关的技术标准、知识产权、产业政策和法律法规

第 5 章 材料专业认证的实践与效果

课程名称	课程学分	课程目标	教学内容	课程目标达成评价方法	所支撑的毕业要求
金属物理性能	2	1.掌握各种金属物理性能的基本概念和物理本质，了解相应功能材料的性能特点； 2.掌握金属材料成分、相变及其他因素对物理性能的影响规律，基于此能够针对功能材料的特性进行分析提炼，并掌握物理性能测试的基本原理和基本方法； 3.能够明确金属材料物理特性在材料研发中的重要作用，并能够合理运用这些性能特征进行功能材料的特性分析及科学研究	金属材料物理性能的基本概念及其物理本质，影响金属物理性能的因素，测量金属物理性能的方法，最后归结到金属物理性能分析方法在材料科学中的应用	根据考勤、平时作业、期中考试及期末考试成绩，给出最终评价	2-2 能够通过2-1所述原理，并通过文献研究，分析金属材料领域的复杂工程问题，以获得有效结论； 3-1 能够根据客户需要，针对金属材料复杂工程问题进行分析提炼，确定设计目标； 4-1 能够对金属材料、部件、工艺相关的各类物理现象、组织、结构、特性进行识别、测试和实验验证，正确采集信息和数据； 6-2 能正确认识金属材料工程领域新产品、新技术、新工艺、新材料的开发和应用对于客观世界和社会的影响

专业认证和新工科背景下材料类专业人才培养的创新与实践

课程名称	课程学分	课程目标	教学内容	课程目标达成评价方法	所支撑的毕业要求
材料力学性能A	2.5	1.掌握材料力学性能指标的测试原理、测试方法、技术标准，了解材料力学性能的工程意义； 2.掌握材料力学性能指标的意义、分析计算方法及工程应用； 3.掌握材料在各种服役条件下的失效形式、微观机理及分析方法； 4.掌握材料力学性能的基本理论，掌握材料力学性能指标的相互关系和影响因素，并提出合理结论和改进措施	工程材料在各种载荷作用及服役条件下的力学性能，工程材料在静载荷、冲击载荷和交变载荷及兼有环境介质作用下的力学性能，以及抗断裂、耐磨损等性能	根据考勤、平时作业、期中考试及期末考试成绩，给出最终评价	2-2 能够通过2-1所述原理，并通过文献研究，分析金属材料领域的复杂工程问题，以获得有效结论； 3-1 能够根据客户的需求，针对金属材料复杂工程问题进行分析和提炼，确定设计目标； 4-3 能够对实验结果进行分析和解释，并通过信息综合得到合理有效的结论； 6-1 了解与金属材料工程相关的技术标准、知识产权、产业政策和法律法规

第 5 章 材料专业认证的实践与效果

课程名称	课程学分	课程目标	教学内容	课程目标达成评价方法	所支撑的毕业要求
材料分析测试方法	3	1.掌握材料分析测试方法的基本原理；2.熟悉各种分析仪器基本结构与工作原理，以及样品制备方法，了解分析仪器的应用范围；3.能初步运用所学理论及方法，分析有关材料组织结构、成分等简单的实际问题	X射线的物理学基础，X射线衍射原理，多晶体X射线衍射分析方法，X射线衍射方法的应用；透射电子显微镜结构，电子衍射，电子显微图像，透射电子显微镜结构与工作原理、选区衍射与电子成像；扫描电子显微镜与电子探针显微分析，光谱分析，扫描隧道电子显微镜和原子力显微镜；X射线光电子能谱仪	根据考勤、平时作业、实验分析报告、期中考试及期末考试成绩，给出最终评价	2-1 能够将数学、自然科学和工程科学基本原理运用于金属材料工程问题的识别与表述；3-1 能够根据客户的需求，针对金属材料复杂工程问题进行分析和提炼，确定设计目标；4-1 能够对金属材料、部件、工艺相关的各类物理现象、组织、结构、特性进行识别、测试和实验验证，正确采集信息和数据
Engineering Materials（双语）	4	1.掌握工程材料重要文献资料获取方式，了解工程材料最近进展；2.系统掌握工程材料基本理论及相关基本知识，初步具备应用所学理论知识分析解决实际问题的能力；3.掌握本专业必备的专业词汇、科技文献的阅读方法和技巧，具备阅读专业文献的能力，初步具备专业论文的写作能力	金属材料、聚合物材料、复合材料、各种陶瓷及功能材料等各类工程材料的基本概念、组织结构与性能，材料的检测等内容	根据考勤、平时作业、期中考试及期末考试成绩，给出最终评价	5-2 能够有效利用网络资源，能利用信息技术方法获取金属材料工程重要信息和文献资料；9-1 掌握材料科学相关学科的背景知识，了解学科工程基础知识；10-4 能够用至少一门外语撰写、陈述、发布可行性和技术报告，具备一定的国际视野，能够在跨文化背景下与用户及社会公众进行沟通和交流

课程名称	课程学分	课程目标	教学内容	课程目标达成评价方法	所支撑的毕业要求
金属材料学	2.5	1. 掌握金属材料合金化的基本原理，了解各种金属材料的成分与热处理特点、组织结构与性能关系； 2. 独立完成从机械零件的服役条件出发，根据性能的要求，正确选择材料和合理地制订热处理工艺； 3. 具备金属材料研究开发和应用的理论基础； 4. 掌握金属材料的主要分类方式及常用金属材料产品相关技术标准中的重要科学、技术内涵	金属材料合金化的一般规律及各类金属材料的组织、成分、热处理工艺特点及材料性能间的相互关系	根据考勤、口试、平时作业、期中考试及期末考试成绩，给出最终评价	1-3 能够将工程基础和专业知识用于分析确定金属材料工程中的设计、控制和改进； 2-2 能够通过2-1所述原理，并通过文献研究，分析金属材料领域的复杂工程问题，以获得有效结论； 4-1 能够对金属材料、部件、工艺相关的各类物理现象、组织、结构、特性进行识别、测试和实验验证，正确采集信息和数据； 6-1 了解与金属材料工程相关的技术标准、知识产权、产业政策和法律法规

课程名称	课程学分	课程目标	教学内容	课程目标达成评价方法	所支撑的毕业要求
材料成形原理及工艺	5	1.掌握金属材料铸造、焊接及塑性成形和工程塑料成型过程中相关物理过程、基本概念、基本规律和基本原理； 2.掌握铸造成形、焊接成形、塑性成形和塑料成型过程的基本工艺方法和相关设备； 3.掌握铸造成形、焊接成形、塑性成形和塑料成型过程的技术要点及各类成形缺陷的产生原因、规律及控制方法（支撑指标点4-3和6-2）	凝固成形、塑性成形、焊接成形及塑料成型的基本原理、工艺方法、设备特性和技术要点，当代科技在材料成型领域的新成就	根据考勤、平时作业、实验分析报告、期中考试及期末考试成绩，给出最终评价	2-2 能够通过2-1所述原理，并通过文献研究，分析金属材料领域的复杂工程问题，以获得有效结论； 3-2 能够在安全、环境、法律、健康等现实约束条件下，对解决方案的可行性进行初步分析与论证； 4-3 能够对实验结果进行分析和解释，并通过信息综合得到合理有效的结论； 6-2 能正确认识金属材料工程领域新产品、新技术、新工艺、新材料的开发和应用对于客观世界和社会的影响

课程名称	课程学分	课程目标	教学内容	课程目标达成评价方法	所支撑的毕业要求
热处理原理及工艺	3.5	1.掌握金属材料中相变的基本理论，钢中各种组织的相变规律、组织形貌及性能特点； 2.掌握热处理的基本原理及工艺特点，能够根据特定钢种及用途进行热处理工艺设计； 3.能够明确金属材料的成分、热处理工艺、组织结构及性能之间的关系，能够合理运用这些关系进行金属零件的工程失效分析及科学研究； 4.了解当代热处理新工艺、新技术的发展趋势，并明确其对金属材料产业发展的影响	金属材料相变的基本理论，钢中组织转变的基本规律，包括钢在加热过程中的奥氏体花转变，冷却过程中的珠光体转变、贝氏体转变和马氏体转变，组织结构与性能之间的关系；热处理工艺部分，包括退火、正火、淬火、回火、表面热处理及化学热处理，热处理新工艺等	根据考勤、平时作业、期中考试、期末报告及期末考试成绩，给出最终评价	2-1 能够将数学、自然科学和工程科学基本原理运用于金属材料工程问题的识别与表述； 3-2 能够在安全、环境、法律、健康等现实约束条件下，对解决方案的可行性进行初步分析与论证； 4-1 能够对金属材料、部件、工艺相关的各类物理现象、组织、结构、特性进行识别、测试和实验验证，正确采集信息和数据； 6-2 能正确认识金属材料工程领域新产品、新技术、新工艺、新材料的开发和应用对于客观世界和社会的影响

第 5 章　材料专业认证的实践与效果

课程名称	课程学分	课程目标	教学内容	课程目标达成评价方法	所支撑的毕业要求
专业导论	0.5	1. 熟悉金属材料工程专业基础知识、专业概况及培养计划，明确本专业的研究和就业方向； 2. 了解材料学科背景知识、发展历史及对人类历史发展的影响； 3. 了解材料学科的发展前沿，以及新材料、新工艺发展对目前社会发展的意义	专业介绍及专业培养计划解读、材料学科基本内涵及发展历史以及材料学科发展前沿介绍	根据期末报告和考勤进行综合评价	6-2 能正确认识金属材料工程领域新产品、新技术、新工艺、新材料的开发和应用对于客观世界和社会的影响； 9-1 掌握材料科学相关学科的背景知识，了解学科工程基础知识
合金熔炼原理与工艺	2	1. 掌握常用黑色金属及有色金属熔体的特性，及其相关的相变和微观组织的基本知识； 2. 能够利用合金熔炼的基本原理，根据合金的特点制定合理的熔炼工艺，并且能够解决合金熔炼相关的一些实际问题； 3. 了解各种熔炼炉的设计原理及其适用范围，明确当代合金熔炼的新工艺、新技术的发展趋势	工程常用黑色和有色合金的微观组织及其相结构，合金成分对凝固组织的影响规律，合金的常用熔炼设备构造及使用范围、合金熔炼及炉外精炼的工艺及原理，以及通过改善熔炼工艺提高合金性能的途径	根据考勤、平时作业、课堂测试、期中考试及期末考试成绩，给出最终评价	2-1 能够将数学、自然科学和工程科学基本原理运用于金属材料工程问题的识别与表述； 3-2 能够在安全、环境、法律、健康等现实约束条件下，对解决方案的可行性进行初步分析与论证； 6-2 能正确认识金属材料工程领域新产品、新技术、新工艺、新材料的开发和应用对于客观世界和社会的影响

课程名称	课程学分	课程目标	教学内容	课程目标达成评价方法	所支撑的毕业要求
材料的摩擦与磨损	2	1.掌握材料摩擦与磨损的基本理论； 2.掌握分析材料耐磨性不足及其失效机理； 3.掌握检测材料摩擦磨损性能的方法； 4.掌握如何根据工况条件合理选择耐磨材料，或正确运用表面处理方法提高材料的耐磨性	金属表面的特性、接触表面之间的相互作用和材料摩擦磨损过程中各种机理及影响摩擦磨损的内外因素，以及如何检测材料的摩擦与磨损性能等内容	根据考勤、平时作业、课堂测试、实验分析报告及期末考试成绩，给出最终评价	3-1 能够根据客户的需求，针对金属材料复杂工程问题进行分析和提炼，确定设计目标； 4-2 能够基于专业理论根据对象特征，制定实验方案，构建实验系统，采用科学的实验方法进行实验
CAD/CAM基础	2	1.使学生掌握CAD/CAM的基本知识，在一定程度上了解CAD/CAM的理论与方法； 2.具有较好的计算机操作应用能力、分析问题和解决问题的能力、综合设计制造能力、熟练掌握平面绘图软件及三维造型软件等； 3.开阔学生思路，让学生具有创新精神、提升工程意识	CAD/CAM的基本概念，CAD/CAM系统的硬件与软件组成；二维、三维图形变换，交互式绘图与参数化变量化绘图方法；CAD/CAM系统中产品数据模型与数据交换接口；有限元分析方法与优化设计；不同类型的CAPP的结构、原理	根据考勤、期中测试、实验分析报告及期末考试成绩，给出最终评价	1-4 能够将工程和专业知识用于金属材料工程中的设计、控制和改进； 5-1 能够选择和运用计算机工具、工程制图、信息化工具和技术，表达和解决金属材料工程的设计问题； 5-3 能够根据现代工程工具和信息技术工具的局限性和适应范围，选择、开发恰当工具对金属材料领域复杂工程问题进行预测与模拟

第 5 章 材料专业认证的实践与效果

课程名称	课程学分	课程目标	教学内容	课程目标达成评价方法	所支撑的毕业要求
粉末冶金原理及工艺	2	1. 掌握粉末冶金法制备金属材料的基本原理，并能够根据需要选择设计合适的生产工艺； 2. 掌握常用粉末冶金材料的成分、性能、制备工艺、性能及应用领域； 3. 能够合理运用粉末冶金的基本原理引入新基数、新工艺进行新材料的开发	金属粉末的生产、粉末成形的基本理论、各种成形方法的基本原理及工艺技术；粉末冶金烧结的基本理论和各种烧结技术，粉末冶金锻造及其其他粉末冶金新技术新工艺	根据考勤、平时作业、期中考试及期末考试成绩，给出最终评价	3-2 能够在安全、环境、法律、健康等现实约束条件下，对解决方案的可行性进行初步分析与论证； 6-2 能正确认识金属材料工程领域新产品、新技术、新工艺、新材料的开发和应用对于客观世界和社会的影响
加热设备及车间设计	2	1. 掌握各种加热设备的基本结构特点和应用，尤其是新设备的应用和发展趋势； 2. 掌握加热设备设计所涉及的各种基本原理，能够运用这些原理进行新型加热设备的设计； 3. 具备根据零件特点和生产需求合理选择热处理设备种类及型号，进而进行热处理车间的设计； 4. 了解加热设备的发展方向和相关的法律法规，能够利用新材料进行旧设备的节能改造（支撑指标点7-2）	热处理设备常用材料及基础构件的性能、适用条件，热处理设备传热的基本原理，各种典型热处理设备的结构特点，车间设计要点等	根据考勤、平时作业、期末报告、期中考试及期末考试成绩，给出最终评价	1-3 能够将工程基础和专业知识用于分析确定金属材料工程中的服役条件和优化途径； 3-2 能够在安全、环境、法律、健康等现实约束条件下，对解决方案的可行性进行初步分析与论证； 7-2 能理解和评价金属材料工程实践对于环境和社会可持续发展的影响

专业认证和新工科背景下材料类专业人才培养的创新与实践

3. 工程基础类、专业基础类和专业类课程设置对学生能力的培养

　　培养学生进行系统设计和实现能力,要求所立的课程不能仅仅是一个个独立的知识点,而是以材料的"成分—工艺—组织—性能—应用"为主线,围绕金属材料工程核心内容形成一个完整的课程体系。每门课程间既有独立的知识体系和课程内容,同时也为后续课程提供基础或者将前修课程的基础知识转化为该系统的一部分。不仅课程群之间和课程之间构成前后递进的层次关系,课程内知识点之间也构成递进的层次关系,从而改变以往知识点之间、课程之间缺乏直接联系的不足。图5.2示为系统化的课程体系关系图。

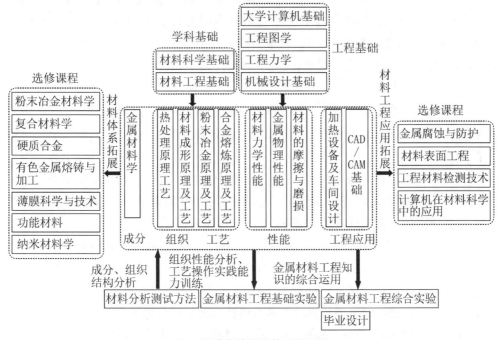

图5.2　系统化的课程体系关系图

　　该课程体系以材料的"成分—工艺—组织—性能—应用"为主线,以金属材料学、热处理原理及工艺、材料成形原理及工艺、粉末冶金原理及工艺、合金熔炼原理及工艺、材料力学性能、金属物理性能、材料的摩擦与磨损、加热设备及车间设计、CAD/CAM基础构成本专业的核心课程内容,材料科学基础和材料工程基础为本专业核心课程群提供学科基础,大学计算机基础、工程图学、工程力学、机械设计技术则为专业核心课程群提供工程基础。材料分析测试方法课程为材料的成分、组织结构的测试提供技术手段,金属材料工程基础实验课程为金属材料的组织结构分析、性能测试、工艺操作时间能力提供训练,金属材料工程综合实验和毕业设计

训练学生针对工程应用中金属材料复杂工程问题,综合运用所学知识进行分析、表达、分解,进而获得结论的能力。该课程体系并不是一个封闭的体系,而是在相同的一条主线下,可对材料体系进行拓展,且开设了粉末冶金材料学、复合材料学、硬质合金、有色金属熔铸与加工、薄膜科学与技术、功能材料和纳米材料学等选修课;对材料工程应用进行拓展,开设了金属腐蚀与防护、材料表面工程、工程材料检测技术、计算机在材料中的应用等课程,学生可根据需要选修相应课程。

下面以《热处理原理及工艺》课程作为专业核心课程的代表性课程例,说明此类课程如何进行分析、设计、研究能力的培养。

《热处理原理及工艺》是金属材料工程专业必修课程,通过本课程的学习使学生掌握金属材料中相变的基本理论,尤其是钢中组织转变的基本规律;能够运用金属材料中相变的基本规律,掌握热处理的基本工艺原理,包括退火、正火、淬火、回火、表面淬火及化学热处理;可以初步根据碳素钢、合金钢的服役条件及技术要求,选择和制订热处理工艺方案及规范,了解当代热处理新工艺、新技术的发展趋势。从其课程目标来看:

目标1,掌握金属材料中相变的基本理论,钢中各种组织的相变规律、组织形貌及性能特点。这部分课程目标主要为金属固态相变的基本理论,是将金属材料的相变(譬如钢在加热冷却过程中发生的各种组织转变)的工程问题,用数学等自然科学的基本原理进行表述,譬如转变的热力学表述、动力学表述,转变速率与形核率、长大速率的关系等。该目标的实现强化了学生将数学、自然科学和工程科学基本原理运用于金属材料工程问题的识别和表述的能力。

目标2,掌握热处理的基本原理及工艺特点,能够针对特定钢种根据其性能要求进行热处理工艺设计,并且在设计过程中综合考虑成本、安全、环保等多方面因素。在满足零件服役条件的前提下,进行多种热处理方案的选择必然要考虑工艺的经济性、安全性、对环境的影响等多方面的参数。该目标的实现培养了学生在安全、环境、法律、健康等现实约束条件下,对解决方案的可行性进行初步分析与论证的能力。

目标3,能够明确金属材料的成分、热处理工艺、组织结构及性能之间的关系,能够合理运用这些关系进行金属零件的工程失效分析及科学研究。要求在掌握材料的成分、工艺、组织与性能关系的基础上,合理利用这些关系进行金属零件的工程失效分析及科学研究,判断产生失效的根本原因所在,为进一步的优化提供解决方案。这种研究能力更多的需要通过现实的实验研究来进行培养,但本课程中通过案例分析,对于常见的失效方式与材料成分、工艺及组织之间的关系进行说明,也能够使学生具备一定的对金属材料、部件、工艺等相关的各类物理现象、组织、结构、特性进行识别、测试和实验验证,并正确采集信息和数据的能力。

目标4,掌握金属材料工程领域新材料、热处理新工艺、新技术的发展趋势,并明确其对金属材料产业发展的影响。要求学生通过文献调研,掌握金属材料工程领域的发展现状及发展趋势,尤其是新材料、新工艺、新技术的发展情况,并且能够意识到这些新材料、新工艺、新技术的发展对社会飞速发展的巨大意义。

5.3.8 符合本专业毕业要求的工程实践课程与毕业设计(论文)

1. 本专业实践教学体系及相关情况

(1) 实践教学体系及相关情况

实践教学是工科类专业人才培养的关键环节之一,本专业实践教学体系主要包括:工程训练、大学物理实验、金属材料工程基础实验、金属材料工程综合实验、课程实验、课程设计、实习、毕业设计(论文)、创新创业教育等多种形式,符合专业认证类专业补充标准。本专业实践环节的课程体系总计50学分(含课内实验),占总学分的26.32%,符合通用标准中至少占总学分20%的要求。详细信息见表5.17。

表5.17　本专业实践教学体系与毕业设计(论文)

标准要求	课程性质	课程名称	学分	所属领域	是否达到要求
实验课程与实践环节(至少占总学分的20%)	必修	课内实验	8	工程基础类,材料类	达到
	必修	工程训练B	4	工程基础	
	必修	电子实习	1	工程基础	
	必修	大学物理实验	2	工程基础	
	必修	机械设计基础课程设计	3	工程基础类	
	必修	金属材料工程基础实验	1.5	材料类	
	必修	金属材料工程综合实验	2	材料类	
	必修	工艺与设备课程设计	3	材料类	
	必修	认识实习	2	材料类	
	必修	毕业实习	2	材料类	
	必修	毕业设计	15	材料类	
	必修	创新创业教育	4	材料类,综合素质类	
	必修	就业指导	0.5	综合素质类	
	必修	军事训练	2	综合素质类	
		学分小计	50		

根据本专业的毕业要求,课程体系中设置了系统且完善的实验教学和实践训练体系,以培养学生工程意识和创新实践能力。本专业的实验与实践教学体系有课程实验教学环节和集中安排的实践环节组成。课程内实验(见表5.18)包括《工科化学》《大学计算机基础》《电工与电子技术A》及所有专业基础课及专业课的课程实验,配合实验环节加强理论课程内容的理解和学习。《大学物理实验》《金属材料工程基础实验》和《金属材料工程综合实验》为独立设课的实验课程,满足毕业要求中综合应用知识解决复杂工程问题的能力以及设计和实施实验能力的要求,使学生具有不断学习和适应发展的能力。

表5.18 本专业课内实验列表

课程性质	课程名称	实验学时	实验名称
自然科学及工程基础类	工科化学	8	醋酸解离度和解离常数的测定　　　（2学时）
			水质的检验　　　　　　　　　　　（2学时）
			氧化还原与电化学　　　　　　　　（2学时）
			配位化合物　　　　　　　　　　　（2学时）
	大学计算机基础	12（上机）	计算机中的数据表示与计算；字符编码与信息交换；Word文字处理（2学时）
			图灵机模型与计算机硬件系统虚拟拆装；一条指令的执行过程；Word文档编排（2学时）
			进程管理与虚拟机；文件管理与磁盘操作,Excel数据处理（2学时）
			广域网通信与邮件传输；计算机病毒与防火墙Excel图表制作（2学时）
			数据管理与数据库操作；图像表示与图像处理PPT报告处理（2学时）
			用计算机解题—算法；云计算与虚拟服务PPT幻灯片制作（2学时）
	电工与电子技术A	24	叠加原理和戴维南定理　　　　　　（2学时）
			R、C电路暂态响应　　　　　　　　（2学时）
			单相交流电路　　　　　　　　　　（2学时）
			三相交流电路　　　　　　　　　　（2学时）
			异步电动机点动、自锁控制　　　　（2学时）
			常用电子仪器仪表使用　　　　　　（2学时）
			晶体管共射极单管放大器　　　　　（2学时）

课程性质	课程名称	实验学时	实验名称
			集成运放在运算方面的应用　　（2学时）
			直流稳压电源　　（2学时）
			TTL门路及组合逻辑电路　　（2学时）
			触发器功能测试移位寄存器　　（2学时）
			计数器　　（2学时）
	物理化学B	8	二组分Bi-Cd金属相图的绘制　　（4学时）
			电动势法测定化学反应的热力学函数及活度系数　　（4学时）
	工程力学A	4	材料的力学性能试验　　（2学时）
			梁的纯弯曲　　（2学时）
	机械设计基础B	8	机构及机械零件认识　　（2学时）
			机构运动简图测绘　　（2学时）
			齿轮参数测绘，齿轮范成　　（2学时）
			带传动—测量转矩，转速；绘出效率及滑动曲线　　（2学时）
专业课实验	材料科学基础1	8	金相显微镜的结构、使用、维护（2学时）
			金相试样制备　　（2学时）
			铁碳合金平衡组织观察　　（2学时）
			二元、三元合金组织观察　　（2学时）
	材料工程基础2	8	雷诺实验、管道流体阻力系数测定、多相流中的黏度及颗粒粒径测量（2学时）
			非稳态（准稳态）法测绝热材料的导热性能综合实验　　（2学时）
			流体传质规律　　（2学时）
			电阻应变片的粘贴及工艺　　（2学时）
	材料分析测试方法	8	X射线衍射仪结构与实验　　（2学时）
			X射线物相定性分析　　（2学时）
			透射电子显微镜结构与工作原理、选区衍射与电子成像（2学时）
			扫描电镜、能谱仪的结构原理，图像衬度观察和能谱分析方法（2学时）
	材料成形原理及工艺	8	振动条件下结晶与铸件宏观组织的观察（2学时）
			熔焊方法实验　　（2学时）
			冲模装拆实验　　（2学时）
			注塑成型工艺实验　　（2学时）

第5章　材料专业认证的实践与效果

课程性质	课程名称	实验学时	实验名称	
	CAD/CAM 基础	16	平面绘图1	（4学时）
			平面绘图2	（4学时）
			三维造型1	（4学时）
			三维造型2	（4学时）
	材料的摩擦与磨损	4	材料表面粗糙度测量	（2学时）
			摩擦磨损试验机的原理与操作	（2学时）

该专业实践教学体系如表5.19所示。

表5.19　专业实践教学体系详表

环节名称	内容要求与教学方式	学分要求	考核与成绩判定方式
工程训练B	内容要求：各类操作工种的理论学习、基本工艺知识、基本工艺方法和基本操作技能 教学方式：教师讲授各工种的基本工艺知识、基本工艺方法和基本操作技能，并进行演示后，学生进行实操训练	4	综合各训练工种实操成绩和考试得分，给出最终评价
大学物理实验	内容要求：包括普通物理实验（力学、热学、电磁学、光学实验）和近代物理实验，具体内容包括：（1）掌握测量误差的基本知识，具有正确处理实验数据的基本能力；（2）掌握基本物理量的测量方法；（3）了解并逐步学会使用比较法、转换法、放大法、模拟法、补偿法、平衡法和干涉衍射法及其他实验方法；（4）掌握实验室常用仪器的性能，并能够正确使用 教学方式：学生先预习实验指导书，指导教师在课堂上集中讲解基本原理、实验方法、实验步骤和相关注意事项，然后分组独立完成	2	实验预习、操作、态度和实验报告完成情况综合考查

环节名称	内容要求与教学方式	学分要求	考核与成绩判定方式
金属材料工程基础实验	内容要求：实验内容涵盖热处理原理及工艺、金属材料学、材料力学性能A、金属物理性能、粉末冶金原理及工艺五门专业主要课程。具体包括奥氏体晶粒度的测定、碳钢的非平衡组织观察及合金钢铸铁、常用有色金属合金的显微组织分析、碳钢的热处理操作、洛氏硬度计操作、回火稳定性、各种硬度计的操作使用、缺口试样的冲击试验、样品的拉伸实验、双臂电桥测金属材料电阻、材料的差热和热重分析实验、热膨胀法测量材料的膨胀系数、粉末压制成形及烧结、粉末粒度及粉末冶金材料物理、力学性能的综合测试试验 教学方式：学生先预习实验指导书，指导教师在课堂上集中讲解基本原理、实验方法、实验步骤和相关注意事项，然后分组独立完成	1.5	出勤率：20% 实验操作：20% 实验报告：60%
金属材料工程综合实验	内容要求：要求学生根据所学知识进行综合性的设计来解决一个个具有实用性的研究对象，培养学生的分析问题、解决问题、设计实验以及相互合作的能力 教学方式：指导教师对综合实验的选题、资料查阅及实验过程进行综合指导；对学生所提实验方案进行评定、修改，并指导学生完成方案设计和方案的实施	2	考勤：10% 实验操作：20% 实验报告：70%
电子实习	内容要求：无线电接收基础知识；各种电子元器件的型号、种类、性能、使用（识别、焊接）等相关知识；有关电子电路的读图知识。学生通过理论学习与实践操作，能够掌握基本的电子元器件组装、焊接技能；并最终完成电子收音机的焊接、组装 教学方式：通过讲座形式介绍无线电基础知识及电子装机工具的使用；收音机各元器件的型号、种类，安装器件工艺及相关注意事项。现场指导学生练习、操作及收音机的安装调试和验收	1	实习单位鉴定：100%

第5章 材料专业认证的实践与效果

环节名称	内容要求与教学方式	学分要求	考核与成绩判定方式
认识实习	内容要求：通过在企业等参观（分析测试机构、典型工件、典型车间），学生能直接面对科研及生产的第一线，引导学生初步认识材料科学与工程专业的相关概况、发展前沿及社会需求；同时结合相关讲座、座谈及现场讲解，引导学生进入专业领域 教学方式：通过讲座形式介绍主要产品的工艺过程及生产装备状况；以下厂实习为主，厂方技术人员带领学生进行现场介绍，同时解答学生的提问。指导老师全程陪同，随时回答学生在参观过程中遇到的疑难问题	2	考勤：20% 实习日记：10% 实习报告：40% 笔试：30%
毕业实习	内容要求：了解学科发展现状、前景及相关产业的政策、法规；特殊服役条件下复合材料的失效形式、性能要求、强化手段及其在国防和国民经济中的重要作用；熟悉生产车间生产特点及车间的组织与管理；掌握典型材料的生产过程及生产车间设备的结构和性能；了解实习厂主要设备的配备及其特点，并考察材料与环境保护问题 教学方式：通过讲座形式介绍主要产品的工艺过程及生产装备状况；厂方技术人员指导学生跟踪典型零件的生产过程，解答学生的提问；指导老师全程陪同，随时回答学生在实习过程中遇到的疑难问题	2	考勤：20% 实习日记：10% 实习报告：40% 笔试：30%
机械设计基础课程设计	内容要求：传动装置的总体设计；传动零件的设计计算，对主要的传动零件进行设计、计算；传动装置的结构设计；传动装置的装配图设计；完成装配图，按工程要求完成全部的装配图内容；零件工作图设计，选择两个典型零件，进行零件工作图设计；完成课程设计报告 教学方式：教师布置设计任务，并对课题进行讲解，学生分组完成课程设计规定的教学内容，包括设计说明书和设计图纸	3	设计报告：30% 绘图过程：50% 答辩：20%

环节名称	内容要求与教学方式	学分要求	考核与成绩判定方式
工艺与设备课程设计	内容要求：通过对典型零件的服役条件分析，合理地选择材料、完成对材料的成分分析，热处理工艺的制订及相应制备设备和热处理设备的选择，还有热加工车间的设计及所选设备在车间里的布置。完成课程设计报告和车间设备布置示意图 教学方式：教师布置设计任务，并对设计一般过程进行讲解，学生独立完成课程设计规定的教学内容，包括设计说明书和设计图纸。指导教师每天定时安排时间答疑指导	3	考勤：10% 设计报告（含图纸）：70% 答辩：20%
毕业设计	内容要求：毕业设计（论文）应主题突出，内容充实，结论正确，论据充分，论证有力，数据可靠，结构紧凑，层次分明，图表清晰，格式规范，文字流畅，字迹工整。要求毕业设计（说明书）的字数一般为0.8~1.0万字、毕业论文的字数一般为1.5~2.0万字。翻译1~2万印刷符（或译出5000汉字）以上的有关技术资料（并附原文），内容应尽量结合课题 教学方式：指导学生选题、制定任务书并定时检查；指导学生进行调研并收集必要的参考文献。定期检查毕业设计（论文）的进度和质量，定期辅导答疑，审阅毕业设计（论文），向学生提出补充和完善论文的意见。通过对学生进行全面考核，实事求是地写出评语，向毕业设计（论文）答辩委员会提出是否准许所指导的学生参加答辩的意见，并指导学生参加毕业答辩	15	毕业设计答辩：30% 毕业论文：40% 开题报告、中期检查、例会出勤及研讨：30%

（2）学生必须完成的课程设计

每位学生毕业前必须完成的课程设计见表5.20,根据合肥工业大学金属材料工程专业教学计划,每位同学必须完成《机械设计基础课程设计》和《工艺与设备课程设计》。通过综合运用有关课程的知识,完成设计实践,培养学生运用所学知识进行设计,使学生掌握设计的基本程序和方法,提升设计能力。

表5.20　各学生毕业前必须完成的课程设计

设计名称	内容与工作量要求	学分	考核与成绩判定方式
机械设计基础课程设计	（1）传动装置的总体设计；（2）传动零件的设计计算，对主要的传动零件进行设计、计算；（3）传动装置的结构设计；（4）传动装置的装配图设计；（5）完成装配图，按工程要求完成全部的装配图内容；（6）零件工作图设计，选择两个典型零件，进行零件工作图设计；（7）完成课程设计报告	3	设计报告：30% 绘图过程：50% 答辩：20%
工艺与设备课程设计	（1）通过对典型零件的服役条件分析，合理地选择材料、完成对材料的成分分析，热处理工艺的制订及相应制备设备和热处理设备的选择，还有热加工车间的设计及所选设备在车间里的布置；（2）完成课程设计报告和车间设备布置示意图	3	考勤：10% 设计报告（含图纸）：70% 答辩：20%

　　下面以《工艺与设备课程设计》课程作为综合性实践课程的代表性课程例，说明此类课程如何加强综合运用知识解决实际复杂工程问题能力的培养。

　　《工艺与设备课程设计》是在讲授材料热处理、金属材料学和加热设备及车间设计等专业课程后进行的课程设计，其目的是在学生完成主要的专业课程学习后，能独立地完成通过对典型零件的服役条件分析，合理地选择材料、完成对材料的成分分析，独立进行热处理工艺的制订及相应制备设备和热处理设备的选择，还有热加工车间的设计及所选设备在车间里的布置等工作。通过上述工作，使学生对所学的专业课有了一次综合性的总结和深入理解，也为毕业论文和设计做了准备，是一次重要的教学实践环节。其课程目标为：① 掌握工艺与设备设计的基本知识，包括服役条件分析、选材分析、热处理工艺选择、设备选型、车间设计等；② 掌握工艺与设备设计的基本方法；③ 能独立进行工艺与设备的设计。

　　该实践环节涉及基础内容广泛，包含了零件服役条件分析，零件材料的选择，热处理工艺、热处理设备的设计及选用以及车间设计等基础内容，其中还包含了设备尺寸的设计计算、设备生产能力及台套数的设计计算，是基础知识和专业知识的在金属材料工程领域中的一次综合运用，有助于提高其综合运用知识的能力。

　　设计过程中针对某一具体零件，综合考虑性能需求、成本及环境因素，优化选择合适的材料及处理工艺，培养学生在解决金属材料工程复杂工程问题过程中的优化设计能力。

　　设计过程中充分利用现代工具进行资料文献的检索和阅读，从而能够在较短时间内掌握充分的相关资料,提取有价值的信息,增强文献收集能力。

在进行材料、工艺的优化设计、选择时,充分考虑材料及工艺的经济性及其对环境、健康的影响,理解作为材料工程师所需承担的责任,能够明确金属材料工程实践过程对环境可持续发展的影响。

（3）学生必须完成的企业学习经历

每位学生必须完成的企业学习经历见表5.21：

表5.21　学生毕业前必须完成的企业学习经历

课程名称	内容要求与教学方式	时间及学分要求	考核与成绩判定方式
认识实习	内容：通过在企业等参观（分析测试机构、典型工件、典型车间），学生能直接面对科研及生产的第一线，引导学生初步认识材料科学与工程专业的相关概况、发展前沿及社会需求；同时结合相关讲座、座谈及现场讲解，引导学生进入专业领域 教学方式：通过讲座形式介绍主要产品的工艺过程及生产装备状况；以下厂实习为主，厂方技术人员带领学生进行现场介绍，同时解答学生的提问。指导老师全程陪同，随时回答学生在参观过程中遇到的疑难问题	2周/2学分	考勤：20% 实习日记：10% 实习报告：40% 笔试：30%
毕业实习	内容：了解学科发展现状、前景及相关产业的政策、法规；特殊服役条件下复合材料的失效形式、性能要求、强化手段及其在国防和国民经济中的重要作用；熟悉生产车间生产特点及车间的组织与管理；掌握典型材料的生产过程及生产车间设备的结构和性能；了解实习厂主要设备的配备及其特点，并考察材料与环境保护问题 教学方式：通过讲座形式介绍主要产品的工艺过程及生产装备状况；厂方技术人员指导学生跟踪典型零件的生产过程，解答学生的提问。指导老师全程陪同，随时回答学生在实习过程中遇到的疑难问题	2周/2学分	考勤：20% 实习日记：10% 实习报告：40% 笔试：30%

（4）以团队形式完成的实践教学活动

金属材料工程专业开设大学物理实验、工程训练B、电子实习、金属材料工程综合实验及毕业设计等集中的实践环节,在实践过程中培养学生进行实验和团队合作的能力。以金属材料工程综合实验为例,要求学生以小组形式对所选定的材料完成从选材设计、工艺制度设计到制备及表征等的全过程。以团队形式完成的实践教学活动如表5.22所示。此外,可获得创新学分的大学生创新训练项目由学生自发组队完成科研训练项目,培养了团队的合作能力和协调能力。

表5.22　以团队形式完成的实践教学活动

课程名称	内容要求与教学方式	学分要求	考核与成绩判定方式
大学物理实验	内容要求:包括普通物理实验（力学、热学、电磁学、光学实验）和近代物理实验,具体内容包括:（1）掌握测量误差的基本知识,具有正确处理实验数据的基本能力;（2）掌握基本物理量的测量方法;（3）了解并逐步学会使用比较法、转换法、放大法、模拟法、补偿法、平衡法和干涉衍射法及其他实验方法;（4）掌握实验室常用仪器性能,并能够正确使用 教学方式:学生先预习实验指导书,指导教师在课堂上集中讲解基本原理、实验方法、实验步骤和相关注意事项,然后分组独立完成	2	实验预习、操作、态度和实验报告完成情况综合考查
工程训练	内容要求:各类操作工种的理论学习、基本工艺知识、基本工艺方法和基本操作技能 教学方式:教师讲授各工种的基本工艺知识、基本工艺方法和基本操作技能,并进行演示后,学生进行实操训练	4	综合各训练工种实操成绩和考试得分,给出最终评价
电子实习	内容要求:无线电接收基础知识;各种电子元器件的型号、种类、性能、使用（识别、焊接）等相关知识;有关电子电路的读图知识。学生通过理论学习与实践操作,能够掌握基本的电子元器件组装、焊接技能;并最终完成电子收音机的焊接、组装 教学方式:通过讲座形式介绍无线电基础知识及电子装机工具的使用;收音机各元器件的型号、种类,安装器件工艺及相关注意事项。现场指导学生练习、操作及收音机的安装调试和验收	1	实习单位鉴定:100%

课程名称	内容要求与教学方式	学分要求	考核与成绩判定方式
金属材料工程综合实验	内容要求：要求学生根据所学知识进行综合性的设计来解决一个个具有实用性的研究对象，培养学生的分析问题、解决问题、设计实验以及相互合作的能力 教学方式：指导教师对综合实验的选题、资料查阅及实验过程进行综合指导；对学生所提实验方案进行评定、修改，并指导学生完成方案设计和方案的实施	2	考勤：10% 实验操作：20% 实验报告：70%
毕业设计	内容要求：毕业设计（论文）应主题突出，内容充实，结论正确，论据充分，论证有力，数据可靠，结构紧凑，层次分明，图表清晰，格式规范，文字流畅，字迹工整。要求毕业设计（说明书）的字数一般为0.8～1.0万字、毕业论文的字数一般为1.5～2.0万字。翻译1～2万印刷符（或译出5000汉字）以上的有关技术资料（并附原文），内容应尽量结合课题 教学方式：指导学生选题、制定任务书并定时检查；指导学生进行调研、收集必要的参考文献。定期检查毕业设计（论文）的进度和质量，定期辅导答疑，审阅毕业设计（论文），向学生提出补充和完善论文的意见。通过对学生进行全面考核，写出评语，向毕业设计（论文）答辩委员会提出是否准许所指导的学生参加答辩的意见，并指导学生参加毕业答辩	15	毕业设计答辩：30% 毕业论文：40% 开题报告、中期检查、例会出勤及研讨：30%

（5）与企业合作建立的实践基地

本专业建立的校外实习基地，绝大部分是在国内金属材料生产和加工领域有重要影响的国有大中型企业，能够确保学生对不同的材料体系，不同的生产工序、生产过程等实际工作内容和环境有较深刻的接触和理解。学院与这些中大型企业建立了长期稳定的合作机制，能够保证学生实践环节的培养质量。目前，已建立12个固定合作的校外实习基地，如表5.23所示。

表5.23　与企业合作建立实践基地的情况

基地名称	承担的教学任务	学生在基地考核方式
中国一拖集团有限公司	毕业实习	考勤：20%；实习日记：10%；实习报告：40%；笔试：30%

基地名称	承担的教学任务	学生在基地考核方式
中信重工机械股份有限公司	毕业实习	考勤：20%；实习日记：10%；实习报告：40%；笔试：30%
中铝洛阳铜业有限公司	毕业实习	考勤：20%；实习日记：10%；实习报告：40%；笔试：30%
洛阳LYC轴承有限公司	毕业实习	考勤：20%；实习日记：10%；实习报告：40%；笔试：30%
河南柴油机重工有限责任公司	毕业实习	考勤：20%；实习日记：10%；实习报告：40%；笔试：30%
安徽江淮汽车集团股份有限公司	认识实习	考勤：20%；实习日记：10%；实习报告：40%；笔试：30%
安徽合力股份有限公司	认识实习	考勤：20%；实习日记：10%；实习报告：40%；笔试：30%
安徽佳通轮胎有限公司	认识实习	考勤：20%；实习日记：10%；实习报告：40%；笔试：30%
中科院合肥物质研究院	认识实习	考勤：20%；实习日记：10%；实习报告：40%；笔试：30%
合肥金工轴承有限公司	认识实习	考勤：20%；实习日记：10%；实习报告：40%；笔试：30%
合肥神马科技集团有限公司	认识实习	考勤：20%；实习日记：10%；实习报告：40%；笔试：30%
安徽盛运重工机械有限责任公司	认识实习	考勤：20%；实习日记：10%；实习报告：40%；笔试：30%

(6) 实习、实训类课程

本专业所开设的实习实训类实践教学环节主要包括工程训练A、电子实习、认识实习和毕业实习。其教学内容、目标及其对毕业要求的支撑情况见表5.24所示。要求实习实训类的学习内容、进度安排符合大纲要求，并能够有效支撑毕业要求中的相关指标点；实习单位与专业密切相关，具有典型的代表性，能够让学生理论联系实际，丰富其实践能力。

采用多种方式对学生的实习过程进行考核，包括实习现场的表现、实习记录本、实习报告、实习考试；注重过程考核和结果评价，做好考核记录，有效跟踪实习过程。实习实训环节的教学质量主要通过实习记录本、实习报告及实习大纲进行考核。

（7）保证学生修满此类课程的要求及措施

本类实践教学课程均为必修课程，要求所有同学都必须完成本类课程的学习并获得所需学分。其选课要求及措施与其他必修课程完全相同。

实践教学课程考核不合格者，无补考程序。合肥工业大学学籍管理办法中明确规定：实践性教学环节课程不及格者，必须参加下一轮选课，进行重修。

表5.24　实习、实训类课程教学内容、目标及其对毕业要求的支撑情况

课程名称	开课学期	先修课程	内容要求	课程目标	支撑的毕业要求指标点
工程训练B	3	无	13个模块，除车削、钳工、数车、数铣为1.5天，其余铣刨齿、焊接、铸造、热处理、特种加工、电工、电子等模块为1天时间	知识目标：掌握机械制造的基本工艺知识与工艺方法； 能力目标：掌握基本操作技能，了解新工艺及新技术； 素质目标：培养大工程意识和提升各方面工程素质	8-3 有健康的体魄，有意愿、有能力服务社会，理解个人在历史、社会和自然环境中的地位与责任； 9-2 能够理解个人在团队中所处的角色、所应发挥的作用、所应担当的责任，以及个体对团队及团队其他成员的影响； 9-3 能够理解多学科团队和每个成员对解决复杂工程问题作用和意义，具有在金属材料工程多学科背景的团队合作中发挥作用的能力
电子实习	4	电工与电子技术A	无线电接收基础知识；各种电子元器件的型号、种类、性能、使用（识别、焊接）等相关知识；有关电子电路的读图知识 学生通过理论学习与实践操作，能够掌握基本的电子元器件组装、焊接技能，并最终完成电子收音机的焊接、组装	了解无线电接收基础知识； 了解电子电路的读图知识； 实现电子收音机的焊接、组装、微调	9-3 能够理解多学科团队和每个成员对解决复杂工程问题作用和意义，具有在金属材料工程多学科背景的团队合作中发挥作用的能力

课程名称	开课学期	先修课程	内容要求	课程目标	支撑的毕业要求指标点
认识实习	6	工程基础类课程 专业基础类课程	通过企业（或科研院所）现场参观及工程技术人员的专题讲解了解企业生产概况，学生直接面对科研及生产的第一线，引导学生初步认识金属材料工程专业的相关概况、发展前沿及社会需求，同时结合相关讲座、报告及现场讲解，引导学生进入专业领域	了解学科发展现状、前景及相关产业的政策、法规；了解金属材料及其强化手段在复杂工程问题中的地位与作用；熟悉实习热处理车间的生产任务、生产技术和技术管理，熟悉中心实验室的任务和检测技术；掌握实习厂热处理车间主要产品器件的选材及其加工工艺；了解实习厂主要设备的配备及其特点，并能根据所考察的设备和材料与工作人员进行有效沟通	6-1 了解与金属材料工程相关的技术标准、知识产权、产业政策和法律法规；8-4 在工程领域复杂工程问题实践中，具有工程师的职业道德和责任；10-1 具备基本的人际交往能力，能够就金属材料领域复杂工程问题与业界同行及社会公众进行有效沟通和交流；10-3 能够通过口头及书面方式表达自己的想法，能够进行有效的陈述发言

课程名称	开课学期	先修课程	内容要求	课程目标	支撑的毕业要求指标点
毕业实习	8	完成所有课程学习	通过在典型工件或典型车间定点实习，使学生能够在材料生产过程中发现问题，并采取合适的方法进行分析，同时使学生具有一定的团队协作能力，并具备了系统的工程实践学习经历；结合参观实习和相关的讲座、座谈，使学生能够评价金属材料工程实践产生的影响及承担的责任、材料产业与环境保护的关系，最终能够理解工程管理以及本专业工程活动中涉及的重要经济与管理因素	了解学科发展现状、前景及相关产业的政策、法规；了解特殊服役条件下复合材料的失效形式、性能要求、强化手段及其在国防和国民经济中的重要作用；了解与研究生产车间生产特点及车间的组织与管理；研究与掌握典型材料的生产过程及生产车间设备的结构和性能；了解实习厂主要设备的配备及其特点，并考察材料与环境保护问题	6-1 了解与金属材料工程相关的技术标准、知识产权、产业政策和法律法规；7-2 能理解和评价金属材料工程实践对于环境和社会可持续发展的影响；8-4 在工程领域复杂工程问题实践中，具有工程师的职业道德和责任；10-1 具备基本的人际交往能力，能够就金属材料领域复杂工程问题与业界同行及社会公众进行有效沟通和交流；10-2 掌握技术文件写作方法，理解和撰写效果良好的报告和设计文件；10-3 能够通过口头及书面方式表达自己的想法，能够进行有效的陈述发言

2. 毕业设计(论文)

"毕业设计(论文)"是金属材料工程专业的必修实践环节,是本专业学生在校学习期间的最后一个教学环节。通过该过程的学习,使学生掌握从选题、调研和查阅资料、开题到确定研究方案、开展实验、实验结果分析、撰写毕业设计论文、答辩的一个完整的开展科研工作的程序和各部分的工作规范。通过完成毕业设计(论文),进行一次比较全面、比较严格的解决工程实际问题或理论研究问题的训练,培养学生的独立工作能力,使学生学会综合运用所学过的各种知识和技能。同时通过毕业设计,调动学生自觉学习的积极性和专业兴趣,充分发挥主观能动性,培养和提高学生自觉学习、独立思考、综合运用、分析和解决问题、理论联系实际的能力。毕业设计(论文)可支撑的毕业要求指标点包括:

指标点1-4 能够运用数学、自然科学、工程基础和专业知识解决金属材料领域的复杂工程问题。

指标点3-3 设计过程中能够综合考虑经济、环境、法律、安全、健康、伦理等制约因素,并得出可接受的指标。

指标点4-2 能够基于科学原理并采用科学方法对金属材料领域的复杂工程问题进行实验设计。

指标点4-3 能够对实验结果进行分析和解释,并通过信息综合得到合理有效的结论。

指标点5-2 掌握获取金属材料工程重要文献资料的信息技术方法。

指标点6-3 能正确分析和评价金属材料复杂工程问题解决方案对社会、健康、安全以及文化的影响,并理解应承担的责任。

指标点7-2 能理解和评价金属材料工程实践对于环境和社会可持续发展的影响。

指标点8-4 在工程领域复杂工程问题实践中,具有工程师的职业道德和责任。

指标点10-2 掌握技术文件写作方法,理解和撰写效果良好的报告和设计文件。

指标点10-3 能够通过口头及书面方式表达自己的想法,能够进行有效的陈述发言。

毕业设计(论文)实践环节对毕业要求指标点的支撑情况及相对应的考核方式如表5.25所示。

表5.25 毕业设计(论文)对毕业要求指标点的支撑情况及考核方式

课程目标	支撑的毕业要求指标点	培养环节	考核方式	考核依据
(CO1)培养学生综合运用所学的金属材料科学工程各专业方向的基础理论、基本技能和专业知识来分析问题和解决问题的能力	指标点1-4 指标点4-2 指标点4-3	选题 文献调研 确定研究方案 实验结果分析	导师评阅 评阅人评阅 答辩	工作表现 开题报告 论文
(CO2)熟悉设备设计、生产技术和科学研究工作中的一般程序和方法	指标点3-3 指标点6-3 指标点8-4	确定研究方案 实验过程	导师评阅	工作表现 开题报告

课程目标	支撑的毕业要求指标点	培养环节	考核方式	考核依据
(CO3) 培养学生调查研究，查阅技术文献、资料、手册，进行工程计算与设计、图纸绘制及编写技术文件的能力	指标点 5-2 指标点 10-2 指标点 10-3	选题 文献调研 实验结果分析 撰写论文	导师评阅 评阅人评阅 答辩	开题报告 论文
(CO4) 要求学生在分析和解决问题的同时，体会科学研究对人类社会的重要性	指标点 3-3 指标点 6-3	选题 确定研究方案	导师评阅 答辩	开题报告 论文 答辩
(CO5) 培养学生严谨的科学态度和良好的科学诚信	指标点 8-4	文献调研 撰写论文	导师评阅 评阅人评阅 答辩	论文 答辩

本专业毕业设计(论文)均具有工程背景,100%全部来自工程实际问题,其中部分学生的毕业设计是在企业中完成的。毕业论文的题目大部分来源于实际研发项目,部分毕业论文(设计)通过校企联合培养共同完成。近三年毕业设计(论文)的分类情况如表5.26所示。

表5.26 近三年毕业设计(论文)分类情况

类别	分类基本描述	对该类论文内容的基本要求	该类论文所占百分比		
			2019年	2020年	2021年
生产型	结合企业工程实际的课题	由学校指导教师依托企业合作项目,针对企业的生产或研发问题提出解决方案,并制定实施工艺,独立实施方案,完成文献综述、外文翻译、毕业设计论文。部分毕业论文由企业导师参与共同指导	41.7%	41%	47.1%
科研型	结合科研项目的课题	由学校指导教师,针对纵向和横向科研、工程项目中的问题,制定实施方案并独立完成实验,完成文献综述、外文翻译、毕业设计论文	58.3%	59%	52.9%

为了保证毕业设计(论文)达到规定的教学要求,实现对学生能力的培养要求,根据《合肥工业大学本科毕业设计(论文)工作实施细则》,将从组织管理、过程监控到成绩评定进行多方面的质量控制。

组织管理: 按照《合肥工业大学本科毕业设计(论文)工作实施细则》,毕业设计

（论文）工作在分管教学的校长统一领导下，由教务部、学院、系（所）、指导教师分级落实完成。

过程管理：按照《合肥工业大学本科毕业设计（论文）工作实施细则》，毕业设计（论文）的整体质量，在选题、开题、中期检查、答辩资格审查、答辩程序、成绩评定等过程都有详细的规定，实施全过程监控。

成绩评定：包括毕业设计（论文）的评阅（指导教师评阅和评阅人评阅）和毕业设计（论文）的答辩两部分。

指导教师根据毕业设计（论文）的要求，结合设计（论文）工作量、论文质量和外语水平和学生在毕业设计（论文）期间的工作表现等作出书面评价，并给出评阅建议成绩；评阅人根据毕业设计（论文）中内容质量及存在的问题进行评定，并给出评阅建议成绩。

答辩小组根据学生的论文及答辩情况，参考指导教师、评阅人的建议成绩给出成绩，答辩小组给出的成绩为学生毕业设计（论文）的最终成绩。毕业设计成绩采取五级制，分别为优秀、良好、中等、及格和不及格。

近三年，合肥工业大学本科毕业设计（论文）校外指导教师共17名，为了保证本科生毕业设计（论文）的质量，校外指导教师要求必须是本专业中级以上职称专业技术人员，并严格按照合肥工业大学本科生毕业设计（论文）工作规范与校内指导教师共同指导本科毕业设计。毕业设计（论文）的完成，极大地提高了学生对所学知识的应用能力、解决复杂材料工程问题的能力及应用多种工具的能力，也大幅度提高了学生撰写论文报告的能力和语言表达能力，加强了学生的创新意识、工程意识和团队协作精神，达到标准中规定的学生能力培养的要求行业和企业专家参与毕业设计指导情况。详见表5.27。

表5.27　行业和企业专家参与毕业设计指导情况表

序号	校外指导教师		学生姓名	题目名称	校内指导教师
	姓名	职称			
1	刘*	高级工程师	黄**	Sc改性Al-Si铸锻合金时效行为的研究	杜**
			陈**	热处理对Al-Si铸锻合金组织与性能的影响	
			李**	A356铝合金凝固缺陷研究	付**
			郭**	Ti对A356铝合金凝固组织的影响	
			刘**	凝固条件对A356合金凝固组织的影响	
			张*	Sr对A356铝合金凝固组织的影响	
2	郝*	高级工程师	贺*	固溶处理对Sc改性Al-Si铸锻合金组织和性能的影响	杜**

序号	校外指导教师		学生姓名	题目名称	校内指导教师
	姓名	职称			
			戎**	Al-Si-Mg-Cu系铸锻合金组织与性能研究	张*
			李**	低维钼基纳米结构的水热合成与电解水性能研究	
			沈*	MnO_2/TiO_2复合纳米结构阵列的合成与光电解水性能研究	
			费**	钨基纳米线/石墨烯复合结构的合成与氧还原性能研究	
			张**	低维钛基纳米结构的水热法制备与甲醇氧化性能研究	
			江**	钴酸镍纳米结构阵列的水热合成与氧析出特性研究	
			张**	氧化钨纳米阵列的水热合成与电致变色性能研究	
			胡**	镧掺杂钛酸锶纳米结构的溶剂热合成与光电化学性能研究	
3	王**	高级工程师	俞*	架空导线线夹系统腐蚀速率影响因素的研究	杜**
			黄*	耐张线夹在中性NaCl溶液中的腐蚀机理	
4	刘**	高级工程师	刘*	煤矸石/玻璃复合多孔陶瓷过滤膜的制备与表征	张**
			任**	高铝粉煤灰陶瓷膜制备工艺设计	
			王*	碱激发高炉矿渣制备彩色水泥工艺研究	
			王**	利用漂珠和废玻璃制备多孔玻璃	
5	周**	高级工程师	曾**	Sc、Zr复合改性Al-Mg合金的制备及性能研究	吴**
			朱**	Sc改性新型Al-Mg合金的热处理工艺及性能研究	
6	张**	高级工程师	付**	烧结永磁体表面全自动电泳工艺及镀液研究	
7	汪**	高级工程师	曾*	超大型磨机用新型耐磨合金锻球热处理工艺研究	秦**
			李**	新型耐磨合金锻球的组织和性能研究	
			龚*	超大型磨机用新型耐磨合金锻球的热处理工艺与性能研究	
8	刘**	教授级高工	王**	W/TiC复合材料的制备及其抗氢离子辐照行为研究	罗**
			马**	面向等离子体用W-B复合材料的制备与抗热负荷行为研究	

第 5 章　材料专业认证的实践与效果

序号	校外指导教师		学生姓名	题目名称	校内指导教师
	姓名	职称			
			左**	机械合金化法钨—锆复合粉体制备与烧结行为研究	
9	夏**	高级工程师	林**	疏水性锌铝尖晶石薄膜的制备及性能研究	孙*
10	马**	高级工程师	郭*	锌镓复合金属氧化物的制备及其发光性能研究	
11	宗*	高级工程师	黄*	Ag基多元合金的制备及性能研究	王**
			石**	添加Sm对石墨—银/铜基复合材料摩擦磨损性能	
			董**	高铜石墨/铜基复合材料的制备及性能	
			王**	银铜基复合材料的组织及摩擦磨损性能	
			张**	碳/银复合材料的制备及静动态性能分析	
			成**	石墨—AgCuPd基复合材料电接触摩擦磨损性能	
			彭**	碳纤维—石墨—银铜基复合材料的载流摩擦磨损的研究	
			徐**	石墨烯/银—铜基复合材料的制备及性能	
12	谭*	高级工程师	林**	钨箔退火过程中的组织和性能研究	陈*
			刘**	钨含量对钽钨合金组织和性能的影响	
13	王*	高级工程师	陈*	WC颗粒增强铁基熔覆层耐磨性能研究	杜**
			葛**	WC颗粒增强铁基熔覆层热处理工艺研究	
14	刘*	高级工程师	陈**	热处理对Al-Si铸锻合金组织与性能的影响	付**
			李**	A356铝合金凝固缺陷研究	
			郭**	Ti对A356铝合金凝固组织的影响	
			刘**	凝固条件对A356合金凝固组织的影响	
			张*	Sr对A356铝合金凝固组织的影响	
15	沈*	工程师	王**	冰箱用金属在模拟内饰件工况环境下腐蚀规律研究	凤*
			于*	加速腐蚀试验模拟外观件工况环境腐蚀性能研究	
16	李*	工程师	仇**	冰箱用材料的腐蚀加速实验	
17	孙*	工程师	王*	纳米钨铜合金粉的制备	张**
			赵**	金属有机框架膜制备工艺研究	

序号	校外指导教师		学生姓名	题目名称	校内指导教师
	姓名	职称			
18	朱**	高级工程师	韩**	真空球墨法制备大量石墨烯的研究	张*
			祝**	基于水热法制备低维氧化钼纳米结构的研究	
			孙**	化学气相法制备氧化钼纳米结构阵列及机理研究	
			魏**	水热法制备氧化钼低维纳米材料的研究	
			刘**	氧化钼纳米结构的气相调制生长与结构表征	
19	朱**	工程师	胡*	7 系铝合金低周疲劳微观特性研究	黄*
			高**	7 系铝合金低周疲劳力学特性研究	
			方**	热挤压排材 Al-Zn-Mg-Cu 合金疲劳断裂机制研究	
			孙**	微观结构对 Al-Zn-Mg-Cu 合金断裂韧性的影响	
			鲜*	铝合金不同加载条件下的棘轮—疲劳交互作用	
20	游*	高级工程师	谢*	纳米二氧化钛对锂硫电池电化学性能的影响	李**
	宋**	高级工程师	王**	铅铋合金熔液中奥氏体不锈钢耐腐蚀性能研究	
	陈**	高级工程师	梁*	Fe_2O_3 添加剂对锂硫电池性能的影响	
	余**	高级工程师	张**	Cu_2O 掺杂对锂硫电池 S/C 正极材料性能的影响	

5.3.9 符合本专业毕业要求的人文社会科学类通识教育课程

1. 人文社会科学类通识教育课程学分情况

本专业教学计划中,人文社会科学通识教育课程开设有英语、大学体育、中国近现代史纲要、马克思主义基本原理概论、毛泽东思想和中国特色社会主义理论体系概论、形势与政策、军事理论、大学生心理健康等,共计 33 学分,占总学分的 17.37%,满足通用标准中人文社会科学类通识教育课程至少占总学分的 15% 的要求。人文社会学科类课程的学分情况及其对毕业要求的支撑情况如表 5.28 所示。

表5.28 人文社会学科类课程的学分分配及其对毕业要求的支撑情况

课程名称	课程学分	课程目标	教学内容	课程目标达成评价方法	所支撑的毕业要求
英语	11	1.培养学生的英语应用能力,增强跨文化交际意识和交际能力; 2.培养学生自主学习能力,提高综合文化素养	英语教学内容涉及范围较广,主要以精读课本为载体,以阅读能力为主,兼顾写作、翻译、口语教学	课堂表现,平时作业,及期末考试	10-4 能够用至少一门外语撰写、陈述、发布可行性和技术报告,具备一定的国际视野,能够在跨文化背景下与用户及社会公众进行沟通和交流; 12-2 具备强健的体魄,有不断学习和适应发展的能力
大学体育	3	1.具备较强的身体素质和运动能力; 2.培养学生具有团队合作的能力; 3.培养学生具有自主学习和终身学习的意识,有不断学习和适应发展的能力	武术、健美操(女)、田径基础、篮球足球排球基础、一般身体素质、心肺功能(长跑)	平时成绩(课堂考勤、课堂表现、课后作业),考试成绩(一般素质和武术套路(健美操))	8-3 有健康的体魄,有意愿、有能力服务社会,理解个人在历史、社会和自然环境中的地位与责任
形势与政策	2	1.关注国内政治、经济、文化、社会重大事件,深入领会社会主义核心价值观的内涵; 2.明确当代大学生在社会参与中的责任意识,具有社会责任感和继续学习的意识	每学期按照高校"形势与政策"教育教学要点规定安排主题,组织教学	根据课堂考勤和课堂表现以及课后作业完成情况给出平时成绩,结合考试成绩给出最终评价	7-1 理解国家的环境可持续发展战略及相关的政策和法律、法规; 8-1 了解中国发展的历史沿革和国情,增强自身人文社会科学素养; 11-1 理解金属材料工程活动中涉及的重要经济与管理因素; 12-1 对自主学习和终身学习的必要性有正确的认识

课程名称	课程学分	课程目标	教学内容	课程目标达成评价方法	所支撑的毕业要求
大学生心理健康	1.5	1. 了解心理学的有关理论、概念及心理健康的基本知识； 2. 掌握自我探索、心理调适及心理发展的技能； 3. 运用简单的心理调节办法自我调节，提升心理素质	心理学基本知识；心理健康与心理问题；学校心理健康工作；心理问题与主流文化、心理问题与疾病；心理危机干预、心理健康之路、常见心理问题的调适、和谐人际关系的构建、职业规划与幸福人生	通过作业撰写、考勤及期末考试给出总体评价	8-2 有良好的思想道德修养，理解中国特色社会主义建设的科学理论体系； 10-3 能够通过口头及书面方式表达自己的想法，能够进行有效的陈述发言
毛泽东思想与中国特色社会主义理论体系概论	5.5	1. 培养学生掌握中国特色社会主义的基本原理和较为广泛的人文社科知识； 2. 培养学生掌握毛泽东思想和中国特色社会主义理论，具有深刻了解、认识国情，服务社会，报效国家的责任意识和实践能力	马克思主义中国化两大理论成果，社会主义建设道路初步探索的理论成果，建设中国特色社会主义总依据，社会主义本质和建设中国特色社会主义总任务，社会主义改革开放理论，建设中国特色社会主义总布局，实现祖国完全统一的理论，中国特色社会主义领导核心理论	根据论文、作业和出勤给出平时成绩，综合平时成绩和考试得分，给出最终评价	7-1 理解国家的环境可持续发展战略及相关的政策和法律、法规； 8-2 有良好的思想道德修养，理解中国特色社会主义建设的科学理论体系； 12-1 对自主学习和终身学习的必要性有正确的认识
马克思主义基本原理概论	3	1. 使学生熟悉马克思主义哲学、马克思主义政治经济学和科学社会主义的基本概念和基本原理，培养学生具有基本的马克思主义理论素养和人文修养	马克思主义的产生与发展；马克思主义的理论特征；物质世界和实践；事物的普遍联系与发展；对立统一规律；唯物辩证法是认识世界和改造世界	根据出勤、课堂提问与测试情况给出平时成绩，综合平时成绩和考试得分，给出最终评价	8-2 有良好的思想道德修养，理解中国特色社会主义建设的科学理论体系； 12-1 对自主学习和终身学习的必要性有正确的认识

课程名称	课程学分	课程目标	教学内容	课程目标达成评价方法	所支撑的毕业要求
中国近现代史纲要	2.5	1.培养学生树立正确的历史观、价值观；2.培养学生具有社会责任感和继续学习的意识	反对外国侵略的斗争，对国家出路的早期探索，辛亥革命与君主专制制度的终结，开天辟地的大事变，中国革命新道路，中华民族的抗日战争，为新中国而奋斗，社会主义基本制度在中国的确立，社会主义建设在探索中曲折发展，改革开放与现代化建设新时期	根据出勤、课堂提问与测试情况给出平时成绩，综合平时成绩和考试得分，给出最终评价	8-1 具有人文社会科学素养和社会责任感，理解并践行社会主义核心价值观
思想道德修养与法律基础	3	1.确立正确的职业理想和社会理想，明确个人与社会之间的关系，理解材料工程师应承担的社会、健康、安全、法律以及文化责任；2.认识、理解、掌握金属材料工程相关职业道德	理想、信念的涵义和特征，理解中国精神的传承和价值，人生目的的概念和主要类型，道德的起源、历史发展、中华民族优良道德传统的重大意义，我国公民道德基本规范	根据案例研讨中的表现、实践报告给出分数，综合平时成绩和考试得分，给出最终评价	7-1 理解国家的环境可持续发展战略及相关的政策和法律、法规；8-2 有良好的思想道德修养，理解中国特色社会主义建设的科学理论体系

专业认证和新工科背景下材料类专业人才培养的创新与实践

课程名称	课程学分	课程目标	教学内容	课程目标达成评价方法	所支撑的毕业要求
军事理论	1.5	1.培养学生承担建设祖国与保卫祖国的光荣任务，理解个人对于社会的责任；2.能够理解个人在团队中所处的角色，所应发挥的作用，所应担当的责任，以及个体对团队及团队其他成员的影响	传授中国国防、军事思想、军事战略、军事高技术以及局部战争等相关理论知识，了解基本军事科技知识、掌握基本军事理论与技能和国防安全知识，增强学生的国防观念和国家安全意识，激发学生爱国热情，强化爱国主义、集体主义观念	根据出勤、课堂提问给出平时成绩，综合平时成绩和考试得分，给出最终评价	8-1 了解中国发展的历史沿革和国情，增强自身人文社会科学素养

2. 人文社会科学类通识教育课程对学生综合能力的培养

通过人文社会科学类通识教育课程的学习,要求学生在人文素养、价值取向、法律意识、交流合作、创新意识以及竞争意识等方面得到必要的锻炼和提高,以满足毕业要求对人文社会科学基础、职业道德规范、团队合作能力、国家交流和沟通能力以及社会、健康、安全、法律等意识的要求。

此外,在开设的部分专业课程中,也会培养学生安全和环境质量的责任关怀理念;在课程设计、毕业设计(论文)等实践性教学环节,教师也会特别关注学生是否结合国家的法律法规及标准等,对所涉及的安全、环境、能源等因素的影响进行分析。

3. 保证学生修满此类课程的要求和措施

本类课程中的工程基础类、专业基础类课程以及专业必修课程均为必修课程,要求所有同学都必须完成本类课程的学习并获得所需学分。其选课要求及措施与其他必修课程完全相同。

5.4　材料专业的师资队伍

5.4.1　师资队伍概况

经过近50年的传承、积累和发展,合肥工业大学金属材料工程专业形成了一支以学科和学术带头人为核心,中青年教师为骨干,年龄、学历、职称、学缘等结构合理、学术水平高的专业教学和科研教师队伍,可满足本专业工程教育和国家级一流本科专业建设的需要。本专业教研室现有专任教师25人(另有实验教师12人),含有正高职称10人(其中2人是合肥工业大学优秀青年"黄山学者")、副高职称10人,讲师5人;20位教师年龄在45岁以下;25人全部具有博士学位,其中22人具有海外留学、访学1年及以上的经历;本、硕、博三个教育阶段至少有一个阶段为外校学历的有21人。另外,专任教师中有教育部金属材料工程专业教学指导委员会委员1人,安徽省教学名师1人,省级教坛新秀3人,安徽省"百人计划"1人。本专业现有在校本科生426人,生师比(本专业在校本科生人数:本专业专任教师人数)为11.2:1。因此,师资力量满足教学的需求,能够保障各项教学工作的顺利开展。本专业教师队伍的总体状况见表5.29。

表5.29　本专业教师队伍总体状况

项目	年龄结构					学历结构		专业结构		
	35岁以下	36~45岁	46~60岁	60岁以上	合计	博士	硕士	本类专业	相近专业	其他专业
正高	1	4	5	0	10	10	0	10	0	0
副高	2	7	1	0	10	10	0	8	2	0
中级	5	0	0	0	5	5	0	4	1	0
其他	0	0	0	0	0	0	0	0	0	0
小计	8	11	6	0	25	25	0	22	3	0

为了进一步加强学生工程实践与设计能力的培养,该专业自2007年起从中科院宁波材料研究所、中科院固体物理研究所、合肥通用机械研究院、国家电网安徽电力科学研究院、铜陵有色金神耐磨材料有限公司、安徽大地熊新材料股份有限公司等企事业单位聘请工程实践经验丰富的工程师担任本专业的兼职教师,结合他

们在工程实践与设计方面的经验,参与专业人才培养方案制订,指导学生实习实践、课程设计与毕业设计,提高了学生分析解决复杂工程问题的能力与工程实践能力,最终获得了良好的效果。专业兼职教师状况及其承担的教学任务见表5.30。

表5.30 兼职教师状况及其承担的教学任务

姓名	单位	专业职称与职务	兼职时间	承担的教学工作	工作量
陈**	合肥通用机械研究院	研究员	2008年以来	专题讲座	不定期
汪**	中国工程物理研究院	研究员	2009年以来	专题讲座	不定期
李**	中科院固体物理研究所	研究员	2008年以来	专题讲座	不定期
陈**	中科院等离子物理所	研究员	2010年以来	专题讲座	不定期
罗**	中科院等离子物理所	研究员	2010年以来	专题讲座	不定期
吴**	中科院等离子物理所	研究员	2010年以来	专题讲座	不定期
张**	洛阳轴研股份有限公司	正高工	2010年以来	指导本科生、研究生	15学时/年
王**	华东冶金地质勘查局超硬材料研究所	高工	2011年以来	指导本科生、研究生	15学时/年
丁*	蚌埠市钰城五金工贸有限公司	高工	2012年以来	指导本科生、研究生	15学时/年
崔*	中国电子科技集团公司第四十三研究所圣达实业公司	正高工	2013年以来	指导本科生、研究生	15学时/年
吴**	安徽省机械科学研究所	高工	2012年以来	指导本科生、研究生	15学时/年
张**	安徽开乐专用车辆股份有限公司	高工	2014年以来	指导本科生、研究生	15学时/年
刘*	安徽福斯特铝制品股份有限公司	高工	2015年以来	指导本科生、研究生	30学时/年
郝*	安徽福斯特铝制品股份有限公司	高工	2015年以来	指导本科生、研究生	15学时/年
王**	国家电网安徽电力科学研究院	高工	2015年以来	指导本科生、研究生	30学时/年
刘**	安徽盛运重工机械有限责任公司	高工	2015年以来	指导本科生、研究生	20学时/年
周**	安徽省池州九华明坤铝业有限公司	工程师	2015年以来	指导本科生、研究生	30学时/年
张**	安徽大地熊新材料股份有限公司	高工	2015年以来	指导本科生、研究生	15学时/年

姓名	单位	专业职称与职务	兼职时间	承担的教学工作	工作量
刘**	浙江科得力新材料有限公司	正高工	2015年以来	指导本科生、研究生	30学时/年
汪**	铜陵有色金神耐磨材料有限公司	高工	2015年以来	指导本科生、研究生	30学时/年
马**	山西省交通科学研究院	高工	2015年以来	指导本科生、研究生	15学时/年
宗*	合工大复合材料公司	正高工	2015年以来	指导本科生、研究生	40学时/年
谭*	浙江至信新材料股份有限公司	高工	2016年以来	指导本科生、研究生	30学时/年
王*	合肥科德电力力科技有限公司	高工	2016年以来	指导本科生、研究生	30学时/年
沈*	合肥美的股份有限公司	高工	2017年以来	指导本科生、研究生	30学时/年
李*	合肥美的股份有限公司	高工	2017年以来	指导本科生、研究生	15学时/年
孙**	合肥铸锻厂	高工	2017年以来	指导本科生、研究生	30学时/年

5.4.2　教师的教学能力和专业水平

为了提高专业教师的教学能力,学校对教师的教学能力有明确的要求并制定了提高机制,具体如下:

(1) 入职试讲:新进教师在入职面试时,学院会组织7名及以上的校内外专家组成面试考核小组,通过试讲、答辩等环节,综合考查应聘者的教学能力和专业水平。

(2) 新进教师的岗前培训:新进教师需要进行合肥工业大学校内培训和安徽省高等学校师资培训中心组织的高校教师岗前培训。新进教师须了解学校的办学理念、规章制度、教学模式等,并系统学习《高等教育学》《高等教育心理学》《高等学校教师职业道德修养》《高等教育法规》和《现代教育技术》等相关课程,掌握教育教学基本理论,经考试合格,获得《高等学校教师岗前培训合格证书》,并经普通话测试、体检及思想品德鉴定合格后,获得《高等学校教师资格证书》。

(3) 实行青年教师导师制:为加强对青年教师的培养,使其尽快胜任教学工作,对每一位新进教师实行导师制,由教学科研工作经验丰富且师德风范良好的具有高级职称教师担任导师,并建立了青年教师教学培养档案。

(4)组织教学讲座和交流活动:组织教师参加课程观摩活动、教学研讨会、教师礼仪培训、督导教师座谈会、实验教学研讨会和教育教学方法研讨会等,并鼓励教师参与教研、教改项目,在此过程中提高教师的教学能力、专业素质和教学质量。

(5)鼓励青年教师参加各类教学竞赛:学校/学院每年组织"青年教师教学基本功竞赛",加强青年教师教学基本功训练,以评促教,并开展获奖教师经验交流活动,促进青年教师教学能力的全面提升。近年来,本专业全部新进青年教师都参加了校、院教学基本功比赛并取得优良的成绩,如本专业教师黄俊老师荣获合肥工业大学2020年教学设计大赛二等奖(副高组),徐光青老师荣获合肥工业大学2020年教学设计创新大赛三等奖(正高组),王岩老师获合肥工业大学2019年度"课程思政"说课比赛一等奖,王岩老师荣获合肥工业大学2016年度青年教师教学基本功比赛二等奖,张学斌、罗来马、崔接武、黄俊、孙建等5位老师获得三等奖,王岩、罗来马、黄俊3位老师荣获安徽省教坛新秀称号,具体如表5.31所示。

表5.31　青年教师教学获奖情况

序号	获奖名称	奖项级别	主要完成人	时间
1	教学设计创新大赛	合肥工业大学二等奖	黄　俊	2020
2	教学设计创新大赛	合肥工业大学三等奖	徐光青	2020
3	"课程思政"说课比赛	合肥工业大学一等奖	王　岩	2019
4	教坛新秀	安徽省教育厅	王　岩	2018
5	教坛新秀	合肥工业大学	孙　建	2018
6	教坛新秀	合肥工业大学	崔接武	2018
7	教坛新秀	合肥工业大学	王　岩	2017
8	教坛新秀	安徽省教育厅	黄　俊	2016
9	教坛新秀	安徽省教育厅	罗来马	2015
10	青年教师教学基本功比赛	合肥工业大学二等奖	王　岩	2016
11	青年教师教学基本功比赛	合肥工业大学三等奖	崔接武	2015
12	青年教师教学基本功比赛	合肥工业大学三等奖	孙　建	2014
13	青年教师教学基本功比赛	合肥工业大学三等奖	黄　俊	2013
14	青年教师教学基本功比赛	合肥工业大学三等奖	罗来马	2012
15	青年教师教学基本功比赛	合肥工业大学三等奖	张学斌	2008

(6)教师在教学过程质量监控体系控制下开展课堂教学、实验教学、实习实训、实习指导、课程设计和毕业设计(论文)指导、座谈会、报告会等教学活动,根据

校院两级本科教学督导、学生评教、领导干部听课、教学法活动、毕业生跟踪反馈和社会评价等内部、外部评价结果改进教学工作，促进本专业教师教学能力和专业水平的持续改进。

通过这些措施的实施和执行，本专业教师队伍的教学能力和专业水平有了长足的进步。经过近50年的薪火相传，专业现有省级教学团队1个，本专业教师具备足够的教学能力和专业水平，能够保障专业培养目标和毕业要求的达成。本专业教师的个人发展情况见表5.32。

表5.32　教师个人发展情况

序号	姓名	近5年承担的研发项目	近3年的代表性成果	主要的工程实践性成果	科技与产业奖励	近3年的工业咨询活动
1	教授吴**	主持纵向科研项目16项，企业委托项目6项。具有代表性的科研项目如下： （1）主持科技部国家重大基础研究ITER专项：高性能钨基材料制备技术及应用基础研究，2014.01～2018.08； （2）主持科技部国际科技合作项目：大尺寸SiCp-Al电子封装材料及器件的合作开发，2014.04～2017.03； （3）主持国家自然科学基金面上项目：纳米多相体系PbTe基材料微观结构设计、构筑及热电性能调控，2017.01～2020.12	发表SCI论文150余篇，授权发明专利10余项。具有代表性的科研成果如下： (1) Y. Wang, N. Odeh, Y. C. Wu*, et.al. *Science Advances*, 2017, 3: e1701500. (2) J. W. Cui, X. Y. Zhang, Y. C. Wu*, et.al. *Journal of Materials Chemistry A*, 2015, 3: 10425-10431. (3) J. W. Cui, J. B Luo, Y. C. Wu*. *Nanoscale*, 2016, 8: 770-774.	（1）主持研发的高性能银铜基高导电耐磨复合材料已成功应用于军工领域； （2）主持研发的新型稀土永磁材料已实现产业化生产； （3）主持研发的高端电子铜带材料已实现产业化生产	（1）工程机械液压系统摩擦副材料关键技术开发与产业化应用，安徽省科学技术进步一等奖； （2）高端稀土永磁电机用磁体及其表面绿色防护产业化关键技术开发，安徽省科学技术进步一等奖	（1）主持多项企业委托类项目，并为企业提供技术咨询； （2）作为安徽省有色金属首席科学家，负责有色金属与加工技术国家地方联合工程研究中心全面运行； （3）负责安徽省粉末冶金工程技术研究中心全面运行

专业认证和新工科背景下材料类专业人才培养的创新与实践

序号	姓名	近5年承担的研发项目	近3年的代表性成果	主要的工程实践性成果	科技与产业奖励	近3年的工业咨询活动
2	教授凤*	主持纵向科研项目8项，企业委托项目2项。具有代表性的科研项目如下：（1）主持国家自然科学基金面上项目：辐照环境下Cu-Ti3AlC2滑动电接触材料润滑机理和电弧烧蚀机理研究，2016~2019；（2）主持国家自然科学基金重大研究计划培育项目：辐照环境下Cu（Ag）-MoS2纳米管复合材料电摩擦磨损机，2011~2013	发表SCI论文20余篇，授权发明专利5余项。具有代表性的科研成果如下：(1) X.C. Huang, Y. Feng*, G. Qian, et. al. *Journal of Alloys and Compounds*, 727 (2017):419-427.(2) X.C. Huang, Y. Feng*, G. Qian, et. al. *Ceramics International*, 43 (2017): 10601-10605.	开发冰箱内饰耐腐蚀件用于美的公司		长期担任科技部，国家基金委，博士后基金会，国务院学位办和安徽、江苏、浙江等各类科技项目，人才计划，科学技术奖等评审专家
3	教授刘*	主持纵向科研项目1项，企业委托项目6项。具有代表性的科研项目如下：（1）主持企业委托项目：双离合器变速系统零部件成形及模具技术设计开发，2015.1~2017.12；（2）主持企业委托项目：转向节系列产品锻后热处理技术设计开发，2017.1~2018.12；（3）主持企业委托项目：表面硬化齿轮疲劳试验及残余应力分析，2017.1~2018.6	发表SCI论文10余篇，授权发明专利2项。具有代表性的科研成果如下：A. J Liu, N. Liu*. *Ceramics Internationa*, 2016, 421527-415284.	开发的纳米硬质合金刀具材料已用于技锋精密刀具（马鞍山）有限公司生产	2017年，高精度碳化钨硬质合金制作工艺及超薄刀片制造技术的开发与应用，安徽省科技进步三等奖	担任国家基金委、河北省基金委、广西壮族自治区基金委函评专家；担任上海市、广西壮族自治区、浙江省奖励委员会函评专家；担任合肥市评审专家和招投标评审专家

序号	姓名	近5年承担的研发项目	近3年的代表性成果	主要的工程实践性成果	科技与产业奖励	近3年的工业咨询活动
4	教授杜**	主持纵向科研项目1项，企业委托项目6项。具有代表性的科研项目如下：(1) 主持国家电网项目：导线爆压接头系统运行与剩余寿命管理技术开发项目，2015.6～2016.6；(2) 主持国家电网项目：压接线夹接头腐蚀失效模型研究，2017.6～2017.12；(3) 主持省科技攻关项目汽车铝车轮材料轻量化先进成型制造的研究，2017.1～2018.6	发表SCI论文10余篇，授权发明专利4项。具有代表性的科研成果如下：(1)F.C. Wang, X.D. Du*, et.al. *JMEP* (2015) 24:4673 - 4680.(2)M. J. Zhan, X. D. Du*, et.al. *Surfaces & Interfaces*，2015，9（3）：137-143.(3)X.D. Du*, Z.L. Song, D. Zhou, et. al. Proceedings of the 3RD Annual 2015 International Conference on *Material Science and Engineering*, CRC Press: 2015 ,5:17-22.	(1) 开发了低碳高合金球磨机衬板钢，产品应用于多家企业；(2) 开发了高性能RE-WC-钢复合熔覆轧机导卫辊，产品批量生产，达到国内领先水平；(3) 开发了稀土改性表面熔覆层的高性能泵用柱塞，产品应用于企业产品配套		担任多类科技项目、人才计划评审专家；担任安徽省创新驱动助力企业工程委派专家，为多家企业提供技术咨询

序号	姓名	近5年承担的研发项目	近3年的代表性成果	主要的工程实践性成果	科技与产业奖励	近3年的工业咨询活动
5	教授 张 *	主持纵向科研项目6项，企业委托项目2项。具有代表性的科研项目如下：（1）主持国家自然科学基金面上项目，过渡金属氮化物纳米线/石墨烯杂化结构微电极及其电催化特性，2014～2017；（2）主持国家重点基础研究（973）计划前期研究专项，钛基分级纳米阵列材料的电化学能源应用基础研究，2014～2016；（3）主持国际热核聚变实验堆（ITER）计划专项（国内研究）大型真空室模块化制造及高精度装配技术研究，2016～2019	发表SCI论文15篇，授权发明专利4项。具有代表性的科研成果如下： (1) Y. Xie, Y. Zhang*, et.al. *International Journal of Hydrogen Energy.* 42 (2017) 25924-25932 (2) T.W. Qi, Y. Zhang*, et.al. *International Journal of Hydrogen Energy*, 2017, 42, 5657-5666. (3) T.W.Qi, Y.Gan, Y. Zhang*, et.al. *International Journal of Hydrogen Energy*, 2016, 41, 5428-5436.		（1）2016年，指导研究生获得硕士研究生国家奖学金；（2）2017年，指导研究生获得博士研究生国家奖学金	长期担任国家基金委，博士后基金会和安徽、江苏、浙江等各类科技项目，人才计划，科学技术奖等评审专家；曾担任安徽省发改委组织的创新产业基地和项目的规划论证专家

序号	姓名	近5年承担的研发项目	近3年的代表性成果	主要的工程实践性成果	科技与产业奖励	近3年的工业咨询活动
6	教授闫*	主持纵向科研项目3项。具有代表性的科研项目如下： (1) 主持国家自然科学基金青年基金：石墨烯/短链聚苯胺三维结构调控与超电容性能优化，2016.1～2018.12； (2) 主持教育部留学回国人员启动基金：短链聚苯胺/氧化石墨烯复合材料的制备与电化学性能，2014.10～2016.10	发表SCI论文9篇，授权发明专利2项。具有代表性的科研成果如下： (1) Q.Q. Qin, J. Yan*, Jiaqin Liu, et. al. *Journal of The Electrochemical Society*. 2017, 164 (9): 1952-A1957. (2) K. Zhao, Q.Q. Qin, J. Yan*, *Nano Energy*, 2017, 36: 30-37. (3) Z.M. Wang, Q.Q. Qin, Jian Yan*. *ACS Appl. Mater. Interfaces*, 2016, 8: 18078-18088.		(1) 2016年入选安徽省"百人计划"，获安徽省特聘专家称号	作为课题组主要成员参与项企业委托项目并为企业提供技术咨询
7	教授罗**	主持纵向科研项目3项，企业委托项目2项。具有代表性的科研项目如下： (1) 主持国家自然科学基金面上项目：核壳结构多相掺杂钨纳米粉体的制备与材料辐照损伤行为研究，2016～2019； (2) 主持国家重点研发计划子课题：CFETR氚工厂系统总体设计技术研究，2017～2022	发表SCI论文39篇，授权发明专利6项。具有代表性的科研成果如下： (1) L.M. Luo*, et.al. *Scientific Reports*, 2016, 6:32701. (2) J.B. Chen, L.M. Luo*, et.al. *Journal of Alloys and Compounds*, 694 (2017) 905－913. (3) H.Y. Chen, L.M. Luo*, et.al. *Scientific Reports*, 2016, 6: 32678.	(1) 参与开发了液相法制备高性能钨合金技术并已实现成果转化； (2) 参与开发了高性能电弧喷涂涂层技术并已实现成果转化	(1) 2015年度省级教坛新秀； (2) 2012年度学校讲课比赛三等奖； (3) 2015年温州市科技进步一等奖，排名第四	作为课题组主要成员参与多项企业委托项目并为企业提供技术咨询

序号	姓名	近5年承担的研发项目	近3年的代表性成果	主要的工程实践性成果	科技与产业奖励	近3年的工业咨询活动
8	教授梁**	主持纵向科研项目3项。具有代表性的科研项目如下： (1) 主持国家自然科学基金—青年科学基金：具有干涉条纹的纳米多孔TiO_2的制备与气体传感器特性的研究2016.01~2018.12； (2) 主持国家自然科学—面上基金：一维二氧化钛纳米结构的可控合成及其紫外光探测器的应用研究，2016~2019	发表SCI论文9篇，授权发明专利2项。具有代表性的科研成果如下： (1) F.X. Liang, et. al. *Opt. Express*, 2016, 24, 25922. (2) D.Y. Zhang, F. X. Liang*, et.al. Appl. *Surf. Sci.*, 2016, 387, 1162-1168. (3) F.X. Liang, et, al. *RSC Adv.* 2015, 5, 19020.	主持研发了液相剥离工艺制备超薄石墨烯类二维材料纳米片及其量子点，已申请国家发明专利，产业化转化及应用正在推广		作为课题组主要成员参与多项企业委托项目并为企业提供技术咨询
9	教授徐**	主持纵向科研项目2项，企业委托项目5项。具有代表性的科研项目如下： (1) 主持国家自然科学基金：基于一维TiO2复合纳米阵列的生物传感器构造及机制研究，2012~2014； (2) 主持企业委托项目：陶瓷缸套及陶瓷新产品、新材料、新工艺的研究开发，2014~2018； (3) 主持企业委托项目：大尺寸高铬耐磨铸球强硬化研究，2014~2015	发表SCI论文26篇，授权发明专利5项。具有代表性的科研成果如下： (1) C.K. Fan, Q. Feng, G.Q Xu*, et al. *Applied Surface Science*, 2017, 427, 730-738. (2) Y.J. Pang, G.Q Xu*, et al. *langmuir*, 2017,33(36): 8933-8942. (3) C.K. Fan, Q. Feng, G.Q Xu*, et al. *RSC Advances*, 2017, 7, 37185-37193.	(1) 进行了大尺寸金属—陶瓷复合缸套的工艺开发，应用于合肥精创科技有限公司； (2) 进行了高铬铸球的成分优化和热处理工艺开发，应用于安徽宁沪钢球有限公司		在江苏伟恒担任科技副总，进行相关科技咨询及新产品研发；担任合肥精创科技有限公司企业研发中心副主任，进行研发中心的建设

序号	姓名	近5年承担的研发项目	近3年的代表性成果	主要的工程实践性成果	科技与产业奖励	近3年的工业咨询活动
10	研究员孙*	2021年度人才引进，合肥工业大学优秀青年"黄山学者"；主持国家自然科学基金青年基金1项：钨表面氦泡层及缺陷对氢同位素迁移滞留行为的耦合影响规律及机制，2022.01～2024.12		参与核聚变反应堆内部第一壁材料设计及性能优化		
11	副教授张**	主持纵向科研项目2项，企业委托项目5项。具有代表性的科研项目如下：（1）主持横向项目：面向高温除尘和水处理的董青石多孔陶瓷过滤膜的开发，2017年；（2）主持横向项目：软磁材料MIM制备工艺研究，2017年；（3）主持横向项目：面向航空器的纳米非金属矿物粉体的表面改性及吸波性能研究，2015年	发表SCI论文8篇，授权发明专利2项。具有代表性的科研成果如下：(1) Z.L. Wan, X.B. Zhang*, et.al. *Ceram. Soc.* 2017(76), 3: 1—5. (2) J. liu, X.B. Zhang*, et.al. *Ceramics-Silikáty*, 2015, 59(1): 29-34.	（1）固体废弃物粉煤灰的资源化利用；（2）静电纺丝制备纳米材料		

序号	姓名	近5年承担的研发项目	近3年的代表性成果	主要的工程实践性成果	科技与产业奖励	近3年的工业咨询活动
12	副教授王*	主持纵向科研项目5项，企业委托项目1项。具有代表性的科研项目如下： （1）主持国家自然科学基金面上项目：三维多孔层状金属氧化物复合体系的可控构筑及其柔性超电容性能，2018.01～2021.12； （2）主持国家自然科学基金青年基金：TiO_2纳米管阵列的多重功能化及其全固态超电容特性研究，2014.01～2016.12	发表SCI论文12篇，授权发明专利4项。具有代表性的科研成果如下： （1）Y. Wang*, et.al. *Science Advances*. 2017,3: e1701500. （2）C.P. Yu, Y. Wang*, et.al. *Journal of Power Sources*. 2017, 364: 400-409. （3）J.F. Zhang, Y. Wang*, et,al. *Chemical Engineering Journal*. 2017, 313: 1071-108.	主持研发了基于有序排列 TiO_2纳米管阵列薄膜的超级电容器电极材料，实现了超电容器件高比电容量和长循环寿命	（1）2016年度合肥工业大学青年教师教学基本比赛，校二等奖； （2）2016年度合肥工业大学青年教师教学基本比赛，院一等奖	主持企业委托类科技开发项目1项，为企业产品质量升级及转型提供技术咨询；参与企业委托类科技开发项目2项
13	副教授秦**	主持纵向科研项目1项，企业委托项目4项。具有代表性的科研项目如下： （1）主持安徽省自然科学基金青年基金项目，铜基合金氧化物纳米阵列的电化学构筑及光阳极增强机制，2016.07～2018.06； （2）主持九华明坤铝业有限公司项目，新型铝合金材料研发与应用研究，2016.11～2019.11	发表SCI论文4篇，授权发明专利1项。具有代表性的科研成果如下： （1）Y. Q. Qin, et.al. *RSC Advances*, 2016, 6, 47669-47675. （2）Y. Q. Qin, et.al. *Science Bulletin*, 2016,61(6), 473-480. （3）Y. Q. Qin, et.al. *Advanced Materials Research*, 2015, 1061, 7-12.	有色金属材料制备与应用方面从事有关工程化应用研究以及锻造钢球的强韧化研究	（1）材料科学与工程学院2017年青年教师讲课比赛三等奖； （2）在北京清华大学举办的第五届全国大学生金相技能大赛获"优秀指导教师"	作为项目负责人参与多项企业委托项目并为企业提供技术咨询

第5章 材料专业认证的实践与效果

序号	姓名	近5年承担的研发项目	近3年的代表性成果	主要的工程实践性成果	科技与产业奖励	近3年的工业咨询活动
14	副教授付**	主持纵向科研项目2项，企业委托项目2项。具有代表性的科研项目如下： (1) 主持国家自然科学青年基金：奥氏体不锈钢凝固组织中铁素体形成机制及演化规律研究，2011.1~2013.12； (2) 主持国家自然科学基金面上项目：铁素体不锈钢中TiN的凝固析出行为及性能控制研究，2016.1~2019.12	发表SCI论文6篇，授权发明专利1项。具有代表性的科研成果如下： (1) J. W. Fu, et.al. *Journal of Materials Processing Technology*. 2018, 253: 43-50. (2) J. W. Fu, et.al. *Materials Characterization*. 2017, 133: 176-184. (3) J. W. Fu, et.al. *Journal of Alloys and Compounds*. 2017, 699: 938-946.	参与开发的高强耐磨铸铁斗齿技术已实现成果转化		作为课题组主要成员参与多项企业委托项目并为企业提供技术咨询
15	副教授崔**	主持纵向科研项目3项。具有代表性的科研项目如下： (1) 主持国家自然科学基金青年基金：石墨烯/CeO_2纳米阵列复合体系的构筑及在电化学生物传感中的应，2014.1~2017.12； (2) 主持安徽省自然科学基金青年基金：基于有序多孔Au纳米线阵列的电化学生物传感器的构筑及性能，2013.7~2015.6	发表SCI论文7篇，授权发明专利2项。具有代表性的科研成果如下： (1) B.G. Peng, J.W. Cui*, et.al. *Nanoscale*, 2018, 10, 1039-1045. (2) L.H. Cui, J.W. Cui*, et.al. *Journal of Power Sources*, 2017, 361, 310-317. (3) J.W. Cui*, et.al. *Nanoscale*, 2016, 8, 770-774.		(1) 2016年度合肥工业大学校级教坛新秀； (2) 2015年度合肥工业大学青年教师教学基本功比赛三等奖	作为课题主要成员参与多项企业委托项目并为企业提供技术咨询

序号	姓名	近5年承担的研发项目	近3年的代表性成果	主要的工程实践性成果	科技与产业奖励	近3年的工业咨询活动
16	副教授黄**	主持纵向科研项目3项。具有代表性的科研项目如下： (1) 主持国家自然科学基金青年基金：亚稳态Beta钛合金的低周疲劳损伤机理及循环形变晶体力学，2013.01~2015.12； (2) 主持教育部博士点基金：高性能结构件铝合金多耦合疲劳特性研究，2013.01~2014.12	发表SCI论文5篇。具有代表性的科研成果如下： (1) 黄俊*，李慧，王执锐，吴玉程. 机械工程材料, 38(3): 5-9, 2014. (2) 李慧，陈涛，赵路远，黄俊*，吴玉程. 机械工程材料, 40(11): 38-43, 2016. (3) 陈涛，赵路远，李慧，黄俊*，吴玉程. 机械工程材料, 41(7):1-5, 2017.	参与的钛合金和铝合金疲劳损伤机理及循环形变特征技术研究已实现成果转化	(1) 2015年度第二届全国高校微课教学比赛优秀奖； (2) 合肥工业大学首届青年教师"践行社会主义核心价值观"演讲比赛二等奖	作为课题组主要成员参与多项企业委托项目并为企业提供技术咨询
17	副教授陈*	主持纵向科研项目3项。具有代表性的科研项目如下： (1) 主持国家自然科学基金青年基金：钨/钽层状复合材料的界面结构演变微观机制及强韧化机理，2018.1~2020.12； (2) 主持安徽省自然科学基金青年基金：Ta-W合金塑性加工过程中的组织与性能研究，2016.6~2018.6	发表SCI论文10篇。具有代表性的科研成果如下： (1) S. Wang, L. Niu, C. Chen*, et.al. *Journal of Alloys and Compounds*, 2017, 699: 57-67. (2) C. Chen*, et.al. *Materials Characterization*, 2018, 136: 257-263. (3) L. Niu, S. Wang, C. Chen*, et. al. *Materials Science and Engineering A*, 707 (2017) 435-442.	参与开发的超薄钽箔和钛箔加工技术已实现成果转化	(1) 中国有色金属学会第十一届学术年会邀请报告； (2) 第十三届中日先进能源系统材料和聚变裂变会议 (CJS-13) 优秀海报奖	作为课题组主要成员参与多项企业委托项目，如高强导电铜合金的加工技术、金属箔材的加工技术等，并为企业提供技术咨询

第5章 材料专业认证的实践与效果

序号	姓名	近5年承担的研发项目	近3年的代表性成果	主要的工程实践性成果	科技与产业奖励	近3年的工业咨询活动
18	副教授张*	主持纵向科研项目3项。具有代表性的科研项目如下：主持国家自然科学基金青年基金：AZ31镁合金室温大塑性等静压复合挤压过程中压缩孪生行为的相关基础研究，2015～2017	发表SCI论文7篇。具有代表性的科研成果如下： (1) J. H. Peng, Z. Zhang*, et.al. *Materials Science and Engineering A*, 2017 (699) 99-105. (2) J. H. Peng, Z. Zhang*, et.al. *Materials Science and Engineering A*, 2017 (703): 244-250.	参与开发的高强高导铝合金导线已实现成果转化		作为课题组主要成员参与多项企业委托项目并为企业提供技术咨询
19	副教授余**	主持纵向科研项目1项。具有代表性的科研项目如下：主持国家自然科学基金青年基金：ZIF67@ZIF8核壳结构杂化物的制备及其电容性能研究，2017.1～2019.12	发表SCI论文2篇。具有代表性的科研成果如下：D. B. Yu, et.al. *Inorg. Chem. Frount.* 2017, 4: 845-849.			作为课题组主要成员参与多项企业委托项目并为企业提供技术咨询

序号	姓名	近5年承担的研发项目	近3年的代表性成果	主要的工程实践性成果	科技与产业奖励	近3年的工业咨询活动
20	副教授孙*	主持纵向科研项目2项,企业委托项目1项。具有代表性的科研项目如下: (1) 主持国家自然科学基金青年基金:化学浸镀预处理辅助作用下纯铝表面气体渗氮行为及机制,2018.1~2020.12; (2) 主持安徽省自然科学基金青年基金:氮原子在表面纳米合金化纯铝材料中的扩散行为,2016.6~2018.6	发表SCI论文5篇。具有代表性的科研成果如下: (1) J. Sun, et.al. *Surface & Coatings Technology*, 2017, 309: 382-389. (2) J. Sun, et.al. *Surface Engineering*, 2015, 31: 605-611.	参与开发的以表面纳米化为预处理的低温渗氮技术已实现成果转化	指导学生获得2017年度全国大学生热处理创新创业大赛一等奖	作为课题组主要成员参与多项企业委托项目并为企业提供技术咨询
21	讲师孙*	主持纵向科研项目2项。具有代表性的科研项目如下: (1) 主持国家自然科学基金青年基金:n型/双极性三层酞菁稀土配合物的设计合成及其电输运特性研究,2015~2017; (2) 主持安徽省自然科学基金青年基金:基于n型/双极性稀土酞菁化合物纳米薄膜的制备及性能研究,2016~2017	发表SCI论文2篇。具有代表性的科研成果如下: (1) D. M. Gao, W. Sun, et.al. *Inor. Chem. Commun.*, 2015, 54:50-53. (2) S. H. Zhang, R. Lu, W. Sun, et.al. *RSC Advances*, 2015.5:13324-13330.	参与开发石蜡基复合相变传热材料实现成果转化		作为课题组主要成员参与企业委托项目并为企业提供技术咨询

第5章 材料专业认证的实践与效果

序号	姓名	近5年承担的研发项目	近3年的代表性成果	主要的工程实践性成果	科技与产业奖励	近3年的工业咨询活动
22	讲师徐*	主持纵向科研项目2项，具有代表性的科研项目如下： (1) 主持国家自然科学基金青年基金：第一壁钨涂层微观结构对氢同位素等离子体驱动渗透的影响研究，2020～2022	发表SCI论文2篇。具有代表性的科研成果如下： (1) Y. Xu, Y. Hirooka, et al., *Fusion Eng. Des.* 2017, 125: 343-348. (2) Y. Xu, Y. Hirooka, et al., *Fusion Eng. Des.* 2017, 125: 239-244.	参与核聚变反应堆内部第一壁材料设计		参与企业委托项目并为企业提供技术咨询
23	讲师潘**	主持纵向科研项目2项，具有代表性的科研项目如下： (1) 主持国家自然科学基金青年基金：TiC/Fe复合材料的相图热力学及微结构控制研究，2020～2022	具有代表性的科研成果如下： Y. F. Pan, Y. Du, et al., Journal of Alloys and Compounds, 2017, 705: 581-589.	参与稀土六硼化物单晶材料的生长技术、成分调控、发射性能研究		参与企业委托项目并为企业提供技术咨询
24	讲师谭**	主持纵向科研项目2项，具有代表性的科研项目如下： (1) 主持国家自然科学基金青年基金：电流辅助退火技术调控轧制钨显微组织及其导热、力学性能优化，2021～2023	具有代表性的科研成果如下： (1) X. Y. Tan, L. M. Luo, et al., Powder Technology, 2015, 280: 83-88. (2) X.Y. Tan, F. Klein, et al., Corrosion Science, 2019, 147: 201-211.	参与核聚变反应堆内部第一壁材料设计		参与企业委托项目并为企业提供技术咨询

专业认证和新工科背景下材料类专业人才培养的创新与实践

序号	姓名	近5年承担的研发项目	近3年的代表性成果	主要的工程实践性成果	科技与产业奖励	近3年的工业咨询活动
25	讲师张**	2021年度新进青年教师		参与核聚变反应堆内部第一壁材料设计		参与企业委托项目并为企业提供技术咨询

5.4.3　教师的科研能力和职业发展能力

该专业教师具有较高的科研能力及学术水平,能够在教学的同时,积极参与科学研究,教师或承担了纵向、横向项目,或发表了较高水平的论文,或取得了工程实践性成果,或积极参与工业咨询活动。近五年来,共承担国家级和省部级科研项目70余项、企业委托研发项目40多项,科研经费约4千万元,发表高水平学术论文400余篇,获国家授权发明专利60余项,获省部级科技一等奖3项、三等奖1项。科研成果在全国多个大中型企业推广应用,社会经济效益显著。专业教师注重将科研成果与理论教学相结合,本科生通过科研训练、大学生创新性实验计划、各类科技创新竞赛、毕业论文等形式参与到教师科研项目中,解决复杂工程问题的综合能力得到了培养和提升。

另外,为了提高教师的职业发展能力,学校和学院制定了一些积极的措施,主要如下:

(1)鼓励教师提升学历:对获得主讲教师资格尚未获得博士学位的教师,鼓励攻读博士学位。通过教师本人自愿申请,学院和学校大力支持,让教师赴国内外名牌重点大学攻读博士学位,使教师中具有博士学位的比例逐年提高。目前,本专业教研室25位教师全部具有博士学位。

(2)教学及科研团队建设:重视团队建设,依据所讲授专业知识的学科领域,规划并组建了学术团队。每名新教师需要加入团队,由团队负责人作为新教师培养责任人。通过这种传、帮、带的培养模式,青年教师的思想建设、教学能力培养和科研水平得到迅速提升。

(3)积极鼓励教师参与国内外各项学术、合作以及培训等活动:学校也在不断加大对教师的国际交流与合作和出国进修的支持力度,积极开拓教师队伍的国际化视野和认知,提升教师的国际化水平和本专业的对外影响力、知名度。在学校及学院相关政策的支持下,近五年来专业先后选派7名青年教师赴英国、美国、日本、德国等国外著名高校科研院所进行学术访问及进修,教师出国进修访学情况见表5.33。通过国际合作和学术交流使师资队伍的学术水平显著提升,并与国际高水平大学、科研机构建立了稳定的、长效的学术交流关系。

表5.33　近年来青年教师国外访学进修情况

序号	姓名	职称	访学单位	时间	主讲课程
1	徐　跃	讲师	德国于利希研究中心	2020.10～2022.10（因疫情暂缓派出）	材料分析测试方法
2	谭晓月	讲师	德国于利希研究中心	2019.10～2021.10	粉末冶金材料学
3	崔接武	副教授	美国莱斯大学	2017.09～2018.09	材料科学基础
4	陈　畅	副教授	德国于利希研究中心	2017.10～2018.10	材料力学性能
5	付俊伟	副教授	英国Brunel University	2017.10～2018.10	金属学及热处理
6	王　岩	副教授	美国莱斯大学	2015.08～2016.08	Engineering Materials
7	罗来马	教授	日本京都大学	2014.10～2015.10	材料工程基础

5.4.4　教师的工程经验与实践能力

该专业教师具有较好的工程经验与实践能力,能够满足本专业工程实践教学的需求。如表5.34所示,25名全职专业教师中具有企业工作经历的6人,占24％;全部教师都具有3个月以上的工程实践经历(包括指导实习、与企业合作项目、企业工作等经历),满足材料类专业补充标准6.2中对教师"工程背景"的要求。

表5.34　专业教师专业背景和工程背景统计表

名称	工程认证标准要求	本专业统计结果
专业背景	从事本专业主干课教学工作的教师其本科、硕士和博士学历中,必有其中之一毕业于材料类专业(补充标准)	100％
工程背景	具有企业或社会工程实践经验的教师应占20％以上(补充标准)	24％
工程背景	具有工程设计背景或科研背景的教师应占30％以上(补充标准)	100％
企业专家或行业专家	有一定数量的企业或行业专家作为兼职教师(通用标准)	25人

为了更好地培养和提高青年教师的工程实践能力,学校和学院采取了一系列措施并取得了较好的效果,具体如下:

（1）学校制定了相关文件,如《合肥工业大学教师"三种经历"管理暂行办法》等,鼓励教师赴国内大中型企(事)业单位挂职或到企业任职博士后、科技特派员等进行科技研发、产学研合作、技术服务、社会调查、管理等工作,通过在企事业单位的工作锻炼中磨砺自身的工程能力。近年来,本专业共有6位青年教师先后到江苏神通阀门有限公司(徐光青)、安徽宣城市经济技术开发区(孙建)、安徽省铜陵市义安区(秦永强)、安徽合肥长丰县发改委(王岩)、广东奔朗新材料股份有限公司(潘亚飞)、安徽环新集团股份有限公司(黄俊)等地进行企业博士后或挂职工作。

（2）为强化教师的工程设计能力,陆续选派青年教师进行热处理工艺设计规范、工艺设计与工程制图等方面的培训。近五年来,参加各种培训的教师人数达到了专业教师的40%以上。

（3）鼓励青年教师主持或作为骨干教师参与企业的横向合作课题研究。通过对来自工厂实际的工程型、应用型科研项目的开展,青年教师一方面提高了解决工程实际问题的能力,另一方面也从实际工程问题中提炼出科学问题,为进行国家自然科学基金、安徽省重大专项、安徽省重点研发等基础科学研究提供了参考。本专业约有65%以上的青年教师独立主持过企业横向合作开发课题,90%以上的青年教师主持过各级各类纵横向科研课题。

5.4.5　教师积极投身教学和教改

以合肥工业大学材料科学与工程学院金属材料工程系为代表,鼓励和要求教师,尤其是中青年教师积极投身教学和教改,在提升自身科研能力、工程能力和教学能力的基础上,进一步积极承担教学和专业改革计划项目,学校、学院以及专业教研室从机制、考核等多个方面综合协调,具体如下:

（1）完善机制,确保教师教学投入:学校对教师本科教学学时和教学工作量有严格的强制性要求,在聘期与年终考核、专业技术职务晋升中都对教学工作量提出明确的要求。如学校于 2016 年完善并出台了《合肥工业大学教师年度考核基本要求(试行)》《合肥工业大学教学工作量考核管理暂行办法》,明确规定每位教师的年度教学工作量不得低于 180 学时,且本科课堂教学学时不低于 32 学时;《合肥工业大学教师系列专业技术职务评聘工作试行办法》(合工大政发〔2013〕164 号)、《合肥工业大学教师系列专业技术职务评聘工作试行办法》(合工大政发〔2016〕148号)等文件规定申报教学科研类副教授职称的基本业务条件包括"需系统承担过 2门及以上本科或研究生课程的讲授工作,完成学院下达的年度教学工作量,且作为指导教师至少指导 1届本科毕业设计或毕业论文"。申报教学科研类教授职称的基本业务条件包括教学符合《合肥工业大学能力导向的一体化教学体系》中的要求,课程教学大纲、实验教学大纲、教案、教学过程评测成绩和总成绩、教师教学评估和改进措施表等教学资料完备,教学效果考核良好,教学科研类教师年度教学工作量不低于《合肥工业大学教学工作量考核管理暂行办法》文件规定的基本要求。

(2) 加强业绩考核结果运用:学校将教学业绩考核结果应用于教师年度考核、专业技术职务晋升、岗位聘用、出国研修以及各类评奖评优中。如《合肥工业大学教师年度考核基本要求》中明确规定"教学质量综合评价被认定为不合格的人员年度考核结果定为'不合格'等级"。在专业技术职务评审中,对申请教师系列专业技术职务人员实行教学质量"一票否决制"。

(3) 加强激励机制:为鼓励教师参与教学研究和改革,学校出台一系列政策和措施,包括《合肥工业大学教学项目与教学获奖奖励办法》《合肥工业大学教学质量与教学改革工程项目管理办法》,规定了各级各类教学研究成果奖、教学名师奖、教坛新秀奖和多媒体课件奖的管理和奖励办法。为调动教师指导学生各类学科竞赛的积极性,培养学生创新精神和工程实践能力,在《合肥工业大学教学工作量考核管理暂行办法》中明确将教师指导学生进行的各种创新创业活动计入教学工作量。学院也制定了相应的奖励政策,如在《材料学院标志性成果、优秀业绩以及教学质量奖励实施办法》中规定承担国家级"本科教学工程"团队项目奖励2万元、个人项目奖励1万元;在《合肥工业大学专业技术职务评聘工作试行办法》中明确规定了申报教学教研类副高职称需满足的教学研究条件为"以第一或通讯作者发表高水平教学研究论文1篇。且满足下列条件之一:主持校级及以上教学研究与改革项目;或参加省部级及以上教学研究与改革项目(前3名,主持人为第1);获省级教学成果二等奖(前2名)或一等奖(前3名)或特等奖(前4名);或者获国家级教学成果奖;获省级青年教师讲课比赛一等奖;参编(申请人撰写5万字及以上)正式出版的省部级及以上规划教材(包括通识课程教材和专业教材);担任校级及以上精品开放课程负责人"。

通过以上措施,作为教学任务的承担主体,专业教师始终积极投身在教学和教改活动中,将教学工作和学生指导作为首要工作任务,确保能够投入足够的时间和精力,保证教学质量。良好的激励机制推动教学研究与改革的开展,教师以教育教学质量为引导,积极参与人才培养模式改革、专业与课程建设、课程体系与教学内容优化、教学方式方法改进等教学研究和教学改革,并将研究成果应用于教学实践,取得如下良好效果:

① 本科人才培养方案得到完善,闭环教学体系逐步形成。

通过实施特色专业建设、专业改革综合试点、卓越工程师培养计划试点、CDIO工程教育人才培养模式改革等系列教学改革和质量工程项目,以能力导向、全面发展为主的本科人才培养方案已经达成共识,并已经展开实施,闭环的教学体系初步形成。人才培养质量进一步增强,受到用人单位的好评。

② 课程建设进一步加强,建立有特色的教学团队。

本专业教师积极进行课程建设与改革,通过精品课程建设及课程重组,实现课程内容和课程结构的整合和优化,形成开放的、多元的、动态的、课程间有机衔接的专业课程体系。专业建成《机械工程材料》国家级精品课程1项、安徽省级线上线下混合式精品课程1项(《材料分析测试方法》)、安徽省级大规模在线开放课程(MOOC)3项(《工程材料及热处理》《Engineering Materials》《热处理原理及工艺》),通过精品课程建设,逐步形成一支结构合理、人员稳定、教学水平高、教学效果好的教学团队和学术梯队。

③ 专业教师承担教学改革和质量工程项目。

近五年,本专业教师承担各级各类教研教改及质量工程项目24项,如表5.35所示。其中,主持安徽省重大教研项目1项、重点教研项目3项,省级质量工程项目10项,校级教研项目10项。教师通过主持、参与质量工程项目,深入进行教学研究,并将研究成果用于专业和课程建设,获省部级教学成果一等奖1项、二等奖1项。上述数据信息表明,本专业教师有足够的时间和精力投入到本科教学和学生指导中,并积极参与教学研究与改革。

表5.35　本专业教师承担的教学研究和质量工程项目情况

年度	项目类别	项目级别	项目名称	负责人
2020	线上课程	省级	热处理原理及工艺	徐光青
2020	线上线下混合式和社会实践课程	省级	材料分析测试方法	张　勇
2020	教学研究项目（重点）	省级重点	金属材料工程一流专业创新人才培养的教育教学改革与实践	罗来马
2020	教学研究项目（一般）	省级	一流本科专业建设环境下《材料科学基础》课程中"对分课堂"教学模式研究	孙　建
2020	青年教师教学研究项目	校级	新工科背景下《材料科学基础》智慧教学资源库建设	崔接武
2020	创新创业教育精品课程	校级	工程材料与创新方法	秦永强
2019	大规模在线开放课程（MOOC）示范项目	省级	Engineering Materials	王　岩

年度	项目类别	项目级别	项目名称	负责人
2019	教学研究项目（一般）	校级	金属材料工程一流专业创新人才培养的教育教学改革与实践	罗来马
2019	课程思政教学改革示范课程项目	校级	工程材料及热处理	秦永强
2019	课程思政教学改革示范课程项目	校级	《Engineering Materials》（双语）	王　岩
2018	教坛新秀	省级	教坛新秀	王　岩
2017	教坛新秀	校级	教坛新秀	王　岩
2017	教坛新秀	校级	教坛新秀	孙　建
2016	卓越人才教育培养计划	省级	金属材料工程专业卓越工程师教育培养计划	杜晓东
2016	教学研究项目（重点）	省级重点	专业认证新标准下的金属材料工程创新人才培养体系建设	杜晓东
2016	精品资源共享课程	省级	材料分析测试方法	张　勇
2016	教坛新秀	省级	教坛新秀	黄　俊
2016	大规模在线开放课程（MOOC）示范项目	省级	工程材料及热处理	黄　俊
2016	教坛新秀	校级	教坛新秀	崔接武
2016	青年教师教学研究项目	校级	面向专业认证的《材料科学基础》课程APP的试用及其资源库、试题库建设	孙　建
2016	青年教师教学研究项目	校级	《工程材料与热处理》课堂教学评估模式探索	秦永强
2015	教坛新秀	省级	教坛新秀	罗来马
2015	教学研究项目	省级重点	适应工程教育认证标准的材料类专业培养模式的改革与实践	张学斌

5.4.6　教师对学生的全面指导

根据专业人才培养目标、学生在"知识—能力—素质"三方面的培养要求和特点,本着"以生为本,以师为先,能力导向,全面发展"的原则,学校和学院高度重视学生在校期间的教育指导工作,建立了针对学生的各项指导机制,构建多层次全方位的学生指导体系。针对不同年级、不同类型的学生,设计全方位、多层次的指导、咨询和服务。指导、咨询和服务的内容主要包括：入学教育、学业指导、创新能力与创业意识培养、职业规划、心理辅导、就业指导等。为了更好地完成这些指导、咨询和服务等内容，学校和学院实施了诸多措施，如学校要求院领导必须参加新生的入学教育、学院制定本科生"本科生导师制"等，教师对学生指导的详细渠道见表5.36。

表5.36　教师对学生全面指导的渠道

渠道名称		指导执行者	指导方式	指导频度	受益人数
入学教育		院长、书记、教学副院长、副书记、系主任、班主任、辅导员、优秀校友	报告、讲座、班会、年级会、材料学院朋辈教育、集中座谈	每年一次	大一新生
学业指导	选课指导	教学副院长、教学办、系主任、教学秘书、辅导员	学生咨询、现场指导	每年一次	大一新生
	专业兴趣培养	系主任、专业导师、副书记、辅导员、杰出校友	授课、报告、讲座、座谈、个别谈话、课业辅导、科研训练	每学期一次	各年级学生
	学术指导	院长、系主任、专业导师	报告、讲座、面对面讨论、科研训练	不定期	各年级学生
	课外科技创新指导	教学副院长、副书记、专业导师、辅导员	报告、讲座、大学生创新计划项目指导	每年一次以上	各年级学生
	学科竞赛指导	专业导师、副书记、辅导员、班主任	报告、讲座、集中指导	每年一次	参加比赛学生
职业生涯规划		副书记、就业指导中心、专业老师、辅导员、优秀校友	职业生涯规划课程	每年一次	所有大四学生
心理辅导		学校心理咨询中心、副书记、辅导员	学生心理健康知识普及宣传、讲座、团体辅导、朋辈辅导、个别咨询、辅导员深度辅导、定期排查	不定期	大一新生及特殊学生

渠道名称		指导执行者	指导方式	指导频度	受益人数
专题教育	党员教育	组织部、党校、书记、副书记、辅导员、党政秘书	党课、专题讲座、座谈、特色党支部建设、党建专项	不定期	入党积极分子
	女生教育	书记、副书记、辅导员、校友及其他社会资源	讲座、座谈、团体辅导	每年一次	大一女生
	安全教育	学生工作办公室、副书记、辅导员	讲座、实验室安全考试、座谈会、班会	不定期	各年级学生

(1) 学业指导：除课堂教学以外,学业指导主要包括选课指导、专业兴趣培养、科技创新活动和创新实验指导、各种学科竞赛和设计竞赛指导及毕业设计(论文)指导等。学业指导主要由教学副院长、系主任、班主任、专业教师、教学秘书以及副书记、辅导员等人员实施。为充分发挥教师在学生培养中的主导作用,鼓励高水平教师更深入地参与本科生学业指导,提高本科生的培养质量。学院实施了"本科生导师制",规定导师的基本职责为学生学习上的导师,应向学生介绍学科和专业的教学内容、方向和发展前沿,使学生及时了解和明确专业的学习内容与发展方向;帮助学生掌握大学学习方法,尽快完成由中学向大学的学习方式的转变;对学生的专业学习、学习计划制定、选课等学习上的问题进行指导,帮助学生顺利完成大学学习。

(2) 职业生涯规划与就业指导：学校非常重视学生的职业生涯规划与就业指导,设置了大学生就业指导(必修)和职业生涯规划(选修)等课程,主要着力于职业意识、职业理想、职业道德和就业观、择业观、创业观、成才观教育。学院在对学生进行职业生涯规划和指导方面,主要是根据人才培养目标和接受职业从业教育的学生特点,引导学生树立正确的职业理想和职业观念,学会根据社会需要和自身特点进行职业生涯规划,并以此规范、调整自己的行为,为顺利就业、创业创造条件。本专业学生除配备专职辅导员外,学院还安排专业教师从大一开始担任班主任。班主任的主要职责是对大学生进行学业、科技创新、就业指导和职业生涯规划等方面的指导,并有针对性地开展思想政治教育。

(3) 科技创新创业指导：学校高度重视学生学术科技创新活动,要求所有的本科生在大学期间必须取得创新创业6学分方能毕业。学校还成立了创新学院,专门负责组织、实施大学生各种创新创业活动;并制定鼓励政策和措施,对学生开展科技文化创新活动给予专项指导。学院"本科生导师制"明确规定专业导师是学生科技创新的导师,要向学生介绍科研工作方法与思路,激发学生的科技创新热情,启发学生的科研思维,指导大学生的"科研训练"(Ⅰ、Ⅱ)课程;创造条件让学生参加科研活动,鼓励和引导学生参与自己的科研项目;指导学生申报创新性实验计划等科研项目,引导学生积极参与各类"科技创新"活动及学科比赛等,帮助学生取得"创新学分"。近年来,在专业导师的指导下,专业学生课外科技创新获奖层次不断提高,具体获奖情况见表5.37。

表5.37　本专业教师指导学生课外科技作品竞赛获奖(部分)

序号	竞赛项目名称	获奖级别/类别	指导教师	时间
1	Nano Dimension－Pioneer in quantum dots industry（工大纳维－新型量子点产业先驱）	第六届中国国际"互联网＋"大学生创新创业大赛国际赛道国家级银奖	王　岩,吴玉程	2020
2	第九届全国大学生金相技能大赛	国家级（一等奖1项,二等奖2项）	徐光青、秦永强、郑玉春	2020
3	热处理对Y_2O_3掺杂WC-Co硬质合金纤维组织和力学性能的影响	第六届中国大学生材料热处理创新创业大赛一等奖	秦永强、罗来马	2020
4	高性能Ho-Nd-Fe-B烧结磁体的关键制备工艺及性能优化	第六届中国大学生材料热处理创新创业大赛一等奖	刘家琴、张　琪	2020
5	烧结NdFeB磁体表面Zn镀层的稀土钝化及其耐蚀性能研究	第六届中国大学生材料热处理创新创业大赛二等奖	徐光青	2020
6	第八届全国大学生金相技能大赛	国家级（一等奖1项,二等奖2项）	徐光青、秦永强、郑玉春	2019
7	一种6063铝合金的热处理工艺	第五届中国大学生材料热处理创新创业大赛一等奖	秦永强	2019
8	一种烧结NdFeB磁体金属涂层的表面磷化钝化方法	第五届中国大学生材料热处理创新创业大赛二等奖	徐光青	2019
9	化学浸镀预处理辅助作用的纯铝气体渗氮行为研究	第五届中国大学生材料热处理创新创业大赛三等奖	孙　建	2019

序号	竞赛项目名称	获奖级别/类别	指导教师	时间
10	2019年中国大学生材料热处理知识大赛	一等奖	崔接武	2019
11	粉末烧结成型的换挡棘爪断裂分析	第四届失效分析大奖赛二等奖	徐光青	2019
12	第七届全国大学生金相技能大赛	国家级（一等奖1项，二等奖2项）	徐光青、秦永强、郑玉春	2018
13	基于表面机械纳米合金化与渗氮复合处理的铝合金表面梯度改性层的制备、组织结构与性能	第四届中国大学生材料热处理创新创业大赛二等奖	孙 建	2018
14	第六届全国大学生金相技能大赛	国家级（一等奖、二等奖、三等奖各1项）	徐光青、秦永强、郑玉春	2017
15	Effect of powder—feeding modes during plasma spray on properties of tungsten carbide composite coatings	第三届中国大学生材料热处理创新创业大赛一等奖	孙 建	2017
16	第三届安徽省"互联网＋"大学生创新创业大赛	校级银奖	张学斌	2017
17	第五届全国大学生金相技能大赛	国家级（一等奖1项，二等奖2项）	徐光青、秦永强、郑玉春	2016
18	第二届安徽省"互联网＋"大学生创新创业大赛	省级银奖	张学斌	2016

为增加教师参与指导学生社会实践、科技创新等非课堂教学活性的积极性，学校在新修订的《合肥工业大学教学工作量考核管理暂行办法》中，对教师指导的学生创新创业、科技竞赛等工作量的计算进行了明确的规定，并与第一课堂教学活动的工作量一起纳入年度考核和绩效津贴分配；学院也制定了相关激励措施，鼓励教师参与学生社会实践、科技创新等非课堂教学活动，如在《材料科学与工程学院标志性成果、优秀业绩以及教学质量奖励实施办法》中，对指导大学生科技创新实践以及学生管理教育等方面取得优异成绩的人员设置了"学生工作"单项奖励，与"科学研究""成果论文"等单项奖等同奖励；在年度考核中也明确规定评为优秀等次的重点考核其师德及参与"学生科技创新指导、学生班主任(班导师)"等各类公益活动情况。

综上，在"以生为本，以师为先，能力导向，全面发展"的教育理念指导下，通过针对不同年级、不同类型的学生全方位、多层次的指导、咨询和服务,使得本专业毕业生具有较高的综合素质、扎实的理论基础和宽厚的专业知识,并有较强的实践动手能力和创新能力。近三年本专业学生毕业就业率达到了96％以上。

5.4.7　教师在教学质量提升过程中的责任

教学质量是决定学生培养质量的关键,教师是教学过程的主导因素,是教学活动的组织者和实施者,应在各个教学环节中注重教学质量的提升。为了不断改进教学工作、提升教学质量,学校和学院明确了不同类型教师在教学质量提升中具有不同的责任,具体如下:

(1)学科带头人和专业负责人负责制定本专业培养目标和毕业要求,负责本专业建设与发展规划,以及专业教学计划制定与实施。

(2)课程组负责人和课程组教师负责课程教学方案的制定和完善,落实本专业培养目标、毕业要求在本门课程中的实施,制定教学大纲,明确讲授内容范围、考核形式和内容,负责组织本门课程教材的选用和编写。

(3)授课教师负责细化本门课程教案,负责课堂和实践教学环节的组织,通过课堂问答、作业、考试等手段评测和反馈教学效果,持续改进教学活动。

(4)校院督导组负责教学过程的监督和指导,特别是对新近教师和青年教师教学技能和教学活动的辅导。

围绕"能力导向一体化"的人才培养方针,以课堂教学为切入点,学校和学院强化了教师在培养目标和毕业要求制定、课程大纲制定、课堂教学、实验教学、课程设计、实习、毕业设计(论文)指导等教学活动实施中的责任(见表5.38);对教师任课资格、教学大纲制定、教材选用、课程考核等教学环节进行了制度规范;同时建立了有效的考评体系,发挥教师在教学评估、评价和改进中的作用,做到了教学和教学管理有章可循,保证了教学活动的高质量完成。

表5.38　教师在各教学活动中所承担的责任

教学文件或过程名称	主要措施	目　标
专业人才培养方案	教师参与人才培养方案的制定（修订）教师理解正在执行的专业人才培养方案的内涵	领会专业人才培养方案的制定或修订的指导思想,了解培养目标、毕业要求、课程体系等相关内容以及相互之间的关系,明确各个环节的目标和任务

教学文件或过程名称	主要措施	目标
教学大纲	课程组教师集体讨论起草教学大纲	使教师清楚自己所执行的教学环节对专业人才培养目标的贡献度,理解、把握课程内容对毕业要求指标点的支持度
课堂教学	规范教学日历、教案编写,教学过程考评内容及考核方式	实现课程教学对毕业要求的达成情况
学生指导	课内或课外,以经费资助、工作量计算、专项奖励等方式鼓励教师参与学生指导	提高学生综合素质、能力,实现毕业要求的达成
毕业设计(论文)	根据《合肥工业大学本科毕业设计(论文)工作实施细致》,明确指导教师在选题、开题、过程监控、中期检查、答辩等环节中的责任,加强管理监控	理解、把握毕业设计(论文)对各毕业要求指标点的支持度,并实现毕业要求的达成
教研活动	教研教改教学法活动、研讨会、座谈会、青年教师岗前培训等多种形式	深入理解教师所承担责任与本专业毕业要求之间
毕业要求达成评价	交流、研讨、评价、明确任务	使教师明确所承担的教学任务与相关毕业要求指标点的对应关系,通过评价、总结,促成持续改进。

5.4.8 教师能满足责任要求的管理机制

为使各类教师明确各自在教学质量提升过程中的责任,学校和学院采取了相应的措施,建立了教学质量考评机制(见表5.39),对教师的各个教学环节工作进行全面考评,以检查和评价每个教师是否能满足责任要求,进一步提升教师在教学工作中的责任感与使命感。具体有:

(1) 为了形成重视教学、重视人才培养的良好氛围,确保教学工作在学校各项工作中的中心地位,在《合肥工业大学专业技术职务评聘工作试行办法》中明确规定:学校将教师承担教学工作的业绩和成果作为聘任(晋升)教师职务的必要条件,同时申报评聘副教授、教授职务者须通过教学质量考核或评估(包括课程教学质量评估、本科毕业设计(论文)质量抽查、研究生毕业论文质量评估等),实行教学考核一票否决制。

（2）学校教务管理系统中，要求学生填写《学生对教师教学质量评估表》，广泛收集学生对教师教学的评价信息，学院再将评教信息反馈给任课教师供其进行参考改进。如果评教结果成绩较差，教学院长将与教师进行谈话，第一次谈话改进，第二次警告，第三次暂停授课资格。同时，年终考核时对教学工作量有基本的考核要求，如达不到相应的教学工作量将从岗位津贴中扣除相应酬金。

（3）依据《合肥工业大学本科教学督导组章程》，学院制定了《材料科学与工程学院教学质量监控实施细则》，明确了督导组工作职责与范围，督导组成员每年通过随堂听课，对教师(尤其是青年教师)的教学活动给予指导和建议，帮助教师开展教学改革、提高教学质量；对毕业设计(论文)从选题审查、开题报告、中期检查、答辩等进行全程督查和指导。

（4）为调动教师及教学管理人员开展教育教学研究，不断提高教学水平、教学质量的积极性和创造性，学校和学院制定了各类教学奖励办法。如学校负责国家级和省级教学成果评审推荐，设立青年教师教学基本功比赛，评选优秀毕业设计(论文)指导教师，学院设立青年教师教学基本功比赛、教学质量奖等。

（5）学校建立激励机制，以提高教学效果为目的，以"质量工程""本科教学工程"为引导，鼓励教师参与教学改革，优化教学内容，改进教学方法，提倡案例教学、问题式教学；鼓励教师进行教育教学改革与创新，参加各种教育教学研讨会，扩大与业内人士的交流；鼓励教师申请各类教研和科研项目，持续改进教学理念及教学方法，鼓励将科研成果应用于本科教学中。

（6）教学质量是对教师责任评价的主要环节，校院两级单位建立了完整教学质量保障制度，针对不同的教学组织形式，进行定期与不定期教学质量检查，具体措施如下：

① 校领导和学院领导执行听课制度和教学专题会议制度，及时研究和解决教育教学质量建设中出现的新情况、新问题，充分发挥教学指导委员会成员对学校本科教学工作和质量建设工作的指导、咨询和参谋作用。

② 学院本科教学指导委员会负责制定学院本科教学工作计划(含质量监控评价工作)，同时组成院级专家评价人员，负责学院本学期所有课程和教学环节的质量监控评价，并将每学期本科教学质量监控评价结果总结上报院教学指导委员会。

③ 新进教师培养。新进入教师队伍的青年教师担任课程前进行必须的培训与考察过程。参加高等学校师资培训中心岗前培训；参加教师资格培训，并通过教师资格认定教育教学能力测试后，取得教师资格证书；新教师在教学能力培养上采用"导师制"，经导师、相关课程组及专业教学主管领导协商后，参与教学活动。

（7）本专业定期组织教师参与教学法讨论，就教学督导组反馈的情况，针对存在的不足，相关课程组教师通过研讨、自检的方式提出改进办法，并定期跟踪改进效果。

表5.39　教师满足责任要求的检查和评价机制

环节名称	检查和评价内容	执行人	结果处理（使用）方式	形成的记录文档
教学日历	每位教师开课前提供教学日历，明确课程教学进度安排、重点知识和难点知识，获得批准后方可实施，保证教学内容的计划落实	教师、系主任、教学副院长、教务处长	意见反馈	教学日历及检查记录
课堂教学质量考评	考评内容包括备课、听课、课后辅导、作业布置及批改、教学纪律、教学研究、课程和专业建设、同行评价意见等情况，学生评教	系（教学中心、实验室）、学生	1次/学期，评价结果作为评先评优依据，对存在问题提出整改意见和建议	听课记录表，学生网上评教
期中教学工作检查	全面检查教学工作实施情况	校质量评估办公室、学院、专业、教师	1次/学期，根据检查结果提出整改意见和建议。	中期教学工作检查表、中期教学工作检查报告
教学督导	贯彻"督导并举，重在引导"的原则，重点放在课堂教学、实验教学、实践环节或其他教学环节和教学工作上；特别注重引导青年教师逐步提高教学水平	学校教学督导组、学院教学督导组学院、系领导	反馈给任课教师，与听课对象交流；每学期形成书面意见反馈给学院、专业。	教学督导工作总结、听课记录表
教学评估	（1）试卷评估； （2）毕业设计（论文）评估； （3）本科教学工作状态评估；	校质量评估办公室组织评估专家	（1）试卷评估，1次/学期； （2）毕业设计（论文）评估，1次/年； （3）本科教学工作状态评估，不定期形成评估报告反馈整改	（1）试卷评估报告； （2）毕业设计（论文）评估报告； （3）本科教学工作状态评估反馈意见

5.5 材料专业的持续改进

工程教育专业认证的顶层设计与实施过程遵循了三个基本理念:以学生为中心、成果导向、持续改进。这些理念的提出和具体落实,对于引导和促进专业建设步伐与教学改革效果、进一步提升工程教育的人才培养质量至关重要。持续改进的理念,在整个工程教育专业认证的体系中始终有所体现。参与到工程教育专业认证的相关专业,其持续改进的过程及效果,强烈依赖于各个学校教学质量管理体系以及学院或系内教学过程及监督反馈评价制度的具体落实,反馈评价体系的完整性与有效性至关重要。在一定程度上,学生培养过程的质量决定着培养质量,而培养过程的质量取决于质量管理的质量。通过质量管理和持续改进,可以使得整个教学过程及反馈评价过程处于受控状态,确定过程结果是否满足质量目标,并使不满足质量目标的结果得到及时纠正和预防。

5.5.1 毕业要求达成情况的评价机制

1. 评价原则

(1) 毕业要求达成情况评价包括:课程教学对毕业要求达成情况的评价、毕业生能力达成情况的自我评价、用人单位对毕业要求达成情况的评价。

(2) 课程教学对毕业要求达成情况的评价方法是:按12项毕业要求,每个毕业要求分解为若干的指标点,每个指标点由若干课程支撑,各支撑课程需确定用于支撑该指标点的考核内容和方式。

(3) 各支撑课程确定的用于支撑该指标点的考核内容和方式需合理、可衡量。

(4) 在设置分指标点支撑典型课程的权重时,主要综合考虑课程对指标点支撑的强弱关系,课程内容与毕业要求分指标点内涵的相关度,以及支撑课程的课时数等因素。

(5) 对每门课程在指标点中权重进行赋值,每个指标点对应的所有课程权重赋值之和等于1。

(6) 取金属材料工程专业该届全体学生作为评价对象。

(7) 经指定的责任教授对每门课程评价方案和依据的合理性进行确认。

(8) 课程和毕业要求达成情况必须严格按照考核方式和成绩进行评价。

（9）评价责任人和课程责任教授需严格按照本评价办法对课程达成情况进行评价，评价小组需需严格按照本评价办法对毕业生毕业要求达成情况进行评价。

（10）评价结果作为持续改进的依据，不作为教师考核的依据。

2. 评价方案

（1）毕业要求达成情况评价机制：首先依据培养目标制定适合本专业学生的毕业要求，再进一步分解为35个指标点，设置相应的教学环节支撑35个指标点，每一个指标点有2~5门主要课程支撑，最后对每门课程根据其对毕业要求的贡献度赋予相应的权重，围绕相应指标点实施教学活动，制定各指标点详尽的评价计划。评价计划包括选择恰当的评价方法、实施评估并收集评估数据、分析得出评价结果、将评价结果用于持续改进等。

（2）评价方法：以直接评价为主，间接评价收集的数据作为补充。直接评价方法包括考核成绩分析法和评分表法等评价技术性指标。考核成绩分析法是通过计算某项毕业要求指标点在不同课程中相应试题的平均得分比例，结合本门课程贡献度权重，计算得出该项毕业要求的达成情况评价结果。评分表法主要用于评价非技术性指标，为了评价学生对某一项毕业要求指标点在某一门课程中的达成情况，制定了详细、具体、可衡量的评价指标点，设置不同的达成情况层级，并对指标点的不同达成情况给出定性描述。对于某一项毕业要求在某一门课程中的达成情况评价由指导教师依据评分表，在考量过学生的试卷、实验报告、课程报告、作业等情况后作出，并通过满意程度给出量化分数，计算出该项毕业要求在该门课程中的达成情况评价值。最后综合该项毕业要求在不同课程中的达成情况评价值和相应课程的支撑权重，计算得出评价结果。间接评价方法采取调查问卷方式，包括应届毕业生、往届毕业生、毕业生就业单位的调查及社会第三方调查，获取培养目标和毕业要求的达成情况。

（3）数据来源：直接评价要求每位教师提供相应的合理考核和评价毕业要求达成的数据，首先制定试卷、作业、报告、设计等项目相应的评分标准，再依据评分标准给出每位学生在该项的得分，最终按每项的考核权重计算出每位学生在该门课程中的综合得分，按班级平均分和该门课程对毕业要求赋予的权重计算最终的达成情况数据。数据的采集是课程全体学生的考核结果，如果该课程支撑几个指标点，需要将考核结果根据课程支撑的指标点分类，再分别采集。数据采集的周期依据专业评估毕业要求达成情况的周期、课程达成毕业要求的评估周期进行。数据收集过程中，如果发现评价方法有不合理之处，及时调整或补充采用其他的评价方法收集数据，教师在收集数据的过程中应要根据反馈情况及时进行持续改进。间接评价采取问卷调查形式，通过受访单位以及毕业生对毕业要求核心能力重要性的认同程度以及毕业生的表现逐项按级打分,评价毕业要求的达成情况。

（4）评价机构:本专业成立专业毕业要求达成情况评价工作小组,成员由系主任、系副主任等专业负责人及骨干教师组成。专业教师依据毕业要求拆分的各项指标点、课程的教学目标、达成途径、评价依据及评价方式,通过采用直接评价与间接评价方法收集数据,进行达成情况评价,依据评价结果提出持续改进思路。专业教学质量评估小组对评价数据进行审核及分析,并对毕业要求达成情况进行评价,确定达成情况并形成专业持续改进的意见,经学院教学指导委员会讨论,最终确定持续改进总体措施。

（5）评价周期:达成情况评价以两个学年为周期,即在每一个教学活动结束后进行,以连续统计的两个学年的数据为依据。

（6）结果反馈:对于每个毕业要求指标点,计算支撑该指标点的主要课程的评价结果,求和得出该指标点达成情况评价结果;与专业"毕业要求的评价方法"规定的合格标准相比较,明确该项毕业要求评价结果是否"达成",并给出结论。对毕业要求中每一项的达成情况进行全面评价,形成《毕业要求达成情况评价表》。同时本专业已建立持续改进机制,在毕业要求达成情况评价过程中,不断地把评价结果反馈给课程或相应教学环节负责人、专业负责人,并用于持续改进。学院教学指导委员会每年定期召集教学工作例会,对学院各项有关建议改进的问题进行讨论,讨论教学质量,由评估小组形成分析结论,给出最终结果,并将结果通知相关教师。

（7）在开展课程达成情况评价前,由学院教学指导委员会对该门课程的评价依据(主要是对学生的考核结果,包括试卷、大作业、报告、设计等)合理性进行确认:考核内容完整体现了对相应毕业要求指标点的考核(试题难度、分值、覆盖面等);考核的形式合理;结果判定严格。采用试卷或报告作为达成情况评价依据,判定结果为"合理"。

（8）评价责任人在课程结束后需填写《课程毕业要求达成情况评价表》和《毕业要求达成情况评价表》。

（9）毕业要求达成情况评价工作小组在学生毕业后,根据所有教学环节的达成情况评价结果,对毕业生整体毕业要求达成情况进行评价。

5.5.2　毕业生跟踪反馈机制及社会评价机制

本专业所在的材料科学与工程学院已有一套完整的毕业生跟踪反馈和社会评价机制,具体如下。

1. 毕业生跟踪反馈机制

（1）应届毕业生座谈。

本专业每年组织应届毕业生代表座谈会，了解学生对专业毕业要求、课程设置、教学组织、教学过程的评价及自身的职业规划等与金属材料工程专业培养目标的一致性情况，听取应届毕业生对金属材料工程专业人才培养方案的看法和建议。

（2）往届毕业生问卷及网络调查。

学院对本专业毕业五年及以上的学生通过座谈会、问卷及网络调查等形式加强联系，了解毕业生的工作情况，听取往届毕业生对金属材料工程专业大学教育教学质量的意见和建议。问卷涉及毕业生在校期间所学知识或所锻炼的能力对现在工作的帮助、所学专业办学指导思想是否明确、专业培养计划及课程体系设置是否合理、对毕业要求的认同程度、毕业要求达成的自我评价、对母校和专业今后发展建议等方面内容。

2. 社会评价机制

（1）召开校友座谈会。

充分利用校友聚会、校友招聘等机会，邀请就业于不同行业的金属材料工程专业毕业生返校座谈。本专业毕业生就业的行业主要有大中型骨干企业、事业单位、继续深造等。座谈会主要包括调查问卷和互动交流两项。座谈会上，毕业生积极发言，讲问题、谈思路，帮助学校提高专业教学水平，并就专业办学指导思想、专业培养计划、课程体系设置、教学内容更新等提出了很多建设性的意见和建议。

（2）用人单位调查。

采用组织座谈会、走访用人单位和问卷调查形式了解用人单位的需求、本专业毕业生的工作情况、用人单位对本专业毕业要求的认同程度，以及对本专业毕业生在毕业要求达成的评价情况等，以此对本专业教学质量进行评价。尤其注重毕业生在实际工作中表现不够好或欠缺的地方，以在后续培养过程中改进。

根据毕业生跟踪反馈结果和社会评价反馈结果，对培养目标合理性、培养目标实现情况、培养目标能否适应社会需求进行定期评价。

5.5.3 评价结果用于持续改进

1. 评价结果用于持续改进的过程

本专业培养目标的形成是从工程教育认证理念出发，基于院教学指导委员会、

专业认证和新工科背景下材料类专业人才培养的创新与实践

院教学督导组、参与教学管理和实施的教师(系领导、任课教师)、企业专家以及毕业生等的教学及管理相关反馈信息,在充分研讨基础上最终确定。继而,基于本专业的培养目标形成符合工程教育认证的毕业要求,将各个专业要求指标点分解到课程中,制定培养方案及教学大纲,并坚持在教学、管理、保障、服务等各环节贯彻"成果导向,持续改进"的理念,保障毕业生达到工程认证的毕业要求。

具体评价方式采用问卷调查、走访、座谈、检查、听课、网上评教等多种形式对培养目标、毕业生能力、毕业要求达成情况、主要教学环节的教学质量等方面进行全面评价,并将存在的问题按照制度规定通过各种渠道及时反馈给教学副院长和教学指导委员会。

在此基础上,教学指导委员会根据具体情况分类整理相关方面的意见和建议;教学副院长会同有关专家,通过个别交流、座谈会等合适的方式督促指导专业负责人和任课教师针对存在的问题提出持续改进措施,并切实负责落实到相关教学工作中,从而不断提高教学质量,促进毕业要求的顺利达成,实现培养目标。具体工作方式如表5.40所示。

表5.40　评价结果用于持续改进的方式

评价主体	数据来源与收集办法	评价内容	评价周期	评价结果形式	执行改进	执行监督	改进措施
领导干部	随机听课	课程授课、实验教学	每学期	学院(系)领导听课记录表	教师	教学副院长	针对反映问题,副院长与教师针对性谈话。及时整改问题,以老带新,提高授课水平
学生	学生评教	课程教学质量	每学期	学生评教结果(课堂教学)	教师	教学副院长	督导专家组每学期针对问题以座谈会的集中反馈,并督促改进
校教学督导组	督导检查、评价	主要教学环节	每学期	督导听课记录表	教师	教学副院长、督导、系主任	针对某项毕业要求达成度稍弱,监督相关任课持续改进提高课程质量

评价主体	数据来源与收集办法	评价内容	评价周期	评价结果形式	执行改进	执行监督	改进措施
应届毕业生	问卷、座谈	毕业要求、教学计划及主要教学环节	每学年	应届毕业生座谈记录，调查问卷	系主任	教学副院长、院教学指导委员会	针对某项毕业要求达成度稍弱，监督相关任课持续改进提高课程质量
往届毕业生	问卷、走访、第三方评价机构	职业发展情况	每学年	往届毕业生调查问卷，校友访谈记录	专业负责人、系主任	教学副院长、院教学指导委员会	针对毕业生某方面能力不足，修订培养目标和课程体系
用人单位	问卷、走访	毕业生能力	每学年	用人单位调查问卷，用人单位访谈记录	专业负责人、系主任	教学副院长、院教学指导委员会	针对存在问题，邀请企业专家参与培养目标的修订，适应行业发展对人才的需求

2. 评价结果用于持续改进具体实施

本专业上一轮工程教育专业认证考查结果认为:合肥工业大学金属材料工程专业能吸引优秀生源,学校和学院、系均有制度化的学生指导机制,有明确的规章制度对学生进行管理。培养目标学校定位与社会需求、培养目标制定与修订有固有的程序,基本建立了达成情况评价机制。毕业要求能够覆盖认证标准对毕业生的要求,且得到课程体系以及其他教学活动的支持。教学计划是通过充分讨论而确定,有企业人员参与指导。教师的数量和结构合理,教师实际教学投入情况良好,重视对年轻教师的培养。有较好的实践平台,教学和实习条件能满足培养目标要求。

现场考查过程中发现的问题和不足主要包括:① 在毕业论文环节企业参与度不够;② 学生的国际化视野开阔效果不够明显,学生实习效果考核等的支撑信息不够充分;③ 外部评价机制有待于完善,毕业生跟踪反馈未形成长效机制;④ 教学过程质量监控机制有待于加强,应进一步完善教学过程质量监控的内部评价机制。

针对上一轮现场考查专家所提出的建设性意见,并结合本专业近六年来自身发展的特点,完善了持续改进机制,健全了将评价结果应用于持续改进过程的直接作用机制;充分利用由毕业生跟踪反馈机制和社会评价机制构成的外部评价机制,金属材料工程专业通过校内和校外两个闭环监控教学过程的实施,专业通过校内教学过程质量管理、监控与评价,以及校外对专业培养目标、毕业要求等方面的评估评价,建立了金属材料工程专业持续改进的机制。结合学生座谈会意见、教师反馈意见、学生评教意见、督导专家意见、往届毕业生调查意见、用人单位及第三方对毕业生的反馈评价结果,学院教学指导委员会协助专业教学质量评估小组和授课教师,针对评价内容进行总结归纳实现对教学过程的持续改进。

针对现场专家提出的问题和不足,近三年来,本专业及本专业所在的材料科学与工程学院,由分管教学的副院长牵头,针对专家所提出的具体问题逐一制定改进方案,并督促本专业负责人、专业教师及学生辅导员具体落实持续改进。评价结果用于持续改进的具体实施主要体现在以下五个方面:

(1) 学习领会专业认证新标准,包括《工程教育专业认证通用标准》以及《工程教育专业认证工作指南(2018版)》,建立完善培养目标、毕业要求和教学环节的持续改进机制,积极主动向全系教师、本专业学生宣传解读工程教育专业认证理念,重点建立毕业要求达成情况以及课程评价方法和制度,实现了对毕业要求达成情况和课程的科学、量化评价,制定完成了《合肥工业大学金属材料工程专业毕业要求达成度及课程评价办法》;在教学计划修订过程中,严格遵循工程教育专业认证理念,对课程体系、毕业要求及培养目标进行了逐条细化,并充分参考了行业及企业专家所提宝贵意见,修订后的本专业教学计划较好地体现了"成果导向,学生为本"的工程教育认证核心理念。为达成本专业培养目标和毕业要求,适应社会用人单位对金属材料工程专业毕业生在知识、能力和素质等方面的需求,按照学校的统一安排,本专业一般每2～4年制定(修改)一次专业培养方案,并根据工程教育专业认证通用标准和材料类专业补充标准,重点对本专业的课程体系进行了调整和修订。

(2) 针对"在毕业论文环节企业参与度不够"的问题,充分调动和发挥本专业授课教师及学院校友的主动性,联系本专业直接相关企业,通过科研合作课题形式,保证本科生毕业论文相关实验及测试过程全部或部分在企业内完成,并形成可靠数据以支撑毕业论文的研究体系及文档撰写;企业相关工作人员尤其是企业内的高级工程师、工程师等也积极参与指导本科生毕业论文过程相关实验,本专业聘请了安徽合力股份有限公司、安徽铜陵有色集团、合肥锻压机床股份有限公司、江淮汽车股份有限公司、合工大复合材料公司、合肥铸锻厂、合肥美的股份有限公司、铜陵有色金神耐磨材料有限公司、安徽省池州九华明坤铝业有限公司、安徽福斯特铝制品股份有限公司、国家电网安徽电力科学研究院、安徽盛运重工机械有限责任公司等单位工程实践经验丰富的工程师担任兼职教师,结合他们在工程实践与设计方面的经验,参与专业人才培养方案制定,协助指导毕业论文、生产实习、毕业实习等教学工作,部分企业人员直接作为毕业论文的合作导师,未作为合作导师的相关人员,在毕业论文的致谢部分给予了必要的说明和感谢。

(3) 针对"学生的国际化视野开阔效果不够明显"的问题,本专业首先改进《专业导论》(双语)的课程名称为《Engineering Mateirals》(双语),并进一步优化授课内容,通过引入国际著名高校相关专业的授课教材及内容,给予学生足够深入的讲解,课堂讲授过程中引入国际学术前沿最新发表的且与金属材料工程专业直接相关的高水平学术论文,并有针对性地讲解学术论文的主题思想及所运用到的专业基础知识,启发学生思考本专业在未来工程应用及研究领域可能取得的突破和成就,激发学生对于本专业学习的兴趣和积极性;其次,除了课堂教学过程,积极拓展学生包括本专业相关的学术报告在内的第二课堂,制定了材料科学与工程学院关于听取学术报告认定创新学分的相关规定,并大幅增加了国际学术报告场次,保证了本专业学生参加相关学术报告和交流的次数。通过邀请美国、德国、澳大利亚、日本等世界知名大学的教授来本学院、本专业做合作交流,为本科生做既具有一定专业深度,又覆盖专业基础知识的学术报告,丰富了学生课堂学习内容体系,进一步促进学生国际化视野的形成和拓展;再次,提高了对本科毕业论文(设计)环节中的英文文献查阅及翻译的要求,进一步培养了毕业生对于本专业最新国际、国内学术前沿及工程应用进展把握的能力。

(4) 针对"学生实习效果考核"等问题,本专业改进原有的实习效果考核模式,在原有实习报告、实习记录、实习考勤、实习考试基础上,针对实习过程所涉及的与本专业直接相关的专业基础知识,加强了实习报告、实习考试环节质量管理,提升了其权重,促使学生通过实习,进一步掌握企业实际生产过程中相关知识;进一步讨论,并明确规定了实习报告、实习记录、实习考勤及实习考试作为实习环节综合考核的四个方面内容,合理设置、固化了实习报告、实习记录、实习考勤及实习考试四项科目相应的权重比例,提高实习考核的科学性和准确性,强化对专业基础知识的系统性及面向实际生产过程中的技术难题的把握,全面提升学生工程实训、生产实习、毕业实习的综合效果。

(5) 针对外部评价机制和教学过程质量监控机制中存在的问题,学院层面及本专业负责人通过加强与毕业生及用人单位的联系和沟通,进一步加强外部评价机制建设,通过发放《合肥工业大学金属材料工程专业毕业要求达成情况用人单位调查表》《合肥工业大学金属材料工程专业毕业要求达成情况毕业生调查表》等了解用人单位对学生培养的评价和毕业生的自我评价,明确了本专业在课程设置、实验设置、平台建设等方面存在的不足,反馈调整教学计划;通过加强领导听课制度、同行听课制度及学生评课制度,掌握本专业授课教师的授课特点,并给出有针对性的改进措施,实现对教学过程质量的监控和优化,综合提升教师授课质量和学生学习的效果。

5.6 人才培养的改革探索

5.6.1 金属材料工程专业递进式实践教学设计与探索

合肥工业大学金属材料工程专业从工程教育专业认证、新工科建设以及"双一流"学科建设背景下人才培养等主题出发,积极进行教学改革探索。随着"双一流"学科建设的发展,高等院校对于本科专业学生的培养模式提出了新要求,人才培养更加注重专业化,培养的学生不仅要求具有扎实的专业基础知识,还要求具有良好的综合实践能力和创新能力。除了专业理论知识的学习,实验室、实践基地、生产实践等教学方式具有直观性、实践性和探索性等特点,有助于学生对所学专业知识有更加深刻和立体化地认知,还有利于培养学生实事求是的科学态度和不断钻研的进取精神,在学生创新实践能力培养方面起着不可或缺的作用。

金属材料工程专业是传统材料类专业的典型代表,全国有88所院校开设这一专业。目前专业实践教学中,实验室教学内容单一陈旧,单纯进行重复性和验证性的实验,难以开展多样性与综合性的实验;生产实践教学学生停留在参观学习,同时指导老师大多自身生产实践经验不足,难以有效指导学生,导致生产实习流于形式,学生走马观花只达到了认知实习的效果;实践教学从低年级到高年级衔接度不够,安排不合理,各个实验之间的关联性不足,削弱了学生循序渐进的思考和发现问题的能力,低年级开设基础实训课程,高年级开始专业实验课程和生产认识、实践实习,从基础到专业的实践课程开设没有很好的循序渐进地引导学生对专业的认知和了解,很多学生在大二学习结束时仍没有厘清专业特色和研究对象;同时理论和实践教学的关联性不高,理论与实践相脱节,实验室得到的实验结果与实际工程应用中材料的性能之间缺乏紧密联系;学生的专业学习目标不够清晰,低年级学生对专业认知清晰度不够,难以对所学专业具有强烈的学习兴趣,高年级学生专业实践能力较弱,创造能力欠缺,学生毕业后无法迅速适应并融入工作。因此实践和创新能力的培养逐渐成为专业教学和完善的趋势。

创造力是一种能力,具体突出在创新性思维上。根据华莱士提出的创造性思维的"准备期—酝酿期—明朗期—验证期"四个阶段论可知,人的思维首次是无意识引入,在掌握大量知识和信息的基础上,开始有意识的明确问题;然后在积累一定经验的基础上,会对问题和资料进行深入探索和思考,并进入潜意识的过程,潜意识思维更擅长信息整合和联结,具有发散性和联系性,从而有利于产生更多原创性的新颖想法;最后进入显意识阶段,完成创造过程。本节根据华莱士创造性思维四个阶段的规律来探讨和完善金属材料专业实践教学模式,进而培养和提高学生的专业创造力。

1. 递进式金属材料工程专业实践教学的设计与思考

在创造性思维的四阶段中,准备期是在明确目的和问题特征的基础上,积累相关的知识经验和掌握必要的创造技能,为发展创造性思维作广博的知识和技能奠定基础;酝酿期是在积累一定的知识经验的基础上,对问题深入分析和探索,有时会思路受阻导致问题搁置,但从事其他活动会对问题有潜意识的思考,对经验会再加工,进而受到启发,使问题获得创造性地解决;明朗期是在历经对问题周密的长时间思考之后,触发而产生新思想、新观念等,使得问题迎刃而解;验证期是对明朗期提出的新思想、新观念进行验证、补充和修正,使之趋于完善。

金属材料工程专业大部分学生认为金属材料工程专业重点在于培养传统的技术人才,学生对于所学专业的重要性了解不充分,导致专业学习兴趣较低,入学后不能明确专业定位、特色和发展方向,充满迷茫和困惑。结合创造性思维的第一阶段的特点,在金属材料工程专业低年级学生的教学过程中,需要全面、系统地提升学生的专业认知,了解专业特色,明确专业研究问题和对象,尤其是金属材料在大国重器建设中所起到的关键作用。目前低年级的教学仍以基础理论教学为主,学生的认知大多停留在书本上,没有宏观和立体的专业学习目标感。可以通过系统设计的专业导论、本科生导师制等予以学生学术入门指导、专业问题解答;通过班主任制来对学业发展予以监督和指导、交流分享以及未来引领,解决工科学生在大学学习中的角色转变、学习方法调整等问题;发挥朋辈力量,明确优秀学长、学姐对于低年级学生成长成才的帮扶和引航。同时还要充分发挥基础实践课程对专业人才培养的作用,与基础课开设单位商定和协调有利于专业能力培养的教学方案的设计和知识点的穿插,让学生在基础课实践学习时能清晰地了解金属材料专业在基础制造和生产中的重要性,增强学生的专业自信。例如《工程训练》中基础实践课针对金属材料工程专业学生的学习,增加热加工的学时安排,通过设置通用材料及其应用的展示、加工等过程,阐述金属材料的关键要素等知识点来增强学生专业认知能力。调整《认知实习》到低年级的学习阶段,同时指导老师做好专业问题的梳理和引导,让学生有计划有目的地参观了解社会、学校和相关企业,对材料领域的生产生活有直观的认识,引导对专业的思考和学习。

在学生具备一定基础、明确专业学习目标、适应大学的学习后,以问题为导向,通过第一课堂和第二课堂的有机结合来完善实践教学设计。第一课堂以实验教学为抓手,培养基本操作技能为主的普适性教育,同时可以将专业相关的最新科研成果引入到课堂教学内容中,使抽象难懂、枯燥的理论教学转变为生动具体的理论与实践高度融合的以工程实践案例为引领的案例式教学;第二课堂以学科竞赛、大学生创新项目为抓手,培养学生解决问题能力的提升教育,如材料学科基础知识竞赛、全国大学生金相技能大赛、材料热处理创新创业赛等。同时还可以依托学校分析测试中心等公共平台增设材料分析和测试等研究方法的实践课程,依托图书馆加强学生文献资料搜集、科研报告撰写的能力;通过聘用校外导师、产业专家、企业和院所高级技术和管理人员到学院做讲座和交流等进课堂、做报告等方式,分享工程学科前沿、材料工程工艺技术和方法,通过从多维度、多角度、多层次来获取丰富资源和拓宽专业学习面,使金属材料工程专业学者的思维酝酿期能得到充分的孕育和启发。

专业能力培养的最终目的是要培养学生解决实际问题的能力,对于高年级的学生尤为重要和关键,将使创新能力在明朗期得到巩固和提升。毕业实习尤为重要,学生掌握了专业知识后,通过毕业实习达到透彻深入地了解,结合理论知识解决实践问题,使学生进一步巩固在校学习的理论知识,熟悉并初步掌握生产实践技能,加强工业化生产观点。实习基地的选择至关重要,大部分企业出于经济效益的考虑,简化学生生产实习,学生只能进行参观实习,部分实习企业的生产设备、工艺过于陈旧,难以展现出本行业的先进水平,上述因素导致毕业实习目标的实现度有所折扣。因此在毕业实习过程中,可以与本行业的大型企业建立人才培养基地,将统一的毕业实习调整为分散式实习,根据学生兴趣,在固定的毕业实习基地深入了解产品制备工艺、材料选择依据;通过产学研融合来建立长期稳定全面的实习实践教学合作关系。通过产学研合作基地使学生了解企业管理体系,熟悉与金属材料相关的技术标准、知识产权、相关政策和规范等,也会通过金相检验、形貌观察、强度测试、冲击实验、疲劳测试、无损检测、射线检测等近30多种材料的检测和分析来训练学生解决实际生产生活问题的能力。

通过准备期的知识积累、酝酿期的意识拓宽,学生不仅加深了课程理论知识的理解,掌握材料分析测试方法,学会了文献检索、文献阅读和总结、报告撰写等技能,而且学生的自学能力、分析问题、解决实践问题的能力也会得到适当提高,明朗期和验证期学生的能动性会明显增强。以毕业论文为抓手,因时因地因需来设定专业相关的论文题目或研究方向,提倡导师以科研案例或企业需求为引导通过研讨共同确定研究方向,建立校内校外双向指导机制,鼓励学生自主发现和提炼研究命题等。同时完善相关硬件条件,打通校内外合作基地的共享,以创新创业的教学科研氛围为牵引,以问题驱动为动力,激发学生全身心投入毕业论文课题的研究。

2. 完善以综合创新能力培养为导向的教学体系

首先改变以教师为中心，教师在课堂上填鸭式练习的教学方式。通过引用线上优质教学资源、多媒体信息化的教学手段，通过问题和案例启发，动员学生课前查阅相关文献和书籍、观看 MOOC 视频等方式学习课程内容，课上以解决问题为目标，设定小组讨论环节，鼓励学生参与课堂教学，增加课堂互动机会，通过相互协作共同解决问题，形成"以学生为中心"的个性化课堂，从而激发和培养学生学习的主观能动性。

制定鼓励或奖励措施，鼓励本专业教师到企业生产一线参加实践、培训或者入站企业博士后，让他们了解金属材料生产过程中出现的实际问题以及解决方法，增强专业老师的实际问题解决能力和专业应用能力，使之成为"双师型"教师，或寻求校外导师、产业专家、企业有相关背景的技术人员，共同参与人才培养。

深度"产教融合"，与学校相关的基础单位、社会和企业共建专业实践平台、科研实践平台，多方位、多层次地支持学生专业学习、科学研究、学科竞赛以及创新创业实践活动。

通过多渠道的评价主体、多方面的评价内容与多种评价方式，建立科学的评价指标体系，发挥评价的导向、激励、调控与改进功能。具体可将过程性评价和终结性评价相结合，评教分离，多元化考核；将创新成果和实践活动作为过程性评价的一部分；推动创新研究和科技竞赛全学生覆盖，将科研论文和创新作品、竞赛作品的外部评价引入学生的能力评价体系。

"双一流"学科建设已成为我国高等教育专业改革的新风向标，对于增强高校专业竞争力、提高学生专业技能、促进学生进入国际就业市场具有重要的意义。本节通过华莱士的创造性思维的四个阶段的发展规律和特点，结合目前存在的主要问题，通过明确专业目标、积累专业知识、拓宽专业维度、激发专业思考、强化专业能力、提高社会适应性等进行了金属材料工程专业实践课程的改革与探索，为提高学生的专业实践能力和创新能力，为工程教育专业认证的改革提供一定的参考。

5.6.2　MOOC 模式及理念下金属材料工程专业教学改革探索

1. 国内外 MOOC 的发展现状

MOOC（Massive Open Online Courses，慕课）作为一种以学生（学习者）为中心的在线教学模式，源于发展多年的网络远程教育和视频课程。2001 年，美国麻省理工学院(MIT)最早将其课程视频免费放置网络公开平台,掀起了第一次在线课程建设的热潮。2001~2011年,MIT共计发布了约2000门在线课程,访问量超过1亿人次。2012年,由斯坦福大学Andrew Ng和Daphne Koller教授创建的Coursera在线免费课程则成为新的一个弄潮者,上线4个月和12个月后用户先后突破100万人和234万人。在MOOC风暴的强势冲击下,美国诸多知名院校纷纷加入合作共建在线免费课程,如斯坦福大学、普林斯顿大学和宾夕法尼亚大学等。2012年,美国哈佛大学与麻省理工学院共同成立EDX在线学习平台,首批课程在线学习人数超过37人。自2012年美国顶尖大学首次推出后,旋即席卷全球,因此2012年被称为"MOOC元年"。截至2013年10月,全球共有81所成员高校或机构加入在线教学阵营,共享386门课程,注册学生超过400万。MOOC在教育全球化和信息多元化的背景下开启了一种新的教育教学模式,尤其是在高等学校教育教学过程中发挥了越来越大的作用。

我国自2013年开始建立MOOC共享联盟,经过八年的快速发展,MOOC在高校教育体系中已占据举足轻重的地位。强化以学生为中心的在线教学模式,可以增强学生学习的主动性,辅以在线课程作业和课后作业,以进一步增强学习效果。MOOC教学模式不同于以往的远程教育、视频网络公开课或在线学习软件,它打破了原先单向的视频授课形式,不仅免费将世界名校教师的视频授课呈现在学生面前,而且能够将整个学习进程、学习体验、师生互动等环节通过网络平台完整、系统、全天候地展现给授课人员;学生不仅可以自由选择感兴趣的课程,而且还能自主决定学习的时间和进度。通过在线交流讨论、随堂测验、相互批改、自我管理学习进度等形式,MOOC模式带给了学生全新的学习体验,凭借其优质价廉、便捷开放、充分自主、聚类分享、互动互促等独特优势,吸引大量中国学生的关注和参与。

2. MOOC在我国的发展趋势

虽然MOOC的发展势头非常迅猛,在国外已经取得了良好的成绩,但现阶段在我国还仍处于酝酿与课程准备阶段。国内外MOOC发展和运行状况差距仍然较大,其主要原因有以下几个方面:一是高校和相关机构在MOOC制作和管理过程中提供的支持难以满足需求;二是大部分教师并未深刻意识到MOOC的发展是大势所趋,目前仍停留在线下教学模式;三是学生并未养成MOOC教学模式中的在线互动习惯。因此,MOOC在我国只是实现了课程在线共享,距MOOC的规模化、开发、在线互动等本质要求的实现仍有非常大的差距。

另一方面,由于商业模式、教育模式和语言环境的不同,国外MOOC的发展模式不适合在我国发展,MOOC在我国的发展需要寻找一条自己的路线。首先,需要根据学科特点加速建立本土的MOOC平台;其次,注重兼容并包的特点,结合我国传统教育教学方式与MOOC模式的优势,在一定的过渡时期内发展混合式教学,进一步拓展翻转课堂与对分课堂在MOOC中的应用,兼顾大学教育与在线课程教育的优势;最后,建立MOOC平台合作联盟,平台各自凸显并强化其优势,同时避免MOOC课程的重复建设,造成资源浪费。

MOOC教学模式并非一成不变,在不同学科的建设过程中也将出现差异化,针对不同的专业特点,差异化将得到进一步凸显,下面将以合肥工业大学金属材料工程专业为考察对象,探索MOOC背景下金属材料工程专业改革的一些思考。

3. MOOC背景下金属材料工程专业改革的探索

金属材料工程是一门普通高等学校本科专业,其主要目标是培养适应社会、经济、科技发展需要,德智体美劳全面发展,具有社会责任感、良好职业道德、综合素质和创新精神,国际视野开阔,具备金属材料工程专业的基础知识和专业知识,能在材料、机械、汽车、航空航天、冶金、化工、能源等相关行业,特别是在高性能金属材料、复合材料、材料表面工程等领域从事新材料及产品与技术研发、工程设计、生产与经营管理等工作的科学研究与工程技术并重型高级专门人才。该专业的研究对象及领域极其广泛,金属材料在国民经济中的市场占比超过80%,对金属材料成分—组织—结构—性能等关系的理解对于该专业的学习和理解至关重要。对于金属材料工程而言,又是一门实践性极强的专业,在教学活动中,既要关注理论知识的学习与思索,又要注重实践环节的训练。采用MOOC的教学模式进行金属材料工程专业课程的讲解,可以从课程的教学设计、教学方式及效果评价等几个方面探讨金属材料工程专业的教研改革。

在课程教学设计方面,应当针对不同课程的特点结合MOOC的优势开展教学设计。《材料科学基础》作为金属材料工程专业的专业基础课,起到了承上启下的作用,在教学设计方面极具代表性。《材料科学基础》的知识内容面广,既涉及理论知识又涉及实际应用,且有很多知识点理解难度比较大,例如晶体的空间点群、晶体中的位错等概念。针对课程中的教学难点,仅通过教师在课堂上的短暂讲解难以使学生能够轻松掌握,而借助MOOC的教学理念,结合雨课堂智慧教学工具,就可以在课前向学生们推送课前预习资料,对于晦涩难懂的内容推送本团队或者国内知名高校录制的MOOC视频进行预习,使学生对重难点内容做到心中有数,让学生在上课之前自主学习并完成相关习题,对难以理解的概念做到初步了解;改变传统课堂纯粹知识灌输的教学方式,进而利用课堂时间对学生难以理解、难以掌握的内容进行探讨,激发学生对未知知识探索的求知欲;最终通过雨课堂推送有针对性的课后习题对难点内容进行巩固。在教学设计过程中,需要思索如何引出案例,从而引导学生对问题进行深入探讨,继而对视频中的学习内容进行升华,加深学生对其理解的程度。

在课程教学方式方面,MOOC由于其天然的优势,无须在固定的时间和地点进行授课,只要有网络,便可根据自己的时间安排进行自主学习,从而可以发挥学生学习的主观能动性,变被动学习为主动学习。同时,借助MOOC进行教学,其视频时长一般在10~15分钟,相较于45~50分钟的纯课堂教学,更加有利于大脑的认知规律,从而可以加速记忆学习内容。在《材料科学基础》的MOOC视频中,以专题的形式对重难点知识点,如空间点群、空间点阵、位错、有效分配系数等概念进行重点讲解,通过课前预习—课堂详解—课后巩固等手段加以掌握。在MOOC理念下,将传统的教师"主动教"改变为学生的"主动学",将教学模式由过去的以"教师为中心"改为以"学生为中心",通过老师与学生的互动,一方面增强学生学习的浓郁兴趣,另一方面进一步加深教师对于知识点的理解。利用现代教育教学手段,构建多元化的教学方式,双向促进教师和学生对于知识点的理解、掌握和应用。

运用MOOC进行《材料科学基础》的授课,最终还需要一套完善的课程评价体系以反映教学改革的效果。通过教学设计和教学方式的改革,大幅缩减课堂灌输式教学时间,增加课堂教师与学生互动时间,让学生由被动接受知识变为主动思考难题,达到教与学的良性循环。考核方式纳入期末考试、期中考试、课堂互动、线上测试、课后作业等形式,采用多元化评价方式,建立以提升学生学习能力、解决问题能力为导向的综合评价机制。

5.6.3　深化校企合作,助推金属材料工程专业人才培养

现阶段,我国经济正处于转型升级的关键时期,转型升级的重点是利用现代技术改造传统产业,发展高新技术产业,发挥科学技术在经济发展中的重要作用,提高经济的可持续发展能力。这一时期,为了开发和应用先进技术、工艺和装备,迫切需要数量充足、结构合理的技能型人才特别是高技能人才作支撑,这也为校企合作提供了广阔空间。作为以工科为主的高校,校企合作对于人才培养起到了至关重要的作用,然而校企合作过程中也存在一些问题,如校企合作缺乏有效的制度约束,人事调整有可能导致校企合作中断;高校研究与企业生产之间的差距较大,难以弥合高校人才培养的目标与企业生产目标之间的缺陷等。经过多年的探索,金属材料工程专业从人才培养与企业生产的角度出发,建立了一套校企合作的良性工作机制与方式。

1. 建立校企研究平台，强化校企人才培养良性互动

金属材料工程专业涉及材料表面工程、材料热处理、高性能金属材料、材料腐蚀与防护、材料力学性能与物理性能等诸多研究领域，研究内容量大面广。同时与相关合作企业能够存在较大的共同利益点，通过发掘企业的真实需求与专业人才培养之间的共性问题，从而探索出企业与专业人才培养之间短期合作（利益）点和长期合作（利益）点，在长期合作点的基础上建立校企研究平台，通过人才培养与输送帮助企业提供技术人才，同时增强高校人才培养的实训效果，提高人才培养质量，强化校企合作的良性互动，促进校企双方的深度合作。近年来，金属材料工程教师与某磁性材料、磁器件的生产、销售、技术开发的公司共建磁体表面防护与宽频带吸波材料研究平台，一方面为了实现高性能吸波材料及其产品的迭代，需要建立研发团队和研发平台长期进行吸波材料的研发以及工艺改性，并通过与金属材料工作专业教师进行合作进行人才培养，并最终成为企业研发团队的骨干力量；另一方面，在长期合作过程中，经常性出现短期性技术难题，从而针对技术瓶颈进行短期攻关，在此过程中实现人才培养与企业利益创造的双赢目标。

2. 鼓励青年教师入站企业博士后，强化企业需求与高校人才培养的纽带

企业博士后培养模式是我国博士后人才培养的一种重要形式，它以我国的博士后制度作保障，为高校青年教师打造新了的工程实践平台，采用新的人才考核评价体系，在工程实践中提升青年教师的科研、实践能力，从而有效解决高校青年教师培养过程中与生产环节脱节的问题，进一步加强校企合作的纽带，开辟高校青年教师成长新路径。近年来，为了吸引人才回流，国内高校大力从国外引进人才，海外引才有利于引进国外先进科研经验和提高国内基础研究的水平。然而在此过程中也存在引进的人才在学生培养过程中暴露出知识结构缺失、工程经验匮乏等问题，该现象已经成为培养一流工程技术人才的一种阻碍。针对这些问题，提出了通过青年教师到企业进行博士后合作研究，力求提升青年教师自身知识结构、工程背景，提高专业课授课水准，预期能有效解决一线专业复合型青年教师的专业技能培养和提升的问题。近3年来，合肥工业大学金属材料工程专业共有6名教师先后进入相关企业进行博士后研究工作，占金属材料工程专业教师人数的25%。一方面，他们深入生产一线，探究金属材料在生产过程中存在的问题，并及时改良生产工艺、解决问题，为企业创造收益；另一方面，他们将生产一线中遇到的问题融入到课堂的知识点中，从而可以深入浅出剖析理论知识，并有效的与生产实践相结合。

第6章　大学生创新创业能力培养

党的十八大明确提出"科技创新是提高社会生产力和综合国力的战略支撑,必须摆在国家发展全局的核心位置",强调要坚持走中国特色自主创新道路、实施创新驱动发展战略。这是我们党放眼世界、立足全局、面向未来作出的重大决策,在此背景下应运而生的创新创业教育契合时代发展潮流,吻合时代主流精神,是适应经济社会发展和国家发展战略需要而产生的一种教学理念和模式,是国家发展战略在教育领域的新体现。

6.1　创新创业培养背景及能力需求

6.1.1　创新

1. 创新的概念

创新,也叫创造,是指以现有的思维模式提出有别于常规或常人思路的见解为导向,利用现有的知识和物质,在特定的环境中,本着理想化的需求或为满足社会需求而改进或者创造新的事物、方法和元素,并获得一定有益效果的行为。

创新是人类特有的认识能力和实践能力,是人类主观能动性的高级表现,是推动民族进步和社会发展的不竭动力。

1912年出版的《经济发展概论》中指出"创新是指把一种新的生产要素和生产条件的"新结合"引入生产体系,包括五种情况:引入新产品、引入新的生产方法、开辟新市场、获得新的供应源和新的组织形式。"这种创新的概念范围较广,涉及技术性变化的创新和非技术性变化的组织创新。

20世纪60年代,新技术革命的迅猛发展,"技术创新"被逐步提高到"创新"的主导地位。1962年伊诺思(J. L. Enos)在《石油加工业中的发明与创新》一文中首次对技术创新做了明确定义,指出"技术创新是集中行为综合的结果,包括发明的选择、资本投入保证、组织建立、制定计划、招用工人和开辟市场等"。美国国家科学基金会将创新定义为"技术创新是将新的或改进的产品、过程或服务引入市场"。

20世纪七八十年代,有关创新的研究进一步深化,开始形成系统的理论。J. M. Utterback在1974年发表的《产业创新与技术扩散》中认为,"与发明或技术样品相区别,创新就是技术的实际采用或首次应用"。著名学者C. Freeman把创新对象基本上限定为规范化的重要创新,认为技术创新在经济学上的意义只是包括新产品、新过程、新系统和新装备等形式在内的技术向商业化实现的首次转化。1973年发表的《工业创新中的成功与失败研究》中提出"技术创新是一技术的、工艺的和商业化的全过程,其导致新产品的市场实现和新技术工艺与装备的商业化应用"。其后,在1982年的《工业创新经济学》修订本中明确指出"技术创新就是指新产品、新过程、新系统和新服务的首次商业性转化"。

我国20世纪80年代以来开展了技术创新方面的研究,傅家骥先生对技术创新的定义为:企业家抓住市场的潜在盈利机会,以获取商业利益为目标,重新组织生产条件和要素,建立起效能更强、效率更高和费用更低的生产经营方法,从而推出新的产品、新的生产(工艺)方法,开辟新的市场,获得新的原材料或半成品供给来源或建立企业新的组织,它包括科技、组织、商业和金融等一系列活动的综合过程。彭玉冰、白国红也从企业的角度为技术创新下了定义:企业技术创新是企业家对生产要素、生产条件、生产组织进行重新组合,以建立效能更好、效率更高的新生产体系,获得更大利润的过程。

2. 创新的类型

(1) 思维创新。

破除迷信,超越过时陈规,善于因时制宜、知难而进、开拓创新的思维方式,是人们突破既有经验的局限,打破常规,在前人理论和实践的基础上寻找超越的思想活动方法。思维创新是一切创新的前提,思维定式会严重阻碍创新活动的开展。

党的十八大以来,习近平总书记多次强调创新思维,指出"惟创新者进,惟创新者强,惟创新者胜"。我们要拿出"敢为天下先"的勇气,锐意改革,激励创新,积极探索适合自身发展需要的新道路、新模式,不断寻求新增长点和驱动力。在谈到实施创新驱动发展战略是,特别强调"要以创新的思维和坚定的信心探索创新驱动发展新路"。

(2) 产品创新。

产品创新可以分为全新产品创新和改进产品创新。全新产品创新是指产品用途及其原理有显著的变化;改进型产品创新是指在技术原理没有重大变化的情况下,基于市场对现有产品所做的功能上的扩展和技术上的改进。全新产品创新的动力机制既有技术推进型,也有需求拉引型。改进产品创新的动力机制一般是需求拉引型。

产品创新源于市场需求,源于市场对企业的产品技术需求,也就是技术创新活动以市场需求为出发点,明确产品技术的研究方向,通过技术创新活动,创造出适合这一需求的适销产品,使市场需求得以满足。在现实的企业中,产品创新总是在技术、需求两维之中,根据本行业、本企业的特点,将市场需求和本企业的技术能力相匹配,寻求风险收益的最佳结合点。产品创新的动力从根本上说是技术推进和需求拉引共同作用的结果。

(3) 技术创新。

技术创新指生产技术的创新,包括开发新技术,或者将已有的技术进行应用创新。科学是技术之源,技术是产业之源,技术创新建立在科学道理的发现基础之上,而产业创新主要建立技术创新的基础之上。

技术创新与产品创新有着密切的联系,又有所区别。技术的创新可能带来但也未必能带来产品的创新,产品的创新可能需要但也未必需要技术的创新。一般来说,运用同样的技术可以生产不同的产品,而生产相同的产品也可以采用不同的技术。产品创新侧重于商业和设计行为,具有成果的特征,因而具有更外在的表现;技术创新具有过程的特征,往往表现更加内在。技术创新可能并不会带来产品的改变,而是仅仅带来成本的降低、效率的提高等变化。譬如,改善生产工艺、优化作业过程,从而减少资源消费、能源消费、人工耗费或者提高作业速度。

(4) 制度创新。

制度创新的核心内容是经济和管理制度的革新,是支配人们行为和相互关系的规则的变更,是组织与外部环境相互关系的变更,通过改变员工的态度、价值观和加强信息交流,使他们认识和实现组织的变革与创新。组织与制度创新主要有以下三种:

① 以组织结构为重点的变革和创新:如重新划分或合并部门、改造流程、改变岗位及岗位职责、调整管理幅度等;

② 以人为重点的变革和创新:改变员工的观念和态度,进行知识的变革、态度的变革、个人行为乃至整个群体行为的变革;

③ 以任务和技术为重点的变革和创新:将任务重新组合分配、更新设备、创新技术,以达到组织和制度创新的目的。

(5) 管理创新。

管理创新是指企业把新的管理要素(管理方法、管理手段、管理模式等)或要素组合引入企业管理系统中,以更有效地实现组织目标的活动。

管理创新包括管理思想、管理理论、管理知识、管理方法、管理工具等的创新,按照功能也可将管理创新分解为目标、计划、实行、检馈、控制、调整、领导、组织、人力等九项管理职能的创新。

6.1.2　创业

1. 创业的概念

创业是创业者对他们所拥有的资源或通过努力能够拥有的资源进行优化整合,创建新企业,为消费者提供产品和服务,为个人或社会创造出更大的经济或社会价值的过程。杰夫里·蒂蒙斯(Jeffry A. Timmons)所著创业教育领域的经典教科书《创业创造》(*New Venture Creation*)中提到,创业是一种思考、品行素质、杰出才干的行为方式,需要在方法上全盘考虑并拥有和谐的领导能力。创业概念中包含以下几层含义:

(1) 创业是一个创造的过程,创业者需要付出努力和代价;

(2) 创业的本质在于对机会的商业价值的发掘和利用;

(3) 创业的潜在价值需要通过市场来体现,即市场是实现价值的渠道;

(4) 创业以追求回报为目的,包括个人价值的满足与实现、知识与财富的积累等。

2. 创业的要素

蒂蒙斯模型提出了创业的三大关键要素,即创业机会、创始人及其团队、创业资源,如图6.1所示,三个核心要素缺一不可。

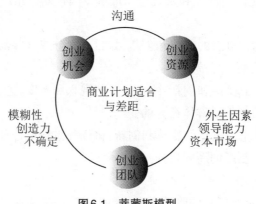

图6.1　蒂蒙斯模型

创业机会是创业过程的核心驱动力，没有创业机会，创业活动就成了盲动，难以创造真正的价值；创始人及创业团队是创业过程的主导者和核心，没有他们的主观努力，创业活动是不可能发生的；创业资源是创业成功的必要保证，没有必要的资源，机会也就难以被开发和实现。

蒂蒙斯创业过程模型，是一种商业模型。创始人及创业团队必须在推进业务的过程中，在模糊和不确定的动态的创业环境中具有创造性地捕捉商机、整合资源和构建战略、解决问题的能力。

创业过程是商业机会、创业团队和创业资源三个要素匹配和平衡的结果，也是一个连续不断寻求平衡的行为组合。在三个要素中绝对的平衡是不存在的，但企业要保持发展，必须追求一种动态的平衡，由不平衡趋向于平衡。

3. 创业的类型

创业活动涉及的行业、领域、项目千差万别、种类繁多，创业的类型也呈现多样化。

（1）按创业形式分类。基于创业的形式，可将创业分为复制性创业、模仿性创业、安定型创业和冒险型创业。

① 复制性创业。

在现有的经营模式基础上，复制原有公司的经营模式所进行的创业。复制性创业在所有创业中占有较高的比例，并且有着前期经验的积累，创业的成功率也较高。

② 模仿性创业。

指的是创业者看到他人创业成功后，采取模仿和学习而进行的创业活动。模仿型创业具有投资少、见效快、迅速进入市场等特点。这种形式的创业，对于市场来说虽然也无法带来新价值的创造，创新的成分也很低，但与复制型创业的不同之处在于，创业过程对于创业者而言还是具有很大的冒险成分。

③ 安定型创业。

指的是对创业者不确定性小，为市场创造价值，强调创新而非创造新企业的稳健型创业类型。这类创业强调的是创业精神的实现，也就是创新的活动，而不是新组织的创造，企业内创业即属于这一类型。

④ 冒险型创业。

指一种难度很高，有较高的失败率，但成功所得的报酬也很惊人的创业类型。这种类型的创业如果想要获得成功，必须在创业者能力、创业时机、创业精神发挥、创业策略研究拟定、经营模式设计、创业过程管理等各方面都有很好的搭配。

（2）按创业起点分类。基于创业者的创业起点，可以分为创建新企业和企业内创业。

① 创建新企业。

创新型企业指创业者团队从无到有地创建全新的企业组织。这种创业过程充满机遇,创业者团队的想象力、创造力可以得到最大限度的发挥,但风险和难度也较大,会遇到缺乏资源、经验和相关方面支持的困境。

② 企业内创业。

企业内创业指在已有企业内部进行创新创建的过程,现有公司为了适应市场环境的变化,开发新的产品或者服务,提高公司竞争力和盈利能力而开展的创业活动。企业内创业一般由有创意的员工发起,在企业的支持下进行企业内部新项目的创业,并与企业分享创业成果。

6.1.3 创新与创业的关系

创新的本质是推陈出新,创业的本质是资源的整合和再创造。虽然是两个不同的概念,但两者相互关联、密不可分。

1. 创新是创业的基础,是创业的本质与源泉

科学技术、思想观念的创新,促进了人们物质生产和生活方式的变革,引发新的生产、生活方式,进而为整个社会不断地提供新的消费需求,这是创业活动之所以源源不断的根本动因。只有在创业过程中具有不断的创新思维和创新意识,才可能产生新的富有创意的想法和方案,才可能不断寻求新的模式、新的思路,从而获得成功。

2. 创业是创新的载体,推动并深化创新

创新的价值就在于将潜在的知识、技术和市场机会转变为现实生产力,实现社会财富的增长,造福于人类社会,而实现这种转化的根本途径就是创业。创新只是为创业成功提供了可能性和必要准备,如果脱离了创业实践,缺乏一定的创业能力,创新也就成了无源之小、无本之体。创业可以推动新发明、新产品或新服务的不断涌现,创造出新的市场需求,从而进一步推动和深化各方面的创新,也就提高了企业,甚至整个国家的创新能力,推动经济的增长。

6.1.4　大众创业、万众创新

"大众创业、万众创新"出自2014年9月夏季达沃斯论坛上李克强总理的讲话,提出让每个有创业愿望的人都拥有自主创业的空间,让创新创造的血液在全社会自由流动,让自主发展的精神在全体人民中蔚然成风。借改革创新的"东风",在960万平方千米的土地上掀起"大众创业""草根创业"的新浪潮,形成"万众创新""人人创新"的新势态。在随后的首届世界互联网大会、国务院常务会议和2015年《政府工作报告》等场合中,李克强总理也频频阐述这组关键词。

2018年9月18日,国务院印发《关于推动创新创业高质量发展打造"双创"升级版的意见》(以下简称《意见》),提出了打造"双创"升级版的八个方面政策措施。《意见》指出,要以习近平新时代中国特色社会主义思想为指导,全面贯彻党的十九大和十九届二中、三中全会精神,按照高质量发展要求,深入实施创新驱动发展战略,通过打造"双创"升级版,进一步优化创新创业环境,大幅降低创新创业成本,提升创业带动就业能力,增强科技创新引领作用,提升支撑平台服务能力,推动形成线上线下结合、产学研用协同、大中小企业融合的创新创业格局,为加快培育发展新动能、实现更充分就业和经济高质量发展提供坚实的保障。

为贯彻落实《意见》有关精神,共同推进"大众创业、万众创新"蓬勃发展,国务院建立由发展改革委牵头的推进"大众创业、万众创新"部际联席会议制度。联席会议工作职责包括:在国务院领导下,统筹协调推进"大众创业、万众创新"相关工作,研究和协调《意见》实施过程中遇到的重大问题,加强对《意见》实施工作的指导、监督和评估;加强有关地方、部门和企业之间在推进"大众创业、万众创新"方面的信息沟通和相互协作,及时向国务院报告有关工作进展情况,研究提出政策措施建议;完成国务院交办的其他事项。

6.1.5　新时代大学生的创新创业

1. 大学生创新创业的背景及意义

随着高等教育规模的扩张,大学毕业生的就业问题也日渐突出,2011年到2020年的10年间,毕业生人数逐年增长,增长率为32.4%,达到874万人的新高峰,近10年累计毕业生人数为7603万人,如图6.2所示。

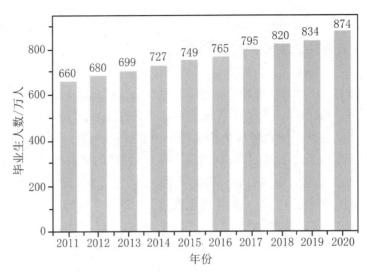

图6.2　近10年我国大学毕业生人数

大学生就业面临复杂严峻的形势。为了解决大学生就业难题，近年来从中央到地方都出台了一系列的应对措施，其中鼓励大学生创业被摆在了突出的位置，"大力支持自主创业、促进以创业带动就业"成为应对就业难题的重大战略。因此，大学生创业在"大众创新、万众创业"的当今社会具有十分重要的意义。

（1）以创业带动就业是缓解大学生就业难的有效途径。

创业具有扩大就业的倍增效应，大学生创业不仅是就业的重要形式之一，还能够解决更多人的就业问题。一个创业能力很强的大学毕业生不但不会成为社会的就业压力，相反还能通过自主创业活动来增加就业岗位，缓解社会的就业压力。

（2）有利于大学生谋求生存与自我价值实现。

随着社会的不断发展，创办企业越来越需要有较高知识水平和技术能力，而拥有专业知识的大学生更有能力通过创业来实现价值创造。大学毕业生通过自主创业，可以把自己的兴趣与职业紧密结合，做自己最感兴趣、最愿意做和自己认为最值得做的事情。在五彩缤纷的社会舞台中大显身手，最大限度地发挥自己的才能。

（3）有利于大学生实现致富梦想。

如果大学生要想变得富有，自己创业是有希望实现致富目标的途径之一。当前，大学生的就业观念正在悄然发生改变，一个鼓励创业、保护创业、崇尚创业的大环境正在逐步形成。产业结构调整给大学生带来很多创业机会，使大学生更有机会通过自主创业实现致富梦想。

（4）有利于促进中小企业的快速发展。

从国际经验来看，等量资金投资于小企业，它所创造的就业机会是大企业的四倍。因此，鼓励大学生自主创业有利于中小企业的快速发展。

（5）有利于培养大学生艰苦奋斗的作风。

大学生自主创业的过程中，困难、挫折或失败都在所难免，这就要求自主创业的大学毕业生具备顽强的意志和良好的品格，勇于承担风险，自立自强，艰苦拼搏。通过创业培养了自立自强意识、风险意识、拼搏精神和艰苦奋斗的作风。

（6）有利于培养大学生的创新精神。

创新是一个民族的灵魂，是一个国家兴旺发达的不竭动力。青年大学生作为中国最具活力的群体，如果失去了创造的冲动和欲望，那么中华民族最终将失去发展的动力。大学生的创业活动，有利于培养勇于开拓创新的精神，把就业压力转化为创业动力，培养出越来越多的各行各业的创业者。

2. 大学生创新创业的现状及存在的问题

2018年9月10日，习近平总书记在全国教育大会上明确提出"要把创新创业教育贯穿人才培养全过程，以创造之教育培养创造之人才，以创造之人才造就创新之国家"。在国家创新创业政策的引导下，大学生成为创新创业的主力之一。国家相继出台了一批鼓励大学生创业的优惠政策，各地政府部门都推出了针对大学生的创业园区、创业教育培训中心等，高校也纷纷创立了自己的创业园，为学生创业从各个方面提供基于资源和政策的支持，确保"机构、人员、场地、经费"到位，以此鼓励大学生自主创业。但总体来说，创业具有高风险性和不确定性，涉世未深、缺乏经验、资本积累薄弱等原因往往也会导致大学生创业的夭折。就目前来看，大学生首次创业成功的比率比较低。统计数据显示，我国整体的创业成功率基本可以达到30%，而其中大学生创业成功率仅有3%左右。大学生创业成功率较低，主要存在以下原因。

（1）传统观念制约、创新创业意识不强。

观念制约是大学生创业中的普遍情况，主要是受到国内的一些传统观念的影响。自古以来人们崇尚"学而优则仕"，读书的目的是做官，官本位思想严重，当下每年的公务员考试异常火爆也是这种观念的体现。受传统观念影响更大的家长希望孩子毕业后能找一份"体面"并且"稳定"的工作，在创业各方面条件有限的情况下，基本不考虑支持子女创业。基于这些因素的影响，绝大多数大学生对未来的规划还是考虑升学或者就业，对创新创业没有积极地去认知和了解，只有极少数同学会将创业作为自己未来的职业规划，大学生群体积极主动创新创业的意识不强。

（2）双创教育环节薄弱、创新实践能力不强。

缺乏创新创业教育经验。我国高等教育在创新创业教育教学方面还处在起步阶段，创新创业教育经验、创新创业教育标杆导向以及高等教育创新创业教育政策引导的缺乏，使得实际高校创新创业教育成效不足。

缺乏创新创业教育环境。与发达国家相比,我国整体的创新创业大环境相对较差,由于起步较晚,创新创业生态圈尚未形成,实际的创新创业氛围不够浓厚,加上我国创新创业社会体制不健全,使得我国高等院校创新创业教育工作开展困难。

缺乏创新创业教育课程体系。有些高校在课程设置时,对创新创业教育没有明确的定位,只是将创新创业作为拓展或选修课,其认知目标仅停留在促进学生就业务实的层面上,没有提高到培养适应新时代要求的双创人才高度,故而没有将创新创业教育纳入教学体系的主渠道,没有建立具有双创特色的课程体系。

缺乏创新创业教育师资力量。目前大多数高校缺乏专业的创新创业教师,多数由其他基础课教师、专业课教师来兼任。这些教师并未受过完整的创新创业教育,自身也没有创业经验,严重影响了学生创业意识的形成。

(3) 市场意识淡薄、创业经验缺乏。

大学生由于其特殊身份,人际交往范围相对狭窄,主要精力是在校园完成学业,接触社会的机会较少,对市场经济规则、模式也不熟悉;对创业领域的选择可能仅仅是从个人兴趣角度考虑,对各个行业的动态发展及商业信息把握不准,很难全面了解创业行情并进行理性的风险分析。此外,大学生也缺乏创业的基本常识,如注册、贷款、办理各种工商手续以及相关的法律常识、创业方式和技巧、首次创业所需的条件及各类注意事项等。

大学生创业选择的行业面窄,多数人选择了和自身专业相关的行业。这些行业大多数属于高科技领域,如软件、网络等,而对小规模的生活类的行业涉及较少,而这些并不被大学生青睐的生活类行业恰恰具备启动资金少、容易开业并且风险相对较低的优势。

市场意识淡薄、创业经验的缺乏加大了大学生创业的困难程度,很多时候可能就是中间某个小环节没有做好而导致首次创业的整体失败。

(4) 支撑体系不健全、保障机制不完善。

大学生创业离不开学校、行业、政府的多元化支持,然而当前大学生创业实践的政策和制度等保障机制并不完善,缺乏完整有效的支撑体系。国家层面已经出台了很多关于鼓励、扶持大学生创业的政策和建议,但在具体实施时,高校、有关单位及地方政府缺乏行之有效的配套措施。不同单位、不同地域出台的具体政策具有很大的差异性,有些政策还对创业者提出了较为苛刻的要求,这些都严重影响在校大学生的创业实效,亟需进一步优化。

目前各大高校大学生创业失败率居高不下,既有大学生自身的原因,也有政策支撑不够、保障体系不完善、缺乏社会和家庭的支持等多方面的原因。

6.1.6　大学生创新创业能力需求要素

教育部在 2015 年将创新创业能力作为评价本科高校教育质量的主要标准之一,创新创业研究成为学术界和实践界炙手可热的主题。"创新"是通过应用更好的解决方案,满足新的需求,通过更有效的产品、服务、技术或想法,获得市场、政府和社会的支持;"创业"是通过整合优化资源,创立企业从而创造出更多的经济效益和社会价值。厘清创新创业过程所需的能力要素对于普通高校创新创业课程设计、提高学生创新创业能力培养质量、推动社会进步和国家经济发展具有重要意义。

1. 自主学习能力

所谓自主学习是指个体在学习过程中一种主动且积极自觉的学习行为,是个体非智力因素作用于智力活动的一种状态显示。其重要特征是已具备了将学习的需求内化为自动的行为或者倾向,并具备了与之相应的一定能力。

创新创业教育从根本上要求提升学生的综合素质与能力,使学生不仅能轻松应对社会变革所带来的冲击,更能在各方面都出类拔萃,能适应瞬息万变的社会环境,提高职业生涯中的适应性和开拓性。当今,知识更新迅速,三年左右的时间,人类的知识量就会翻一番,各个领域的新理论、新技术、新产品也层出不穷。大学生在未来就职或者自主创新创业过程中会涉及大量专业之外的工作,需要学习更多相应的知识和技能。而自主学习能力是适应未来社会需求的一种基本能力,不仅能使学生在学习过程中进行自我规划、自我监控,而且能使学生明确意识到自身与外界环境要求上的差别,从而实施自我调节、自我总结和自我补救。因此在创新创业背景下,学生自主学习能力的培养是时代发展的必然要求。

2. 知识的运用能力

一定的知识基础是创新创业的根本,基本的理论知识来源于实践,反过来也指导实践过程,是创新创业能力的支柱之一。这里的知识基础不仅仅是知识的本身,更要包括知识的获取、知识的更新和知识的运用。知识的获取能力以及更新就是前面所说的自主学习能力,而知识的运用能力就是在实践过程中用知识解决实际问题,能够把书本所学的基本知识点转化为解决问题的实用知识的能力,使知识技能性。如何将知识转化为能力运用在创新创业过程中,是人们在创新创业中能否成功的决定性因素。要发挥知识的力量,本质上来说就是要把知识转化成效率或者效益,让其充分体现出它的作用。

3. 创新性的人格特质

创新性的人格特质是成功创业不可或缺的要素之一，对当代大学生的创新创业有着至关重要的作用。创业心理品质是对创业者的创业实践过程中的心理和行为起调节作用的个性心理特征，也就是心理学上所说的情感和意志，虽然其与每个人固有的气质、性格有密切的关系，但也可以通过后天的训练得以培养和提高。良好的心理素质教育可以培养大学生的独立意识和理性精神，包括敢于尝试、理性思考、勇于创新、敢于承担责任的创业心理品质。具备高适应性(稳定、自信、有效)和高内控型(控制自己的行为、积极搜索信息、倾向于影响和说服他人)的个体产生的创造力通常比适应性差(神经质、自疑、情绪化)和高外控型(相信机遇、命运或认为其他人决定了发生在他们身上的事)的个体能产生更多的创造力。创新创业过程通常是不断尝试和失败的过程，需要创业者有一定的抗挫折性和成就动机，创新性的人格特质是成功的必要条件。

4. 组织协调能力

组织协调能力是指根据工作任务，对资源进行分配，同时控制、激励和协调群体活动过程，使之相互融合，从而实现组织目标的能力。一般来说包括组织能力、授权能力、冲突处理能力和激励下属能力。

在如今知识爆炸的年代，一个人的能力再强也无法通晓创新创业过程中各方面的知识，因此创新创业者成功的必要条件并不是创业者本人必须在某个专业有多么优秀，而是必须具有良好的组织协调能力，能够根据团队成员的个人特点分配不同的工作，充分发挥创业团队成员的最大潜能。

6.2　大学生创新创业能力培养的方式

6.2.1　进行系统的创新创业教育，提高教育水平

高校要对大学生进行系统的创新创业教育、创业训练，培养他们的创新意识、创业素质和基本的创业技能，减少大学生创业行为中的盲目性。

加强师资队伍建设，提高创新创业教育水平。创新创业教育师资水平直接影响着大学生创新创业意识的培养，要采取多种途径加强师资队伍建设，造就一批创

专业认证和新工科背景下材料类专业人才培养的创新与实践

252

业的带头人和领路者,进一步推动高校自主创业教育工作。创新创业教育师资队伍的培养需要从三个层面进行:首先,引进或培养专业的创新创业教师,进行创新创业基本概念、基本理论、基本方法、基本过程的教学,并通过教学提高学生对创新创业过程中的市场机会与风险、创业资源、商业模式、企业创立过程等的认识;其次,引导各专业教师积极开展创新创业教育方面的理论和案例研究,不断提高在专业课程教学、各实践教学环节中进行创新创业教育的意识和能力。支持教师到企业挂职锻炼,鼓励专业教师参与社会行业的创新创业实践;最后,积极聘请社会各界企业家、创业成功人士、专家学者等作为兼职教师,分享自身的创业经历和感悟,建立一支专兼结合的高素质创新创业教育师资队伍。

加强创新创业课程及教材建设,把创新创业教育纳入学生培养体系。根据学校、专业特色,积极推进人才培养模式、教学内容和课程体系改革,把创新创业教育有效纳入专业教育的教学体系之中,建立多层次、立体化的创新创业教育课程体系,突出专业特色,创新创业课程的设置要与专业课程体系有机融合,创新创业能力的培养与专业的实践教学环节有效衔接。加强创新创业教育教材建设,借鉴已有的成功经验,编写适用和有特色的高质量教材。

6.2.2　大学生创新创业训练计划项目

根据《教育部 财政部关于"十二五"期间实施"高等学校本科教学质量与教学改革工程"的意见》(教高〔2011〕6号)和《教育部关于批准实施"十二五"期间"高等学校本科教学质量与教学改革工程"2012年建设项目的通知》(教高函〔2012〕2号),教育部决定在"十二五"期间实施国家级大学生创新创业训练计划。各地方政府、高校参照国家级大创项目设立有省级、校级大创项目。

大创项目具体内容包括创新训练项目、创业训练项目和创业实践项目三类。创新训练项目是本科生个人或团队,在导师指导下,自主完成创新性研究项目设计、研究条件准备和项目实施、研究报告撰写、成果(学术)交流等工作;创业训练项目是本科生团队,在导师指导下,团队中的每个学生在项目实施过程中扮演一个或多个具体的角色,进行编制商业计划书、开展可行性研究、模拟企业运行、参加企业实践、撰写创业报告等工作;创业实践项目是学生团队,在学校导师和企业导师共同指导下,采用前期创新训练项目(或创新性实验)的成果,提出一项具有市场前景的创新性产品或者服务,并以此为基础开展创业实践活动。

通过实施国家级大学生创新创业训练计划,促进高等学校转变教育思想观念,改革人才培养模式,强化创新创业能力训练,增强高校学生的创新能力和在创新基础上的创业能力,培养适应创新型国家建设需要的高水平创新人才。

6.2.3 强化创新创业实践

创新创业实践是大学生增强创新创业意识的重要途径。高等学校要把创新创业实践作为创新创业教育的重要延伸,通过举办讲座、论坛、模拟实践等方式,丰富学生的创新创业知识和体验,提升学生的创新精神和创业能力;构建创业实践基地、创业实习基地和创业园区等,实现产学研一体化;积极组织学生参加各类创业大赛,提高学生参与率,并通过预选赛遴选具有一定实力的团队,进行支持孵化,以提高学生创业实践水平,锻炼学生的创新创业能力;让学生在各类社会实践、创业实践活动中将所学知识与时间内容相结合,在正确认识社会的基础上了解社会的需求,明确创新创业的知识、能力需求,自觉培养合作意识,积累创业经验,逐渐形成自主创业意识。

6.3 大学生创新创业能力培养的制度建设

6.3.1 国家层面相关政策

1.《国务院关于大力推进大众创业万众创新若干政策措施的意见》(国发〔2015〕32号)(摘编)

推进大众创业、万众创新,是发展的动力之源,也是富民之道、公平之计、强国之策,对于推动经济结构调整、打造发展新引擎、增强发展新动力、走创新驱动发展道路具有重要意义,是稳增长、扩就业、激发亿万群众智慧和创造力,促进社会纵向流动、公平正义的重大举措。根据2015年《政府工作报告》部署,为改革完善相关体制机制,构建普惠性政策扶持体系,推动资金链引导创业创新链、创业创新链支持产业链、产业链带动就业链,现提出以下意见。

(四)健全创业人才培养与流动机制。把创业精神培育和创业素质教育纳入国民教育体系,实现全社会创业教育和培训制度化、体系化。加快完善创业课程设置,加强创业实训体系建设。加强创业创新知识普及教育,使大众创业、万众创新深入人心。加强创业导师队伍建设,提高创业服务水平。加快推进社会保障制度改革,破除人才自由流动制度障碍,实现党政机关、企事业单位、社会各方面人才顺畅流动。加快建立创业创新绩效评价机制,让一批富有创业精神、勇于承担风险的人才脱颖而出。

(六)完善普惠性税收措施。落实扶持小微企业发展的各项税收优惠政策。落实科技企业孵化器、大学科技园、研发费用加计扣除、固定资产加速折旧等税收优惠政策。对符合条件的众创空间等新型孵化机构适用科技企业孵化器税收优惠政策。按照税制改革方向和要求,对包括天使投资在内的投向种子期、初创期等创新活动的投资,统筹研究相关税收支持政策。修订完善高新技术企业认定办法,完善创业投资企业享受70%应纳税所得额税收抵免政策。抓紧推广中关村国家自主创新示范区税收试点政策,将企业转增股本分期缴纳个人所得税试点政策、股权奖励分期缴纳个人所得税试点政策推广至全国范围。落实促进高校毕业生、残疾人、退役军人、登记失业人员等创业就业税收政策。

(十九)打造创业创新公共平台。加强创业创新信息资源整合,建立创业政策集中发布平台,完善专业化、网络化服务体系,增强创业创新信息透明度。鼓励开展各类公益讲坛、创业论坛、创业培训等活动,丰富创业平台形式和内容。支持各类创业创新大赛,定期办好中国创新创业大赛、中国农业科技创新创业大赛和创新挑战大赛等赛事。加强和完善中小企业公共服务平台网络建设。充分发挥企业的创新主体作用,鼓励和支持有条件的大型企业发展创业平台、投资并购小微企业等,支持企业内外部创业者创业,增强企业创业创新活力。为创业失败者再创业建立必要的指导和援助机制,不断增强创业信心和创业能力。加快建立创业企业、天使投资、创业投资统计指标体系,规范统计口径和调查方法,加强监测和分析。

(二十二)支持科研人员创业。加快落实高校、科研院所等专业技术人员离岗创业政策,对经同意离岗的可在3年内保留人事关系,建立健全科研人员双向流动机制。进一步完善创新型中小企业上市股权激励和员工持股计划制度规则。鼓励符合条件的企业按照有关规定,通过股权、期权、分红等激励方式,调动科研人员创业积极性。支持鼓励学会、协会、研究会等科技社团为科技人员和创业企业提供咨询服务。

(二十三)支持大学生创业。深入实施大学生创业引领计划,整合发展高校毕业生就业创业基金。引导和鼓励高校统筹资源,抓紧落实大学生创业指导服务机构、人员、场地、经费等。引导和鼓励成功创业者、知名企业家、天使和创业投资人、专家学者等担任兼职创业导师,提供包括创业方案、创业渠道等创业辅导。建立健全弹性学制管理办法,支持大学生保留学籍休学创业。

2.《国务院办公厅关于深化高等学校创新创业教育改革的实施意见》(国办发〔2015〕36号)

深化高等学校创新创业教育改革,是国家实施创新驱动发展战略、促进经济提质增效升级的迫切需要,是推进高等教育综合改革、促进高校毕业生更高质量创业就业的重要举措。党的十八大对创新创业人才培养作出重要部署,国务院对加强创新创业教育提出明确要求。近年来,高校创新创业教育不断加强,取得了积极进展,对提高高等教育质量、促进学生全面发展、推动毕业生创业就业、服务国家现代化建设发挥了重要作用。但也存在一些不容忽视的突出问题,主要是一些地方和高校重视不够,创新创业教育理念滞后,与专业教育结合不紧,与实践脱节;教师开展创新创业教育的意识和能力欠缺,教学方式方法单一,针对性实效性不强;实践平台短缺,指导帮扶不到位,创新创业教育体系亟待健全。为了进一步推动大众创业、万众创新,经国务院同意,现就深化高校创新创业教育改革提出如下实施意见。

一、总体要求

（一）指导思想

全面贯彻党的教育方针,落实立德树人根本任务,坚持创新引领创业、创业带动就业,主动适应经济发展新常态,以推进素质教育为主题,以提高人才培养质量为核心,以创新人才培养机制为重点,以完善条件和政策保障为支撑,促进高等教育与科技、经济、社会紧密结合,加快培养规模宏大、富有创新精神、勇于投身实践的创新创业人才队伍,不断提高高等教育对稳增长促改革调结构惠民生的贡献度,为建设创新型国家、实现"两个一百年"奋斗目标和中华民族伟大复兴的中国梦提供强大的人才智力支撑。

（二）基本原则

坚持育人为本,提高培养质量。把深化高校创新创业教育改革作为推进高等教育综合改革的突破口,树立先进的创新创业教育理念,面向全体、分类施教、结合专业、强化实践,促进学生全面发展,提升人力资本素质,努力造就大众创业、万众创新的生力军。

坚持问题导向,补齐培养短板。把解决高校创新创业教育存在的突出问题作为深化高校创新创业教育改革的着力点,融入人才培养体系,丰富课程、创新教法、强化师资、改进帮扶,推进教学、科研、实践紧密结合,突破人才培养薄弱环节,增强学生的创新精神、创业意识和创新创业能力。

坚持协同推进,汇聚培养合力。把完善高校创新创业教育体制机制作为深化高校创新创业教育改革的支撑点,集聚创新创业教育要素与资源,统一领导、齐抓共管、开放合作、全员参与,形成全社会关心支持创新创业教育和学生创新创业的良好生态环境。

（三）总体目标

2015年起全面深化高校创新创业教育改革。2017年取得重要进展,形成科学先进、广泛认同、具有中国特色的创新创业教育理念,形成一批可复制可推广的制度成果,普及创新创业教育,实现新一轮大学生创业引领计划预期目标。到2020年建立健全课堂教学、自主学习、结合实践、指导帮扶、文化引领融为一体的高校创新创业教育体系,人才培养质量显著提升,学生的创新精神、创业意识和创新创业能力明显增强,投身创业实践的学生显著增加。

二、主要任务和措施

（一）完善人才培养质量标准

制订实施本科专业类教学质量国家标准,修订实施高职高专专业教学标准和博士、硕士学位基本要求,明确本科、高职高专、研究生创新创业教育目标要求,使创新精神、创业意识和创新创业能力成为评价人才培养质量的重要指标。相关部门、科研院所、行业企业要制修订专业人才评价标准,细化创新创业素质能力要求。不同层次、类型、区域高校要结合办学定位、服务面向和创新创业教育目标要求,制订专业教学质量标准,修订人才培养方案。

（二）创新人才培养机制

实施高校毕业生就业和重点产业人才供需年度报告制度,完善学科专业预警、退出管理办法,探索建立需求导向的学科专业结构和创业就业导向的人才培养类型结构调整新机制,促进人才培养与经济社会发展、创业就业需求紧密对接。深入实施系列"卓越计划"、科教结合协同育人行动计划等,多形式举办创新创业教育实验班,探索建立校校、校企、校地、校所以及国际合作的协同育人新机制,积极吸引社会资源和国外优质教育资源投入创新创业人才培养。高校要打通一级学科或专业类下相近学科专业的基础课程,开设跨学科专业的交叉课程,探索建立跨院系、跨学科、跨专业交叉培养创新创业人才的新机制,促进人才培养由学科专业单一型向多学科融合型转变。

（三）健全创新创业教育课程体系

各高校要根据人才培养定位和创新创业教育目标要求,促进专业教育与创新创业教育有机融合,调整专业课程设置,挖掘和充实各类专业课程的创新创业教育资源,在传授专业知识过程中加强创新创业教育。面向全体学生开发开设研究方法、学科前沿、创业基础、就业创业指导等方面的必修课和选修课,纳入学分管理,建设依次递进、有机衔接、科学合理的创新创业教育专门课程群。各地区、各高校要加快创新创业教育优质课程信息化建设,推出一批资源共享的慕课、视频公开课等在线开放课程。建立在线开放课程学习认证和学分认定制度。组织学科带头人、行业企业优秀人才,联合编写具有科学性、先进性、适用性的创新创业教育重点教材。

(四)改革教学方法和考核方式

各高校要广泛开展启发式、讨论式、参与式教学,扩大小班化教学覆盖面,推动教师把国际前沿学术发展、最新研究成果和实践经验融入课堂教学,注重培养学生的批判性和创造性思维,激发创新创业灵感。运用大数据技术,掌握不同学生学习需求和规律,为学生自主学习提供更加丰富多样的教育资源。改革考试考核内容和方式,注重考查学生运用知识分析、解决问题的能力,探索非标准答案考试,破除"高分低能"积弊。

(五)强化创新创业实践

各高校要加强专业实验室、虚拟仿真实验室、创业实验室和训练中心建设,促进实验教学平台共享。各地区、各高校科技创新资源原则上向全体在校学生开放,开放情况纳入各类研究基地、重点实验室、科技园评估标准。鼓励各地区、各高校充分利用各种资源建设大学科技园、大学生创业园、创业孵化基地和小微企业创业基地,作为创业教育实践平台,建好一批大学生校外实践教育基地、创业示范基地、科技创业实习基地和职业院校实训基地。完善国家、地方、高校三级创新创业实训教学体系,深入实施大学生创新创业训练计划,扩大覆盖面,促进项目落地转化。举办全国大学生创新创业大赛,办好全国职业院校技能大赛,支持举办各类科技创新、创意设计、创业计划等专题竞赛。支持高校学生成立创新创业协会、创业俱乐部等社团,举办创新创业讲座论坛,开展创新创业实践。

(六)改革教学和学籍管理制度

各高校要设置合理的创新创业学分,建立创新创业学分积累与转换制度,探索将学生开展创新实验、发表论文、获得专利和自主创业等情况折算为学分,将学生参与课题研究、项目实验等活动认定为课堂学习。为有意愿有潜质的学生制定创新创业能力培养计划,建立创新创业档案和成绩单,客观记录并量化评价学生开展创新创业活动情况。优先支持参与创新创业的学生转入相关专业学习。实施弹性学制,放宽学生修业年限,允许调整学业进程、保留学籍休学创新创业。设立创新创业奖学金,并在现有相关评优评先项目中拿出一定比例用于表彰优秀创新创业的学生。

（七）加强教师创新创业教育教学能力建设

各地区、各高校要明确全体教师创新创业教育责任，完善专业技术职务评聘和绩效考核标准，加强创新创业教育的考核评价。配齐配强创新创业教育与创业就业指导专职教师队伍，并建立定期考核、淘汰制度。聘请知名科学家、创业成功者、企业家、风险投资人等各行各业优秀人才，担任专业课、创新创业课授课或指导教师，并制定兼职教师管理规范，形成全国万名优秀创新创业导师人才库。将提高高校教师创新创业教育的意识和能力作为岗前培训、课程轮训、骨干研修的重要内容，建立相关专业教师、创新创业教育专职教师到行业企业挂职锻炼制度。加快完善高校科技成果处置和收益分配机制，支持教师以对外转让、合作转化、作价入股、自主创业等形式将科技成果产业化，并鼓励带领学生创新创业。

（八）改进学生创业指导服务

各地区、各高校要建立健全学生创业指导服务专门机构，做到"机构、人员、场地、经费"四到位，对自主创业学生实行持续帮扶、全程指导、一站式服务。健全持续化信息服务制度，完善全国大学生创业服务网功能，建立地方、高校两级信息服务平台，为学生实时提供国家政策、市场动向等信息，并做好创业项目对接、知识产权交易等服务。各地区、各有关部门要积极落实高校学生创业培训政策，研发适合学生特点的创业培训课程，建设网络培训平台。鼓励高校自主编制专项培训计划，或与有条件的教育培训机构、行业协会、群团组织、企业联合开发创业培训项目。各地区和具备条件的行业协会要针对区域需求、行业发展，发布创业项目指南，引导高校学生识别创业机会、捕捉创业商机。

（九）完善创新创业资金支持和政策保障体系

各地区、各有关部门要整合发展财政和社会资金，支持高校学生创新创业活动。各高校要优化经费支出结构，多渠道统筹安排资金，支持创新创业教育教学，资助学生创新创业项目。部委属高校应按规定使用中央高校基本科研业务费，积极支持品学兼优且具有较强科研潜质的在校学生开展创新科研工作。中国教育发展基金会设立大学生创新创业教育奖励基金，用于奖励对创新创业教育作出贡献的单位。鼓励社会组织、公益团体、企事业单位和个人设立大学生创业风险基金，以多种形式向自主创业大学生提供资金支持，提高扶持资金使用效益。深入实施新一轮大学生创业引领计划，落实各项扶持政策和服务措施，重点支持大学生到新兴产业创业。有关部门要加快制定有利于互联网创业的扶持政策。

三、加强组织领导

（一）健全体制机制

各地区、各高校要把深化高校创新创业教育改革作为"培养什么人，怎样培养人"的重要任务摆在突出位置，加强指导管理与监督评价，统筹推进本地本校创新创业教育工作。各地区要成立创新创业教育专家指导委员会，开展高校创新创业教育的研究、咨询、指导和服务。各高校要落实创新创业教育主体责任，把创新创业教育纳入改革发展重要议事日程，成立由校长任组长、分管校领导任副组长、有关部门负责人参加的创新创业教育工作领导小组，建立教务部门牵头，学生工作、团委等部门齐抓共管的创新创业教育工作机制。

（二）细化实施方案

各地区、各高校要结合实际制定深化本地本校创新创业教育改革的实施方案，明确责任分工。教育部属高校需将实施方案报教育部备案，其他高校需报学校所在地省级教育部门和主管部门备案，备案后向社会公布。

（三）强化督导落实

教育部门要把创新创业教育质量作为衡量办学水平、考核领导班子的重要指标，纳入高校教育教学评估指标体系和学科评估指标体系，引入第三方评估。把创新创业教育相关情况列入本科、高职高专、研究生教学质量年度报告和毕业生就业质量年度报告重点内容，接受社会监督。

（四）加强宣传引导

各地区、各有关部门以及各高校要大力宣传加强高校创新创业教育的必要性、紧迫性、重要性，使创新创业成为管理者办学、教师教学、学生求学的理性认知与行动自觉。及时总结推广各地各高校的好经验好做法，选树学生创新创业成功典型，丰富宣传形式，培育创客文化，努力营造敢为人先、敢冒风险、宽容失败的氛围环境。

3.《国务院关于推动创新创业高质量发展打造"双创"升级版的意见》（国发〔2018〕32号）（摘编）

创新是引领发展的第一动力，是建设现代化经济体系的战略支撑。近年来，大众创业万众创新持续向更大范围、更高层次和更深程度推进，创新创业与经济社会发展深度融合，对推动新旧动能转换和经济结构升级、扩大就业和改善民生、实现机会公平和社会纵向流动发挥了重要作用，为促进经济增长提供了有力支撑。当前，我国经济已由高速增长阶段转向高质量发展阶段，对推动大众创业万众创新提出了新的更高要求。为深入实施创新驱动发展战略，进一步激发市场活力和社会创造力，现就推动创新创业高质量发展、打造"双创"升级版提出以下意见。

（十）鼓励和支持科研人员积极投身科技创业。对科教类事业单位实施差异化分类指导，出台鼓励和支持科研人员离岗创业实施细则，完善创新型岗位管理实施细则。健全科研人员评价机制，将科研人员在科技成果转化过程中取得的成绩和参与创业项目的情况作为职称评审、岗位竞聘、绩效考核、收入分配、续签合同等的重要依据。建立完善科研人员校企、院企共建双聘机制。（科技部、教育部、人力资源社会保障部等按职责分工负责）

（十一）强化大学生创新创业教育培训。在全国高校推广创业导师制，把创新创业教育和实践课程纳入高校必修课体系，允许大学生用创业成果申请学位论文答辩。支持高校、职业院校（含技工院校）深化产教融合，引入企业开展生产性实习实训。（教育部、人力资源社会保障部、共青团中央等按职责分工负责）

（十七）推动高校科研院所创新创业深度融合。健全科技资源开放共享机制，鼓励科研人员面向企业开展技术开发、技术咨询、技术服务、技术培训等，促进科技创新与创业深度融合。推动高校、科研院所与企业共同建立概念验证、孵化育成等面向基础研究成果转化的服务平台。（科技部、教育部等按职责分工负责）

（十八）健全科技成果转化的体制机制。纵深推进全面创新改革试验，深化以科技创新为核心的全面创新。完善国家财政资金资助的科技成果信息共享机制，畅通科技成果与市场对接渠道。试点开展赋予科研人员职务科技成果所有权或长期使用权。加速高校科技成果转化和技术转移，促进科技、产业、投资融合对接。加强国家技术转移体系建设，鼓励高校、科研院所建设专业化技术转移机构。鼓励有条件的地方按技术合同实际成交额的一定比例对技术转移服务机构、技术合同登记机构和技术经纪人（技术经理人）给予奖补。（发展改革委、科技部、教育部、财政部等按职责分工负责）

（二十三）打造创新创业重点展示品牌。继续扎实开展各类创新创业赛事活动，办好全国大众创业万众创新活动周，拓展"创响中国"系列活动范围，充分发挥"互联网+"大学生创新创业大赛、中国创新创业大赛、"创客中国"创新创业大赛、"中国创翼"创业创新大赛、全国农村创业创新项目创意大赛、中央企业熠星创新创意大赛、"创青春"中国青年创新创业大赛、中国妇女创新创业大赛等品牌赛事活动作用。对各类赛事活动中涌现的优秀创新创业项目加强后续跟踪支持。(发展改革委、中国科协、教育部、科技部、工业和信息化部、人力资源社会保障部、农业农村部、国资委、共青团中央、全国妇联等按职责分工负责)

6.3.2　教育部相关政策

1.《教育部关于大力推进高等学校创新创业教育和大学生自主创业工作的意见》(教办〔2010〕3号)

党的十七大提出"提高自主创新能力,建设创新型国家"和"促进以创业带动就业"的发展战略。大学生是最具创新、创业潜力的群体之一。在高等学校开展创新创业教育,积极鼓励高校学生自主创业,是教育系统深入学习实践科学发展观,服务于创新型国家建设的重大战略举措;是深化高等教育教学改革,培养学生创新精神和实践能力的重要途径;是落实以创业带动就业,促进高校毕业生充分就业的重要措施。为统筹做好高校创新创业教育、创业基地建设和促进大学生自主创业工作,现提出以下意见:

一、大力推进高等学校创新创业教育工作

1. 创新创业教育是适应经济社会和国家发展战略需要而产生的一种教学理念与模式。在高等学校中大力推进创新创业教育,对于促进高等教育科学发展,深化教育教学改革,提高人才培养质量具有重大的现实意义和长远的战略意义。创新创业教育要面向全体学生,融入人才培养全过程。要在专业教育基础上,以转变教育思想、更新教育观念为先导,以提升学生的社会责任感、创新精神、创业意识和创业能力为核心,以改革人才培养模式和课程体系为重点,大力推进高等学校创新创业教育工作,不断提高人才培养质量。

2. 加强创新创业教育课程体系建设。把创新创业教育有效纳入专业教育和文化素质教育教学计划和学分体系,建立多层次、立体化的创新创业教育课程体系。突出专业特色,创新创业类课程的设置要与专业课程体系有机融合,创新创业实践活动要与专业实践教学有效衔接,积极推进人才培养模式、教学内容和课程体系改革。加强创新创业教育教材建设,借鉴国外成功经验,编写适用和有特色的高质量教材。

3. 加强创新创业师资队伍建设。引导各专业教师、就业指导教师积极开展创新创业教育方面的理论和案例研究,不断提高在专业教育、就业指导课中进行创新创业教育的意识和能力。支持教师到企业挂职锻炼,鼓励教师参与社会行业的创新创业实践。积极从社会各界聘请企业家、创业成功人士、专家学者等作为兼职教师,建立一支专兼结合的高素质创新创业教育教师队伍。高校要从教学考核、职称评定、培训培养、经费支持等方面给予倾斜支持。定期组织教师培训、实训和交流,不断提高教师教学研究与指导学生创新创业实践的水平。鼓励有条件的高校建立创新创业教育教研室或相应的研究机构。

4. 广泛开展创新创业实践活动。高等学校要把创新创业实践作为创新创业教育的重要延伸,通过举办创新创业大赛、讲座、论坛、模拟实践等方式,丰富学生的创新创业知识和体验,提升学生的创新精神和创业能力。省级教育行政部门和高校要将创新创业教育和实践活动成果有机结合,积极创造条件对创新创业活动中涌现的优秀创业项目进行孵化,切实扶持一批大学生实现自主创业。

5. 建立质量检测跟踪体系。省级教育行政部门和高等学校要建立创新创业教育教学质量监控系统。要建立在校和离校学生创业信息跟踪系统,收集反馈信息,建立数据库,把未来创业成功率和创业质量作为评价创新创业教育的重要指标,反馈指导高等学校的创新创业教育教学,建立有利于创新创业人才脱颖而出的教育体系。

6. 加强理论研究和经验交流。教育部成立高校创业教育指导委员会,开展高校创新创业教育的研究、咨询、指导和服务。省级教育行政部门和高等学校要加强对国内外创新创业教育理论研究,组织编写高校创新创业教育先进经验材料汇编和大学生创业成功案例集。省级教育行政部门应定期组织创新创业教育经验交流会、座谈会、调研活动,总结交流创新创业教育经验,推广创新创业教育优秀成果。逐步探索建立中国特色的创新创业教育理论体系,形成符合实际、切实可行的创新创业教育发展思路,指导创新创业教育教学改革发展。

二、加强创业基地建设,打造全方位创业支撑平台

7. 全面建设创业基地。教育部会同科技部,以国家大学科技园为主要依托,重点建设一批"高校学生科技创业实习基地",并制定出台相关认定办法。省级教育行政部门要结合本地实际,通过多种形式建立省级大学生创业实习和孵化基地;同时要积极争取有关部门支持,推动本地区有关地市、高等学校、大学科技园建立大学生创业实习或孵化基地,并按其类别、规模和孵化效果,给予大力支持,充分发挥基地的辐射示范作用。

8. 明确创业基地功能定位。大学生创业实习或孵化基地是高等学校开展创新创业教育、促进学生自主创业的重要实践平台,主要任务是整合各方优势资源,开展创业指导和培训,接纳大学生实习实训,提供创业项目孵化的软硬件支持,为大学生创业提供支撑和服务,促进大学生创业就业。

9. 规范创业基地管理。大学科技园作为"高校学生科技创业实习基地"的建设主体,要把基地建设作为园区建设的重要内容,确定专门的管理部门负责基地的建设和管理;加强与依托学校和有关部门的联动,共同开展大学生实习实训和创业实践。有关高等学校要高度重视大学科技园在创新创业人才培养中的作用,出台有利于大学科技园开展学生创业工作的政策措施和激励机制。

10. 提供多种形式的创业扶持。大学生创业实习或孵化基地要结合实际,为大学生创业提供场地、资金、实训等多方面的支持。要开辟较为集中的大学生创业专用场地,配备必要的公共设备和设施,为大学生创业企业提供至少12个月的房租减免。要提供法律、工商、税务、财务、人事代理、管理咨询、项目推荐、项目融资等方面的创业咨询和服务,以及多种形式的资金支持;要为大学生开展创业培训、实训;建立公共信息服务平台,发布相关政策、创业项目和创业实训等信息。

三、进一步落实和完善大学生自主创业扶持政策,加强创业指导和服务工作

11. 切实落实创业扶持政策。省级教育行政部门要按人力资源和社会保障部、教育部等《关于实施"2010高校毕业生就业推进行动"大力促进高校毕业生就业的通知》(人社部发〔2010〕25号)要求,与有关部门密切配合,共同组织实施"创业引领计划",并切实落实以下政策:对高校毕业生初创企业,可按照行业特点,合理设置资金、人员等准入条件,并允许注册资金分期到位。允许高校毕业生按照法律法规规定的条件、程序和合同约定将家庭住所、租借房、临时商业用房等作为创业经营场所。对应届及毕业2年以内的高校毕业生从事个体经营的,自其在工商部门首次注册登记之日起3年内,免收登记类和证照类等有关行政事业性收费;登记求职的高校毕业生从事个体经营,自筹资金不足的,可按规定申请小额担保贷款,从事微利项目的,可按规定享受贴息扶持;对合伙经营和组织起来就业的,贷款规模可适当扩大。完善整合就业税收优惠政策,鼓励高校毕业生自主创业。

12. 积极争取资金投入。省级教育行政部门要与有关部门协调配合,积极争取当地政府和社会支持,通过财政和社会两条渠道设立"高校毕业生创业资金"、"天使基金"等资助项目,重点扶持大学生创业。要建立健全创业投资机制,鼓励吸引外资和国内社会资本投资大学生创业企业。

13. 积极开展创业培训。省级教育行政部门要积极配合有关部门,对有创业愿望并具备一定创业条件的高校学生,普遍开展创业培训。要积极整合各方面资源,把成熟的创业培训项目引入高校,并探索、开发适合我国大学生创业的培训项目。同时,高等学校要加强对在校生的创业风险意识教育,帮助学生了解创业过程中可能遇到的困难和问题,不断提高防范和规避风险的意识和能力。

14. 全面加强创业信息服务。省级教育行政部门和高等学校要加大服务力度,拓展服务内涵,充分利用现有就业指导服务平台,特别是就业信息服务平台,广泛收集创业项目和创业信息,开展创业测评、创业模拟、咨询帮扶,有条件的要抓紧设立创业咨询室,开展"一对一"的创业指导和咨询,增强创业服务的针对性和有效性。

15. 高等学校要出台促进在校学生自主创业的政策和措施。高校可通过多种渠道筹集资金,普遍设立大学生创业扶持资金;依托大学科技园、创业基地、各种科研平台以及其他科技园区等为学生提供创业场地。同时,有条件的高校要结合学科专业和科研项目的特点,积极促进教师和学生的科研成果、科技发明、专利等转化为创业项目。

四、加强领导,形成推进高校创业教育和大学生自主创业的工作合力

16. 省级教育行政部门要把促进高校创新创业教育和大学生自主创业工作摆在突出重要位置。要积极争取有关部门支持,创造性地开展工作,因地制宜地出台并切实落实鼓励大学生创业的政策措施。要加大对高校创新创业教育、创业基地建设的投入力度,在经费、项目和基金等方面给予倾斜。有条件的地区可设立针对大学生的创业实践项目,为大学生创业实践活动提供小额经费支持。根据工作需要,可评选创新创业教育示范校、创业示范基地。

17. 高等学校要把创新创业教育和大学生自主创业工作纳入学校重要议事日程。要理顺领导体制,建立健全教学、就业、科研、团委、大学科技园等部门参加的创新创业教育和自主创业工作协调机制。统筹创新创业教育、创业基地建设、创业政策扶持和创业指导服务等工作,明确分工,切实加大人员、场地、经费投入,形成长效机制。

18. 营造鼓励创新创业的良好舆论氛围。省级教育行政部门和高等学校要广泛开展创新创业教育和大学生自主创业的宣传,通过报刊、广播、电视、网络等媒体,积极宣传国家和地方促进创业的政策、措施,宣传各地和高校推动创新创业教育和促进大学生创业工作的新举措、新成效,宣传毕业生自主创业的先进典型。通过组织大学生创业事迹报告团等形式多样的活动,激发学生的创业热情,引导学生树立科学的创业观、就业观、成才观。

2.《教育部关于中央部门所属高校深化教育教学改革的指导意见》（教高〔2016〕2号）（摘编）

提高人才培养质量是高等教育的核心任务，深化教育教学改革是新时期高等教育发展的强大动力。近年来，高等学校特别是中央部门所属高校（以下简称中央高校）不断推进教育教学改革，人才培养质量大幅提高，创造了许多可复制可推广的经验和做法，在全国高校具有引领和示范作用。但一些高校仍存在教育教学理念相对滞后、机制不够完善、内容方法陈旧单一、实践教学比较薄弱等问题。经商财政部，决定在"十三五"期间实施中央高校教育教学改革专项，继续推动和支持中央高校深化教育教学改革，提高高校教学水平、创新能力和人才培养质量。现提出如下指导意见。

一、总体要求

（一）基本思路

全面贯彻党的十八大和十八届三中、四中、五中全会精神，深入学习贯彻习近平总书记系列重要讲话精神，以"创新、协调、绿色、开放、共享"五大发展理念为引领，全面贯彻党的教育方针，落实立德树人根本任务，以支撑创新驱动发展战略、服务经济社会发展为导向，在统筹推进一流大学和一流学科建设进程中，建设一流本科教育，全面提高教学水平和人才培养质量，切实增强学生的社会责任感、创新精神和实践能力。

二、主要任务

（一）深入推进高校创新创业教育改革

贯彻落实《国务院办公厅关于深化高等学校创新创业教育改革的实施意见》，坚持把深入推进创新创业教育改革作为中央高校教育教学改革的突破口和重中之重。牢固树立科学的创新创业教育理念，把创新创业教育作为全面提高高等教育质量的内在要求和应有之义，修订专业人才培养方案，将创新精神、创业意识和创新创业能力作为评价人才培养质量的重要指标。健全创新创业教育课程体系，促进包括通识课、专业课在内的各类课程与创新创业教育有机融合，挖掘和充实各类课程的创新创业教育资源。改革教学方式方法，广泛开展启发式、讨论式、参与式教学。改革教学和学籍管理制度，完善个性化的人才培养方案，建立创新创业学分积累和转换制度，允许参与创新创业的学生调整学业进程，保留学籍休学创新创业。开展大学生创新创业训练计划，支持学生参加国家级创新创业大赛。

3.《普通高等学校学生管理规定》(2017年9月1日起实施)(摘编)

第十七条 学生参加创新创业、社会实践等活动以及发表论文、获得专利授权等与专业学习、学业要求相关的经历、成果,可以折算为学分,计入学业成绩。具体办法由学校规定。

学校应当鼓励、支持和指导学生参加社会实践、创新创业活动,可以建立创新创业档案、设置创新创业学分。

4.《教育部关于深化本科教育教学改革全面提高人才培养质量的意见》(教高〔2019〕6号)(摘编)

为深入贯彻全国教育大会精神和《中国教育现代化2035》,全面落实新时代全国高等学校本科教育工作会议和直属高校工作咨询委员会第二十八次全体会议精神,坚持立德树人,围绕学生忙起来、教师强起来、管理严起来、效果实起来,深化本科教育教学改革,培养德智体美劳全面发展的社会主义建设者和接班人,现提出如下意见。

6. 深化创新创业教育改革。挖掘和充实各类课程、各个环节的创新创业教育资源,强化创新创业协同育人,建好创新创业示范高校和万名优秀创新创业导师人才库。持续推进国家级大学生创新创业训练计划,提高全国大学生创新创业年会整体水平,办好中国"互联网+"大学生创新创业大赛,深入开展青年红色筑梦之旅活动。

7. 推动科研反哺教学。强化科研育人功能,推动高校及时把最新科研成果转化为教学内容,激发学生专业学习兴趣。加强对学生科研活动的指导,加大科研实践平台建设力度,推动国家级、省部级科研基地更大范围开放共享,支持学生早进课题、早进实验室、早进团队,以高水平科学研究提高学生创新和实践能力。统筹规范科技竞赛和竞赛证书管理,引导学生理性参加竞赛,达到以赛促教、以赛促学效果。

5.《教育部关于做好2021届全国普通高校毕业生就业创业工作的通知》(教学〔2020〕5号)(摘编)

9. 持续推进创业带动就业。加大"双创"支持力度,会同有关部门落实大学生创业优惠政策。继续举办中国国际"互联网+"大学生创新创业大赛。组织开展"高校毕业生创业服务专项活动",发挥创业孵化基地作用,推动各类创新创业大赛获奖项目成长发展、落地见效,带动更多毕业生实现就业。

12. 加强职业发展教育和就业指导。加强大学生职业发展教育，组织开展"全国大学生职业发展教育活动月"等活动。举办"互联网+就业指导"公益直播课，建立"全国大学生就业创业指导专家库"，打造大学生就业创业指导"名师金课"。各地各高校要针对不同年级开展学生职业发展和就业指导活动，提供职业发展咨询和就业心理咨询服务，引导学生树立健康、积极、理性的就业心态。

6.3.3　学校相关政策

1.《合肥工业大学深化创新创业教育改革实施方案》(合工大政〔2015〕203号)

随着国家实施创新驱动发展战略，迫切需要数以千万计的具有创新创业能力的人才。面对国际上"工业4.0"和"中国制造2025"，高等学校作为高层次人才培养的重要基地，如何培养和造就大众创业、万众创新的生力军？以及如何改革和优化现行的高等学校教育模式来适应未来我国产业升级和转型的需求？这是摆在我国高校面前的机遇和挑战。

为了保障和提高人才培养的质量，深入贯彻落实国务院办公厅《关于深化高等学校创新创业教育改革的实施意见》(国办发〔2015〕36号)，学校党政合力、全员参与和系统思考，整合校内资源，与社会相关各界广泛合作、协同创新，逐步建立和形成集"培养目标、过程管理和质量提升"三位一体的"创新创业能力导向的一体化人才培养体系"，把创新创业教育贯穿人才培养全过程。

一、党政合力，全员参与，培养创新创业人才

学校领导班子认真学习领会党的十八大提出的创新驱动发展战略，认真学习领会党中央、国务院关于实施创新驱动发展对创新创业人才培养要求的文件精神，特别是国务院办公厅关于深化高等学校创新创业教育改革的实施意见(国办发〔2015〕36号)，成立学校"深化创新创业教育改革领导小组"，由校长任组长，分管教学和学生工作的校领导任副组长，成员由教务部、学工部、团委、各教学实体、专职科研机构负责人组成。领导小组负责组织、领导创新创业教育改革工作的开展，并研究制定有关政策。创新创业教育改革领导小组下设"创新创业教育中心"和创新创业专家委员会，具体指导全校大学生的创新创业教学工作的开展。"创新创业教育中心"是在我校原有的"创新学院"的基础上成立的，是学校教务部里的职能部门，是指导和落实学校创新创业教育工作的常设机构。

学校构建立德树人教育体系、能力导向教育体系、创新创业教育体系三位一体的教育教学体系,因此,创新创业教育是我校人才培养体系中固有的重要组成部分。学校深化创新创业教育改革领导小组动员全校党政领导和广大师生全员参与,理清学校深化创新创业教育改革的思路,树立全员参与、全过程实施和第一课堂和第二课堂有机协同的创新创业教育理念,创建并完善学校"创新创业能力导向的一体化人才培养体系"。

深化创新创业教育改革领导小组统一部署,党政工团齐抓共管,全校师生员工全面参与,大力培养学生的创新精神、创业意识和创新创业能力。

二、明确创新创业人才培养目标,建立健全创新创业教育人才培养体系

根据建立健全创新创业教育培养体系的要求,由教务部牵头建设创新创业思维和能力教育类课程,作为全校学生的必修课;建设创新创业领导力训练课程(平台),作为学生选修课,培养学生的创业领导能力。

各学院根据专业特点,明确和制定各专业创新创业人才的培养目标,规划课程地图,建立课程关系图,将创新创业课程有机融入专业教学体系。

建立"创新创业实践能力标准",将学生的各类教学实践活动与党团和学工部门的实践活动有机结合,形成完整的能力、知识和素质一体化的培养体系,克服过去大学教育中,教学科研活动与党团学工部门的活动不同程度存在的相互不衔接问题,将各类实践活动围绕创新创业教育展开。

全校形成教育教学统一整体,构建完整的人才培养路线图,完善创新创业教育体系和内涵。

三、完善教学大纲,改革教学方法和考核方式

修订、制定和完善课程教学大纲、实验和实训实习等各类教学大纲,根据教学内容及授课特点制订课程目标,课程目标与创新创业培养目标相联系。把国际前沿学术发展、最新研究成果和实践经验融入课程和实践教学的内容之中。

在教学过程中,除讲授法教学方式外,还要开展案例教学、网络教学、实践教学、情景学习、服务学习、角色扮演教学以及自主学习等启发式、讨论参与式等教学方法,将创新创业教育落实到每门课程、每项活动和各个管理环节上,将理念和价值塑造与各项体验活动有机结合,使学生能够在实践教学和体验活动中激发创新创业的灵感和兴趣。

开展学生学业成绩评定改革,探索把学习报告、科研实践、项目研究成果、学科竞赛实践成果和发明专利等引入学业成绩评定;探索考试与考核相结合、闭卷与开卷相结合、集中考核和单独问答相结合等多种考核方式。

四、创新人才培养机制,第一、第二课堂协同培养

我校是教育部"全国高校实践育人创新创业基地"的获批单位,是"中国高校创新创业教育联盟"首批成员单位,也是"创客教育基地联盟"副理事长单位。为了强化学生的创新创业实践教育,学校将创新学院扩展为创新创业教育中心,继续深入实施"大学生创新创业训练计划"、"全国研究生创新实践系列活动"。充分发挥"第二课堂"的形式灵活的特点,积极开展创新创业大赛、学科竞赛、学生科研、创新性设计、素质拓展活动、专题讲座报告、建立创客活动服务平台(创新创业俱乐部),通过创客空间和虚拟在线平台的建设,为创客活动提供孵化场地、技术培训、产品开发、加工制作、管理咨询等方面的条件支持。同时将科技社团活动、创业训练、职业技能培训、社会实践等活动及其资源加以整合,构建科学的第二课堂教学体系;与社会相关各界广泛合作、协同创新,建立与社会和产业发展紧密结合校外大学生创新创业基地。不断完善"创新创业能力导向的一体化人才培养体系"。

五、建立健全创新创业教育制度和政策体系

学校在人才培养方案中设立了必修的创新创业学分要求,学生可以通过课程学习和开展创新创业训练项目、参加创新创业类竞赛、发表论文、专利以及自主实习等获得创新学分。学校对学生所修的创新创业学分予以免费。

学校还将继续多渠道筹资,建立创新创业教育奖励基金,支持大学生、研究生开展创新创业类竞赛,资助他们的创新创业项目。同时,探索校企、校地、校所以及国际合作等创新创业人才培养的新机制,积极争取当地政府和社会支持,获取"高校毕业生创业资金"、"天使基金"等资助项目。

学校一直实行弹性学制,为学生休学创业提供保障。

学校重视创新创业师资队伍建设,努力建立一支专业的创新创业师资队伍,一是校内导师队伍,主要由交叉学科团队导师和产学研经验丰富的导师所组成;二是兼职导师队伍,主要由从社会各界聘请的企业家、创业成功人士、专家学者所组成。制定相应的人事政策,为创新创业师资队伍的稳定与发展提供政策保障。

学校的创新创业教育还在不断的探索和提高过程中,我们将进一步深化创新创业教育改革,加快落实创新创业教育改革的各项工作,并在实践中不断总结、不断完善。同时,我们也将积极学习国内外一流大学的人才培养经验,为全面提升人才培养质量特别是创新创业能力而继续努力。

2.《合肥工业大学大学生创新创业导师管理办法(暂行)》(合工大教务函〔2016〕37号)

为了贯彻落实《国务院办公厅关于深化高等学校创新创业教育改革的实施意见》(国办发〔2015〕36号)以及《安徽省人民政府办公厅关于全面推进大众创业万众创新的实施意见》(皖政办〔2016〕6号)精神,充分激活校内资源,与社会各界广泛合作、协同创新,建立并完善大学生创新创业教育体系,落实学校"立德树人教育教学体系"、"合肥工业大学能力导向的一体化教学体系"、"合肥工业大学创新创业教育教学体系"三位一体方案,提高大学生的创新创业能力和创业成功率,特制定《合肥工业大学大学生创新创业导师管理办法(暂行)》。

第一条 创新创业导师是帮助学生创新创业就业,指导就业上岗的人员,其通过各种思路引导,多种正规渠道来帮助创业者实现创新创业和就业,为全校学生及在孵企业、创业者提供导向性、专业性、实践性辅导服务的导师。创新创业导师在国家法律、法规以及学校规章许可的范围内开展工作,业务上接受合肥工业大学创新创业教育中心的领导。

第二条 创新创业导师的构成:(一)成功的创业企业家;(二)行业、高等学校、科研院所的技术、管理专家;(三)投资、金融、法律、咨询等专家;(四)其他科技领域具有丰富经验的实践工作者。

第三条 创新创业导师聘任条件:(一)致力于帮助学生提高自主创新能力,愿意为学生创新创业的进步和社会经济发展提供公益性服务;(二)志愿贡献时间、精力、智慧和经验,增加学生的创新创业知识,培养学生的创新创业意识,提升学生的创新创业潜力与能力;志愿提携和帮助创业者,追求创业企业成功运作所获得的精神回报和成就感;(三)熟悉企业管理和市场运作,对科技、经济、市场发展有准确的预判;或经历创业过程并已经获得成功,具有对创业企业进行实际辅导的能力与经验,能对创业企业及创业者提供导向性、专业性、实践性辅导服务;(四)有资金资源,愿意对初创企业进行小额资金扶持;对适合进行投资的项目和企业,愿意率先投入,并积极向创业投资机构推荐。

第四条 聘任程序及聘期:(一)创新创业教育中心对拟聘创新创业导师进行考察后,报学校批准,组成创新创业导师团。(二)每位创新创业导师聘期2年,聘期结束经考核后,根据其履行职责情况,决定是否续聘。

第五条 创新创业导师的职责:(一)对合肥工业大学在校生开展与创新创业主题相关的课程、讲座、沙龙、论坛或其他创新创业实践活动。(二)对合肥工业大学创新创业教育中心所属的创新基地、创新俱乐部、创客空间等寻求咨询的教师、学生、入驻企业,给予专业的指导帮助。保持与创业者的沟通交流，并针对其困惑和问题给予指导。（三）企业导师向合肥工业大学在编的创新创业指导课程教师及项目指导老师提供企业见习锻炼的机会。（四）及时与合肥工业大学创新创业教育中心沟通工作进展情况，提出意见和建议。（五）对有成功预期的项目和企业，愿意风险投入，并向创业投资机构推荐。（六）保守企业商业秘密。

第六条　创新创业导师的权利：（一）获得由合肥工业大学颁发的创新创业导师证书。（二）根据创新创业教育中心工作安排，创新创业导师开展课程、讲座、沙龙、论坛或咨询，学校将根据《合肥工业大学教学工作量考核管理暂行办法》对辅导教师给予工作量认定，同时按照《合肥工业大学教学业绩奖励暂行办法》对辅导教师给予奖励。（三）享有参与创新创业教育中心项目路演及组织开展的各类交流活动与研讨项目的权利。（四）在与学院、学生创新创业指导对接工作中，学院、学生有权选择指导导师，指导导师有权选择目标学院、学生。（五）创新创业教育中心每年对导师绩效进行评估，评选出本年度校内"十佳创新创业导师"、校外"十佳创新创业导师"共20名，由学校颁发荣誉证书。（六）根据导师需要和学校实际情况，对导师及导师企业进行形象展示与宣传，优先安排参加招聘活动，帮助企业选聘优秀人才。（七）对为在校生提供创新创业见习（实习）的企业，可授予"合肥工业大学生创新创业实践基地"牌匾。（八）利用高校产学研优势，进一步建立校企合作关系。

第七条　创新创业导师的工作方式：（一）创新创业导师为学校提供课程讲座的方式：创新创业教育中心根据工作计划至少提前半个月与导师商定主题并预约时间，由专人负责与导师对接开展活动，对活动结果进行记录反馈并按规定存档。（二）创新创业导师为入孵企业提供咨询辅导的方式：创业咨询：企业的一般性问题，可采取与导师一对一的交流方式，达到请教、咨询的目的。专题诊断：企业较为复杂的问题，由创新创业教育中心采取组织专家组专题研讨、诊断活动，为企业出谋划策。一对一辅导：企业若需要一个相对固定的导师在一段时间内就专项问题进行请教与辅导，需与相应的导师进行双向选择，双方达成一致后，可采取由企业与创新创业导师签订一对一辅导协议，对企业进行深度辅导。以上三类咨询由专人负责对活动情况及结果进行记录反馈并按规定存档。

第八条　创新创业导师在聘任期内，有下列情况之一的，将予以解聘：（一）无正当理由连续3次不接受合肥工业大学创新创业教育中心安排的创新创业指导工作的；（二）以合肥工业大学创新创业导师名义在社会上从事创新创业导师职责范围之外的活动；（三）泄露企业商业秘密的；（四）由于其他原因，不能履行创新创业导师职责的。

本办法自发布之日起施行。本办法由教务部负责解释。

3.《合肥工业大学创新人才培养实施方案》（合工大政发〔2017〕137号）

为探索拔尖创新人才培养新模式和新途径，充分发挥拔尖创新人才培养的示范和引领作用，带动全校本科人才培养模式的改革和创新创业教育的发展，提高人才培养质量，根据"立德树人、能力导向、创新创业"三位一体教学体系的精神，特制定《合肥工业大学创新人才培养实施方案》。

一、指导思想

秉承我校"厚德、笃学、崇实、尚新"的校训和"工程基础厚、工作作风实、创业能力强"的人才培养特色，贯彻"育人为本，德育为先，创新为魂，实践为根，理论奠基，能力导向，全面发展"的人才培养理念，本着"夯实基础，注重个性，强化能力，突出创新创业"以及"课内与课外、学校与企业、实践与创新、科学与人文相结合"的原则；以优势学科为依托，整合配置学校优质教育教学资源，实行优才优育、灵活多样的培养机制和研究型、个性化教学模式，培养拔尖创新人才。

二、培养目标

培养信念执着、人格健全、基础宽厚、个性突出、视野开阔、素质全面，具有较强实践能力、创新创业能力和国际竞争力的拔尖创新人才，特别是具备潜质的学术精英人才和行业领军人才。

三、培养方式

1. 实施小班教学。单独开设创新人才培养实验班（以下简称"创新实验班"），每个班规模控制在30人左右，单独制定培养方案，实行因材施教、优才优育和特殊培养。

2. 实施"通识教育+跨学科培养"模式。对创新实验班一、二年级学生加强通识课程和基础课程教育，三、四年级学生强化跨学科教育、实践能力和创新创业教育。

3. 实行学业导师制。尊重学生的个性特长和差异性，在学业导师的指导下实行个性化培养。创新实验班学生入学后通过双向选择确定学业导师，学业导师为学生在课程选择、实践创新训练、创新创业教育、个人学业规划等方面提供个性化指导和帮助，学生可提前进入学业导师的科研实验室参与科研项目。

4. 实行政策倾斜

（1）创新实验班的学生优先享有申报国家、省、校级大学生创新实验项目和创新训练项目，申请到国内外高水平大学、企业进行短期实习、参赛和访学，优先推荐参加各级各类学科竞赛的资格。学校优先遴选资助创新实验班学生开展国际学术和文化交流活动。

（2）创新实验班学生享有学校单独规定的奖学金比例，包括综合奖学金、专项奖学金以及校三好学生、优秀学生干部等奖项，奖励人数比例分别另行发布。

（3）对创新实验班学生给予免试推荐研究生政策倾斜。创新实验班学生在符合学校当年免试推荐硕士研究生要求的基本条件下，免试推荐研究生实际指标比例不低于学校平均比例数的两倍。取得免试研究生资格的学生，如果在后续的专业学习阶段出现了补考科目，则取消其资格。

四、选拔与录取办法

1. 创新实验班的招生采用自主招生个性化选拔、高考录取分数择优选拔、新生入学二次选拔和通过招生直接选拔等多种渠道遴选。

2. 创新实验班每年的招生计划、专业、类别由学校根据当年情况确定，由教务部招生办公室发布。

3. 创新实验班只招收英语语种考生。

五、管理职责

1. 创新实验班的招生选拔工作由教务部招生办公室负责。

2. 创新实验班学生入学后单独编班，学生学籍管理和学业管理由教务部学生注册中心和学生所在学院共同负责。具体日常管理工作由学生所在学院负责。

3. 承办创新实验班的学院需要具备相关的培养条件，并制定详细的创新人才培养实施细则报教务部审批。所在学院要成立由学院主要领导担任组长的创新实验班工作小组，负责实施对创新实验班建设的指导、实施、协调与管理。创新实验班辅导员、班主任和学业导师的配备以及党团组织建设均由各学院负责，每个创新实验班需配备一位副教授及以上职称的教师作为班主任。学院遴选优质教师资源为创新实验班学生授课并担任实验班学生的学业导师。

4. 创新实验班的创新人才培养方案及实施细则由各学院负责单独制定并报教务部教学办公室审批。

5. 创新实验班的评奖评优工作由学工部负责指导开展。

六、其他

本方案自2017级入学学生开始实行，由教务部负责解释。《合肥工业大学"创新型人才培养计划"实施方案》（合工大政发〔2010〕93号）等原有相关规定自行废止。

4.《合肥工业大学大学生创新创业训练计划管理办法》（合工大政发〔2017〕13号）

为贯彻落实《教育部、财政部关于"十二五"期间实施"高等学校本科教学质量与教学改革工程"的意见》(教高〔2011〕6号)、《教育部关于做好"本科教学工程"国家级大学生创新创业训练计划实施工作的通知》(教高函〔2012〕5号)等文件精神和要求,深入推进高等学校教学质量与教学改革工程项目建设,建立并完善大学生创新创业教育体系,不断提高教育教学水平和人才培养质量,特制订本办法。

第一章 项目申报与评审

第一条 大学生创新创业训练计划以学生为主体,以项目为载体,充分调动学生的主动性、积极性和创造性,激发学生创新思维、创新意识,强化创新创业能力训练,增强学生的创新能力和在创新基础上的创业能力,彰显"工程基础厚、工作作风实、创业能力强"的学校人才培养特色,培养适应创新型国家建设需要的创新人才。

第二条 大学生创新创业训练计划内容包括创新训练项目、创业训练项目和创业实践项目三类。

创新训练项目是本科生个人或团队,在导师指导下,自主完成创新性研究项目设计、研究条件准备和项目实施、研究报告撰写、成果(学术)交流等工作。

创业训练项目是本科生团队,在导师指导下,团队中每个学生在项目实施过程中扮演一个或多个具体的角色,通过编制商业计划书、开展可行性研究、模拟企业运行、参加企业实践、撰写创业报告等工作。

创业实践项目是学生团队,在学校导师和企业导师共同指导下,采用前期创新训练项目(或创新性实验)的成果,提出一项具有市场前景的创新性产品或者服务,以此为基础开展创业实践活动。

大学生创新创业训练计划立项资助对象为全校学生。凡对项目学习研究有浓厚兴趣且具有独立思考能力的学生均可申请。

大学生创新创业训练计划按照"自主选题、自由申报、择优资助、规范管理"的程序,重点资助思路新颖、目标明确、具有创新性和探索性、研究方案及技术路线可行、实施条件可靠的项目。

第三条 项目申请者可以是个人,也可以是团队(一般不超过5人)。鼓励学科交叉融合,跨专业、跨年级、跨院系联合申报。申请人原则上一次只能参加一个项目的申报。

第四条 立项项目应以创新性实验、创业训练和创业实践为手段,以提高创新创业品格和实践能力为目的,以解决本学科、交叉学科、企业研发、自然界或人类生活中的某一问题为出发点。

第五条 立项项目由学生个人或团队,在导师的指导下,自主进行研究性学习和创新性实践,自主完成创新性研究项目设计、研究条件准备和项目实施、研究报告撰写、成果(学术)交流等工作或团队中每个学生在项目实施过程中扮演一个或多个具体的角色,自主编制商业计划书、开展可行性研究、模拟企业运行、参加企业实践、撰写创业报告等工作自主提出一项具有市场前景的创新性产品或者服务,以此为基础开展创业实践活动。

第六条 项目分校级项目、省级项目和国家级项目,校级项目完成期限为1~1.5年,省级、国家级项目为1~3年。

第七条 项目负责人按要求认真填写项目申报书,由指导教师审查后,送项目负责人所在学院进行初步评审。

第八条 指导教师必须具有中级以上职称或博士以上学位,具有项目研究所需的业务水平和相应的科学研究能力。每位指导教师原则上每次指导项目一般为1项。指导教师要认真履行指导职责,负责全过程指导学生进行科学研究,为学生提供项目研究所需要的工作场地和实验设备,定期组织学生讨论和交流。

第九条 教务部创新创业教育中心负责对申报项目进行评审,确定拟立项名单,省级项目同时上报安徽省教育厅,国家级项目同时上报教育部。

第二章 项目管理

第十条 项目实行动态管理。具体程序为:

1. 项目立项组织和审批,由学校创新创业教育中心负责。

项目立项后,项目负责人、指导教师、负责人所在学院和学校创新创业教育中心四方签订项目合同书。

2. 学校根据有关文件要求和项目实施需要核定项目经费。

3. 学院负责对项目进展进行跟踪管理,实施中期检查,并根据项目研究进展情况,上报说明是否进一步支持;负责校级、省级项目的结题验收。

学校创新创业教育中心负责对国家级项目的管理和校级、省级项目的抽查管理。

4. 学院通过各种形式定期组织学生交流,及时总结学生在项目实施过程中取得的成绩和存在的问题,帮助学生解决困难。

第十一条 经费管理

1. 学校对项目经费一次核定,分批拨付。项目经费专款专用,项目负责人按年度预算合理使用。

项目报销程序:项目负责人填写经费报销单→指导教师审核→院(部)相关负责人审批→财务部报销。

2. 经费使用范围包括:完成项目所需的资料费、文具费、打印费,实验材料购置费,参加学术会议和发表论文费,调研费,创业训练、创业实践相关费用等。

3. 学校对项目经费实行监督管理,保证经费使用科学、合理、规范。

第十二条 项目一旦立项,不得随意变更,但有下列情况之一者可以变更或终止项目研究:

1. 项目在执行期内因正当理由需进行变更,经审查后可适当延期或调整计划项目内容,但校级项目延期一般不得超过半年,省级、国家级级项目延期不得超过一年。

2. 项目由于一些不可克服的原因无法继续进行,应由项目负责人提交项目终止报告,报学校批准。

3. 凡在项目申报、实施过程中弄虚作假或执行不力,无故延期又无具体改进措施,学校将终止该项目,并视情节轻重给予相应处理。

第十三条 结题验收

1. 项目完成后,项目负责人填写《大学生创新创业训练计划项目结题申请表》以及《大学生创新创业训练计划项目结题材料》,进行结题验收。

2. 学院负责对校级、省级项目成果进行评定,评定时,一般要进行现场测试和结题答辩,给出项目评审结题意见。创新创业教育中心组织专家对结题项目进行抽查。

3. 教务部创新创业教育中心负责对国家级项目成果进行评定,结题验收,并颁发相关证书。

第三章 保障机制

第十四条 学校给予国家级项目不小于1:1的配套经费支持,并积极争取社会资助。

第十五条 学校为大学生创新创业训练计划提供坚实的硬件和软件条件,保证研究场所、设备、人员、材料等相关条件。

第十六条 学生按计划完成项目并验收合格后,可获得相应创新创业学分,学分认定按《合肥工业大学学生创新实践活动学分认定管理办法》执行。

第十七条 学校将根据《合肥工业大学教学工作量考核管理暂行办法》对参与指导的教师给予工作量认定。

第四章 组织机构及管理体系

第十八条 学校成立国家级大学生创新创业训练计划实施领导小组,主管校领导任组长,教务部、研究生院、学工部、团委、科学技术研究院、校务部、财务部、总务部等职能部门负责人为成员。教务部创新创业教育中心负责学校创新创业训练计划的实施,处理日常工作。

第十九条 学校成立由校内外相关学科专家组成的国家级大学生创新创业训练计划专家委员会,制定项目实施各类标准,负责项目评审、中期检查、结题答辩、效果评价等。

第二十条　各学院成立院级国家级大学生创新创业训练计划工作小组,负责本学院创新创业训练计划组织与实施。

本办法自发布之日起施行。由校长办公会授权教务部负责解释。

5.《合肥工业大学2019版本科专业人才培养方案修订原则意见(讨论稿)》(摘编)

人才培养方案是高等学校贯彻落实国家教育方针、实现人才培养目标和质量规格要求的总体设计蓝图,是学校实施人才培养工作、改革人才培养模式、组织教学活动、管理教学过程的纲领性文件,对教学质量和人才培养质量的提高具有重要导向和保障作用。根据学校努力建设国际知名的研究型高水平大学的战略目标和《合肥工业大学"十三五"事业发展规划》,为全面提高我校人才培养能力,完善"立德树人、能力导向、创新创业"三位一体的教育教学体系,创建一流本科教育,学校决定启动2019版本科专业人才培养方案的修订工作,现提出如下修订原则意见。

4. 以能力为导向,加强实践教育

成果导向教育理念和学校能力导向一体化教学体系在内涵上都要求关注学生能力的培养,而不是知识的积累。各专业要根据毕业要求的具体内容,建立课程地图和能力达成矩阵,明确课程体系中每门课程或每个教学环节的目标和在能力培养方面的作用,削减对培养目标和能力培养支持度不高的课程。突出学生实践动手能力、批判思维能力、创新创业能力、团队合作能力、国际交流能力和自主学习能力的培养,尤其要着重培养工科学生解决复杂工程问题的能力。

学生的能力在很大程度上要靠实践环节来培养。各专业要加强实践教育,对实验、实习实训、课程设计、毕业设计等实践教学环节进行整体优化设计,形成与理论教学相辅相成、全程贯穿、分层实施、循序渐进的"三层次五模块"实践教育体系,增加综合性、设计性、研究性实验,加大课程设计、毕业设计(论文)与生产、工程、社会实际结合的力度,引导学生开展自主实践(包括创新创业活动、科研训练、公益活动、志愿者活动、社会调查、各类竞赛等),保证实践教育"四年不断线"。进一步加强与行业、企业的合作,深入实施"卓越工程师教育培养计划"和"新工科"研究与实践项目,推进校企协同育人。

5. 以培养学生创新精神、创业意识和创新创业能力为主旨,将创新创业教育贯穿于人才培养全过程

创新创业教育是高校综合改革的突破口。要以创新教育为基础,以创业教育为载体深入开展创新创业教育,将过去相对独立和松散的创新

创业教育纳入一体化教学体系、贯穿人才培养全过程,并与专业教育相融合,努力构建由理论教学体系、实践训练体系、条件保障体系和激励评价体系四个子系统构成的创新创业教育体系,促进学生创新精神、创业意识和创新创业能力的培养。学校将开设更多的创新创业通识类必修、选修和辅修课程群,并引进和自建开设一批创新创业教育类的慕课、视频公开课等网络课程。各专业要结合专业教育,开设创新创业教育选修课程或系列专题讲座,以及多样化的创新创业实践实训项目,供学生自主选修。各学院应聘请行业的优秀人才和社会创业成功人士,担任创新创业教育课授课或指导教师。学校建立创新创业学分积累与转换制度,本科生须修满4个创新创业实践学分方能毕业,具体管理办法由创新创业教育中心负责制定并向学生发布。

6.《本科生创新创业通识必修课程实施细则》(合工大本科生院函〔2021〕33号)

第一章 总则

第一条 为加强创新创业通识必修课程的建设与管理,依据《合肥工业大学2019版本科专业人才培养方案修订原则》等文件规定,制定本实施细则。

第二条 本实施细则仅适用于《大学生创新基础》和《创新创业》两门慕课。

第三条 每个学院从两门课程中选择一门课程,并选任课程指导教师,报创新创业教育处备案。课程以学院为单位进行教学管理,每门课程2个学分。

第二章 教学组织

第四条 成立课程建设管理组,组长由创新创业教育处处长担任,副组长由各学院分管本科教学工作院长担任,成员由创新创业教育处工作人员、各学院双创办主任、各学院创新创业教育管理工作人员等组成。负责课程的建设管理工作。

第五条 成立课程教学管理组,组长由创新创业教育处副处长担任,副组长由马克思主义学院教师或者由创新创业教育处选聘创新创业导师库中的教师担任,成员由各个学院课程指导教师组成。负责课程的教学管理与指导工作。

第三章 教师选聘与工作职责

第六条 各学院须根据本学院专业特点,遴选具有大学生创新创业教学实践经验,热爱大学生创新创业教育工作,责任心强,教学经验丰富的优秀教师担任课程指导教师。为保证课程建设的延续性和管理的有效性,原则上学院课程指导教师固定,如需增补调整请学院提交申请并报创新创业教育处审批。

第七条　根据创新创业通识必修课的课程特点及合肥工业大学线上课程相关规定要求,各学院按照每200名学生配备一名课程教师的标准选聘教师(不足200名学生按照200名的标准执行)。

第八条　工作职责

1. 参加课程组安排的各项课程活动,包括课程培训、教学研讨、集体备课等。

2. 参加课程组提供的各项理论学习和实践交流活动。

3. 保质保量完成各项教学任务。包括维护课程的日常运行,开课期间,负责选课学生名单导入、学生成绩导出和提交等相关工作;维护课程论坛、讨论区和答疑区,保证课程教学中的问题得以及时解决;为学习者提供优质的教学支持服务和个性化指导;全面深入分析学习状态数据,注重过程性评价,及时向课程组反馈各项教学动态。

4. 严格执行学校通识必修课的相关规定。

第四章　教学运行

第九条　课前培训。每次开课前,由课程组组长、副组长组织召开培训会议,主要培训网络平台使用方法,指导教师工作内容,指导教学规范要求,学生网上学习流程,学生考试资格标准,学生成绩评定办法等内容。会议期间还将邀请专家进行创新创业课程建设等方面的主题培训。全部指导教师必须参加课前培训。

第十条　课中督导。课程教学中期,学校、学院教学督导组成员、课程领导小组成员对课程进行检查督导,重点督导学生的学习进度,教师的指导次数,并协助解决在线课程学习的相关问题等。督导结果及时反馈课程组。

第十一条　课后总结。课程结束后,课程指导教师按照学校教学管理有关规定要求,认真对课程进行总结分析,提交教学归档资料。

第五章　队伍建设

第十二条　为提升指导教师的课程教学能力,开阔创新创业教育视野,创新创业教育处按照学校有关规定,分期分批组织指导教师参加校外交流培训活动。

第十三条　为提升指导教师的教学研究能力,课程组定期组织开展教学研讨沙龙活动,学习研究国家最新政策,学习研讨最新教育教学方法,联合申报质量工程项目,联合指导大创项目和学科竞赛等。

第六章　条件保障

第十四条　为激发指导教师的工作积极性,创新创业教育处按照《合肥工业大学教学工作量考核管理暂行办法》第三条第九款对指导教师认定相应的工作量,为课程组提供必要的活动场地,为课程组提供一定的教学活动经费。积极支持指导教师申报质量工程项目和指导大创项目。

第七章 附则

第十五条 本办法自2021级本科生开始执行,由本科生院负责解释。

6.4 创新创业能力培养的实践及成果

6.4.1 创新创业能力导向一体化的课程体系建设

作为教育部直属高校,合肥工业大学早在2015年即提出了深化教育教学改革、创新人才培养模式的方案,在参考卓越工程师计划、工程教育认证等基础上,提出"能力导向的一体化教学体系建设指南"(以下简称"指南"),用以指导各专业教学体系的建设,提高人才培养质量。指南中的"一体化"主要是指教学的"培养目标—教学过程—质量提升"三个重要组成部分的集成。其主要内容包括三个方面:第一,明确培养目标,即我们要培养什么样的人;第二,明确培养过程,即如何培养与目标一致的人才;第三,形成不断提高培养质量的机制,即如何通过改进教学内容、方法和手段,做到不断提高学生的培养质量,其重点是建立教学与培养目标一致的保证体系,并通过测评检验教学效果,不断改进教学质量,形成可检测可控制的闭环教学体系。打造出具有学校人才培养特色(工程基础厚、工作作风实、创业能力强)和质量稳定的人才培养体系。

2018年9月,根据学校努力建设国际知名的研究型高水平大学的战略目标和《合肥工业大学"十三五"事业发展规划》,为全面提高学校人才培养能力,完善"立德树人、能力导向、创新创业"三位一体的教育教学体系,创建一流本科教育,学校启动2019版《本科专业人才培养方案》的修订。在认真总结2015版《本科专业人才培养方案》实施经验的基础上,凝练专业特色,进一步优化课程体系,精简课内学时,增加选修课比重,强化立德树人、能力导向、学科交叉和创新创业教育,探索人才培养目标与社会需求相结合、通识教育与专业教育相结合、实践教育与创新创业教育相结合、课堂学习与课外学习相结合、个性化培养与全面发展相结合、产学研结合的人才培养机制和以质量提升为核心的本科专业内涵式发展之路,促进学生知识、能力、素质协调发展和综合提高,努力造就一大批"工程基础厚、工作作风实、创业能力强"的高素质创新型人才。

根据学校人才培养方案修订原则,在广泛征求企业用人单位、同行专家、任课教师、往届毕业生意见的基础上,形成了2019版《金属材料工程专业人才培养方案》。主要特色如下:

(1) 以相关标准为基本要求,优化专业人才培养方案。

金属材料工程专业人才培养方案在制定的过程中,依据《材料类教学质量国家标准》《工程教育认证通用标准》以及《材料类专业补充标准》对本专业的具体要求和相关规定,结合学科优势和专业特色,整体优化本专业人才培养方案。

根据《材料教学质量国家标准》要求,调研了本专业人才的社会需求情况、学科的发展趋势以及专业历史沿革及特色等方面情况,明确金属材料工程专业人才培养的基本定位,确定本专业人才培养目标为:"培养适应社会、经济、科技发展需要,德智体美劳全面发展,具有社会责任感、良好职业道德、综合素质和创新精神,国际视野开阔,具备金属材料工程专业的基础知识和专业知识,能在材料、机械、汽车、航空航天、冶金、化工、能源等相关行业,特别是在高性能金属材料、复合材料、材料表面工程等领域从事新材料及产品与技术研发、工程设计、生产与经营管理等工作的科学研究与工程技术并重型高级专门人才。"

根据《工程教育认证通用标准》要求,提出所培养的学生经过毕业后五年左右的社会和职业实践,事业发展预期如下:

预期1:具有独立和协作分析解决金属材料工程相关领域复杂工程问题的能力,能够作为技术骨干从事工艺设计、产品开发等方面的工作。

预期2:具有较强的科学研究能力和创新精神,能够独立承担金属材料工程领域复杂工程问题解决过程中的技术研发或改造工作。

预期3:具有良好的生产管理和决策能力,能够作为部门负责人或业务主管从事生产、营销、行政等管理工作。

(2) 加大基础课程和选修课程比重,构建"工字型"结构课程体系,在厚基础的前提下促进学生个性化发展。

为了将立德树人、学生中心、因材施教等思想落到实处,充分尊重学生的兴趣、爱好和特长,大幅度裁减了课内学时特别是专业课学时,使本科四年制学生的总学分从2019版培养方案中的190学分压缩到166学分。并且按照成果导向(Outcomes-based Education,OBE)理念,根据人才培养目标及毕业要求,全面调整和优化课程体系,构建了由"通识教育、专业教育、实践教育、综合教育"四大模块组成的四位一体、层次分明、比例协调的课程体系。课程体系形成"工字型"课程结构。

"工"字上面的"一横"代表通识教育和学科(专业)基础教育课程,学分占比50%,其中含2%的创新创业学分;"工"字的下面"一横"代表通识教育选修课和专业选修课,学分占比25%;中间的"一短竖"代表专业必修课程,学分占比25%。

通识教育课程和学科基础课程保持较高的学分比例,彰显学校"工程基础厚"特色,强调人才培养的共性和基础。为了让学生能根据自己的个性、爱好和兴趣来进行选择和学习,较大幅度压缩专业必修课程学分(理论课程18.5学分),加大了专业选修课程的比重(理论课程30学分),可供选择的课程达到49学分,拓宽了学生的知识面和个性发展的空间。为保证选修课程学习的系统性和课程的关联性,选修课程中设立高性能金属材料、复合材料和材料表面工程三大模块,并在每个模块中设立综合实验,要求学生完整的学完其中的两个模块,不够的学分从另行设定的任选模块(主要为计算材料类、新材料类等课程)中补足。

(3) 以能力为导向,加强实践教育。

材料学科是系统学习材料科学与工程各专业的理论和实验技能,并将其应用于材料的合成、结构表征、性能测试及失效分析等各方面的研究。因此,实践教学在培养材料类专业的科研与应用并重的复合人才过程中具有至关重要的作用。

工程教育认证提倡的OBE理念和学校能力导向一体化教学体系在内涵上都要求关注学生能力的培养,而不是知识的积累。根据毕业要求指标点分解的具体内容,建立课程地图,明确课程体系中每门课程或每个教学环节的目标和在能力培养方面的作用。在总学分大幅下降的前提下保持了较高的实践教学学分比重,实验类、设计类、实习类、毕业论文等实践课程总学分为41.5学分,占比25%。

专业实验中开设材料科学基础实验和金属材料工程基础实验,强调与专业课程内容相结合,强化基本理论的理解、基本技能的学习和基本设备的熟练使用;在三个选修模块中开设金属材料综合实验、复合材料综合实验和材料表面工程三大综合实验,凸显本专业重点的三大方向。强调以实际工程研究项目内容分解小课题,由小组学生自主完成实验设计、实验内容和结果分析,突出学生实践动手能力、批判思维能力、创新创业能力、团队合作能力和自主学习能力的培养,尤其要着重培养工科学生解决复杂工程问题的能力。

(4) 以培养学生创新精神、创业意识和创新创业能力为主旨,将创新创业教育贯穿于人才培养全过程。

创新创业教育是高校综合改革的突破口。将过去相对独立和松散的创新创业教育纳入一体化教学体系、贯穿人才培养全过程,并与专业教育相融合。设立4个必修的创新创业学分,其中开设一门特色创新创业课程《"一带一路"上的器物文化传播与创业意识培养》(2学分),另外2个学分由学生自主参加创新创业活动获得,包括进行大创项目研究、各种创新创业大赛及学科竞赛、各种科研训练及成果(论文及专利等)、各类社会实践活动等。

6.4.2　特色创新创业课程建设

2013年,国家主席习近平先后在哈萨克斯坦和印尼分别提出了"丝绸之路经济带"和"21世纪海上丝绸之路"的合作倡议,即"一带一路"倡议,借用古代丝绸之路的历史符号,积极发展与沿线国家的经济合作伙伴关系,共同打造政治互信、经济融合、文化包容的利益共同体、命运共同体和责任共同体。共建"一带一路"倡议的核心内涵,就是坚持共商、共建、共享原则,促进基础设施建设和互联互通,加强经济政策协调和发展战略对接,促进协调联动发展,实现共同繁荣,共同构建人类命运共同体。

根据创新创业能力培养需要和材料学科特点,材料学院学生创新创业教育团队建设开设特色创新创业课程《"一带一路"上的器物文化传播与创业意识培养》,从器物的角度,展示古今丝绸之路的文化传播以及"一带一路"上的贸易和国际交流,并适当融入材料学科基础知识以及创新创业意识的启发,是一门文化通识类的创新创业教育课程。从现代科学视角分析探究丝绸、陶瓷漆器等生产加工工艺,立足新时代理解古丝绸之路的文化价值;理解核心竞争力在创新创业中的地位作用,以及如何具备核心竞争力。

该课程从大学生的学业管理、人际交往、能力要求、心理素质、职业规划、创业环境、创业能力等方面进行全面阐述,引导大学生树立并培养学业管理和职业规划等意识,以及创新精神、创新意识和创业能力。课程包括就业篇和创业篇,通过系统且全面的知识点讲解来激发大学生的创业意愿,鼓励大学生开拓进取、自立自强。课程配有大量案例,包括大学生就业案例、大学生创业案例、知名企业和优秀创业者的创业故事等,让大学生从中得到感悟和经验教训。课程组在实践工作基础上开发录制完整的慕课课程(见图6.3)。

(a)　　　　　　　　　　　　(b)

图6.3　慕课视频截图

课程主要内容及思路如下:

第一章 古道丝绸贸易——创新精神的完美体现

了解古丝绸之路的历史演绎和丝绸的起源,掌握丝绸的生产工艺以及文化价值,探索古丝绸之路上的创新创业意识和元素,掌握创业的基本概念以及蒂蒙斯创业过程模型。

第二章 穿越"陶瓷之路"——商帮创业的启示

了解从陶到瓷的历史进程,掌握陶瓷制作技艺与材料的发展,通过"陶瓷之路"的民间传说以及"广彩"的流行,介绍商帮的创业历程,探究其创新创业思维。

第三章 铜奔马传奇——赢得核心竞争力

认识铜奔马的造型特点和文化价值,掌握其具体的铸造工艺,挖掘铜奔马背后的家国情怀,学习铜奔马的核心竞争力的创业启示,理解核心竞争力在创新创业中的地位作用,以及如何具备核心竞争力。

第四章 大漆美艺——真善美的创造力

认识漆器的起源与传播,掌握漆器的材料工艺和技艺传承,探究漆器的"真善美"价值体现及其背后的创造意义。

第五章 精美汉绣——精益求精的匠人精神

了解汉绣的发展历史和文化脉络,掌握汉绣的材料和加工工艺,尤其是传统技艺的现代化创新之路。探究汉绣的文化价值及其"工匠精神"对新工科背景下大学生的成长培养启示。

第六章 景泰蓝——非遗传承创新的跨界思考

了解洋技法的中国化以及景泰蓝的兴衰与传承历史,掌握景泰蓝复杂的材料及加工工艺,探索非遗传承背后的创新思维:跨界的思路和精神归属。

第七章 日本——丝路交流学习中的创新

了解东海丝路贸易及其对日本的影响。探究日本丝路文化中的传承与创新。探索创新创业的几种模式:克里斯琴模型——复制型、模仿型、安定型和冒险型。

第八章 意大利——老朋友的新合作

了解中意两国的古丝路情缘(古罗马与中国的丝路贸易交往),探究"一带一路"倡议的实施给中意两国带来的发展机遇。

6.4.3 科研实践进课堂,多维度培养学生创新能力

科技成果转化难一直是困扰我国科技发展的难题,从人才培养角度看,造成这

一问题的原因与教育环节中的"重理论、轻实践"有关,很多学生对基础专业知识掌握较好,做起试卷来表现不错,但遇到实际问题时无从下手,这一现象反映的其实是创新精神和实践能力的短缺。

团队依托国家"清洁能源新材料与技术"高等学校学科创新引智基地、有色金属与加工技术国家地方联合工程研究中心和先进功能材料与器件安徽省重点实验室等基地,主持实施国家科技部重大基础研究ITER(国际热核聚变反应堆计划)重大专项、国家科技部国际科技合作项目、国际自然科学基金重大研究计划培育项目等一批重大重点项目。科研项目反哺课堂教学,多维度培养学生创新能力。

1. 科研素材进课堂,丰富教学内容

以科研项目研究的实际案例,进入课堂教学内容,既可以作为课程引入的实例,让学生带着与实际工程相关的问题进入课堂内容,寻求解决的答案;也可以作为原理介绍的实际案例,进一步加强对基本原理的理解;还可以作为课外作业,通过基本原理的学习和文献调研提出可能的解决方案。

《粉末冶金原理及工艺》的课堂教学要求学生能够掌握金属粉末生产的主要方法和基本原理及工艺、粉末的主要性能及其测试方法,掌握金属粉末压制成形和烧结的基本原理,了解粉末冶金的工艺特点,粉末冶金生产的典型设备、影响产品质量的主要因素等。课题组将多元复合纳米稀土碳化物/氧化物掺杂钨基材料成分设计、组织调控及制备技术,化学还原法纳米碳化物/氧化物粉体表面稀土掺杂钨包覆层工艺优化和生长机理,高性能钨基材料的成分与调控设计,烧结过程显微组织调控工艺设计等方面的研究内容融入课堂教学中,使学生能够更加生动、深刻地理解授课内容。

《热处理原理及工艺》的课堂教学要求学生掌握热处理的基本原理,并根据原理针对碳素钢、合金钢的服役条件及技术要求,合理选择和制定热处理工艺方案,了解当代热处理新工艺、新技术的发展趋势。课题组在电站锅炉集箱、高铬耐磨铸球、超大型磨机用高强韧型耐磨合金锻球及液压缸筒用冷拔钢管等热处理工艺方面的研究特色,结合课程内容介绍不同工况环境下的性能需求,从材料的选择、加工工艺流程、热处理工艺选择的考量以及性能在线的检测进行专题的介绍,提高学生针对实际工况条件下工艺的创新性选择和设计能力;以其中某个方面的具体需求设立综合实验课题,由同学自行根据参考书、文献设定热处理工艺参数,按照设定的工艺进行处理及组织结构、性能的表征,自行判断工艺的合理性并进行优化。

2. 以大科研项目为载体,引领学生发展

以科研项目建立教学实训平台,鼓励学生早进课题、早进实验室、早进团队,培

专业认证和新工科背景下材料类专业人才培养的创新与实践

养科研能力和实践创新能力。将大学生科研训练计划项目与教师科研项目挂钩，学生从大二开始就能进入实验室，参与各类国家级、省部级和应用开发课题。将科研成果转化为优质教学资源，运用到本科教学之中。

先进能源与环境材料国际科技合作基地依托合肥工业大学材料科学与工程一级学科，基于安徽省先进纳米能源材料国际科技合作基地、有色金属与加工技术国家地方联合工程研究中心、先进功能材料与器件安徽省重点实验室等多个省部级科研平台良好的国际科技合作基础，已与美国、德国、加拿大、澳大利亚、英国、丹麦、日本、新加坡、韩国等国家或地区近20所高校及科研院所建立了稳定的人才培养和科学研究合作关系，紧密围绕核能材料与应用技术、能源存储材料与应用技术、太阳能转换材料与应用技术、环境材料及检测技术等相关领域开展了诸多创新、前沿、交叉型的理论及应用基础研究，并取得了丰硕的国际科技合作研究成果。

基地引入了一大批国际顶级的科研人员来校受聘为兼职教授，其中包括美国核能材料领域著名学者、美国威斯康新大学麦迪逊分校核工程系 Todd Allen 教授，德国尤利希研究中心(FZJ)等离子体物理研究所主任研究员、德国杜塞尔道夫大学梁云峰教授，德国于利希研究中心能源与环境研究所所长 Christian Linsmeier 教授，澳大利亚国立大学电子材料工程系主任 Hark Hoe Tan 教授(图6.4)，澳大利亚科学院院士、澳大利亚技术科学与工程院院士、澳大利亚研究理事会桂冠学者、澳大利亚莫纳什大学化工学院 Douglas MacFarlane 教授等。通过基地建设，给同学提供了一个与国际顶尖科学家面对面的交流机会，可以更快地了解专业最新的发展动态，为个人发展提供新的选择。

(a)　　　　　　　　　　(b)

图6.4　澳大利亚国立大学 Hark Hoe Tan 教授受聘仪式及授课现场照片

6.4.4　积极参与科技竞赛，促进创新实践能力的培养

大学生科技竞赛紧密结合专业教学内容，以竞赛的方法，激发学生将课堂理论

知识应用于实际工程问题的解决,通过实践来发现问题,解决问题,增强学生学习和工作自信。科技竞赛与实践教学相辅相成,将科技创新训练项目与学科实践有机结合,提高大学生针对实际问题进行设计处理和实践创新的能力。

大学生科技竞赛形式和内容多样,譬如挑战杯全国大学生课外学术科技作品竞赛以高校在校学生的自然科学类学术论文、哲学社会科学类社会调查报告和学术论文以及科技发明制作三类作品参赛。"互联网十"大学生创新创业大赛分为创意组、初创组、成长组、师生共创组、"青年红色筑梦之旅"组,以创新设计、创业模拟及实战为竞赛内容。大学生数学建模竞赛则是采用全国统一命题的方式,队内同学集体商讨设计思想,确定设计方案,分工合作,集体完成竞赛任务。大学生热处理创新创业大赛分组赛以团队的科技成果(论文或专利)为竞赛内容,总决赛以具体零件的工艺设计为题,团队在指定的时间内完成零件材料的选择、加工工艺设计、性能表征等工作,并进行现场答辩。各类科技竞赛始终紧抓创新这一核心要素,考查大学生的专业基础知识的同时,拓宽知识面,培养其创新意识和创新能力。

大学生科技竞赛是推进教学改革的重要手段,也是培养学生创新创业能力和素质、实现学生个性化培养的重要途径。合肥工业大学于2017年颁布《合肥工业大学大学生科技竞赛管理办法》,规范了竞赛的组织、竞赛命题要求、竞赛规则、竞赛的管理以及竞赛的奖励。

1. 科技竞赛与学生能力培养的关系

(1) 科技竞赛提高学生的自主学习能力

科技竞赛源于课堂教学,但其涉及的知识内容远非课堂上所学的几门课程。很多竞赛内容涉及多门学科的交叉,譬如金属材料工程专业的学生竞赛过程中遇到与陶瓷、高分材料相关的知识;材料类学生需要掌握与其紧密相关的资源环境、生物、微电子、化工等领域的相关知识。这些都要求学生能够通过自主学习掌握所需要的基础知识,在竞赛的准备和进行过程中的自主学习,一方面使学生认识到单一专业知识在实际解决综合问题过程中的局限性及自主学习的重要性,另一方面也在学习新知识的过程中提高自主学习能力。

(2) 科技竞赛培养学生的知识运用能力

部分科技竞赛考查的是学生对知识的掌握情况,但多数的科技竞赛还是针对某个具体问题以知识的综合运用来进行创新设计为主要内容进行考察的。一些比赛要求参赛者提供作品实物模型或者社会调查报告,这就要求参与科技竞赛的同学能够把课本上、课堂上所学到的知识灵活运用,针对实际工程问题,综合考虑性能需求、市场需求、成本要求、工艺适应性、环境影响、美学等各方面的因素后进行优化设计。学生在科技竞赛的过程中能够逐渐了解完成一项设计、一个作品需要如何运用哪些基本知识、需要考虑哪些外在因素,并认识到将所学知识灵活运用的重要性,从而使其知识运用能力得到提升。

(3)科技竞赛激发学生的创新能力

科技竞赛以理论与实践相结合的方式,促使学生独立思考,在借鉴前人工作的基础上有所创新。整个科技竞赛的完成过程,相当于一个课题从申请立项、实验研究到结题汇报的过程。学生通过文献调研了解项目背景、研究现状及仍然存在的问题及可能的解决途径,完成选题及立项依据工作;通过反复地实践获得最优化的设计;最后进行总结汇报,提炼作品制作过程的思路和创新性。整个过程就是一个提出问题、解决问题并总结思路的创新性思维训练过程。

2. 典型学科竞赛实施过程及案例

(1)中国国际"互联网+"大学生创新创业大赛

中国国际"互联网+"大学生创新创业大赛,由教育部与政府、各高校共同主办。大赛旨在深化高等教育综合改革,激发大学生的创造力,培养造就"大众创业、万众创新"的主力军;推动赛事成果转化,促进"互联网+"新业态形成,服务经济提质增效升级;引领创新创业教育国际交流合作,加快培养创新创业人才,以创新引领创业、创业带动就业,推动高校毕业生更高质量创业就业。

以赛促学,培养创新创业主力军。能赛能激发学生的创造力,激励广大青年扎根祖国大地了解国情民情,锤炼意志品质,开拓国际视野,在竞赛中增长智慧才干,努力成长为德才兼备的有为人才。

以赛促教,探索素质教育新途径。把大赛作为深化创新创业教育改革的重要抓手,引导各类学校主动服务国家战略和区域发展,深化人才培养综合改革,全面推进素质教育,切实提高学生的创新精神、创业意识和创新创业能力。

以赛促创,搭建成果转化新平台。推动赛事成果转化和产学研用紧密结合,促进"互联网+"新业态形成,服务经济高质量发展,努力形成高校毕业生更高质量创业就业的新局面。

材料学院2007级本科生,目前在英国圣安德鲁斯大学从事博士后研究的惠佳宁博士,在王岩副教授和吴玉程教授两位老师的指导下,参加了第六届中国国际"互联网+"大学生创新创业大赛国际赛道创意组的竞赛。参赛项目名称为"工大纳维—新型量子点材料产业先驱(Nano Dimension—Pioneer in quantum dots industry)",项目产品为采用超声破碎工艺生产的量子点材料,包括石墨烯量子点、二硫化钼、硅量子点等一系列功能量子点材料。以量子点材料为基础,可以生产多种相关产品,如量子点膜、量子点墨水、量子点荧光粉、量子点传感器、量子点涂料等,在显示器件、医疗、能源等诸多领域具有广泛的应用价值。全世界科研单位在量子点合成制备与应用领域进行了大量研究工作,取得了一系列重大进展。但量子点产业的发展才刚刚起步,目前只有量子点显示技术已形成产业链。量子点电视已作为产品流入市场,但仍有很大发展空间。在其他潜在应用领域,如能源、环保、医疗等行业中,量子点材料实现产业化的成果很少,这主要可归因于缺乏低成本、可扩展、能够大批量制备的量子点材料生产技术。该项目充分利用国内国际研究创新成果,瞄准新的量子点材料工业化生产技术,进一步开拓量子点材料市场,尤其是量子点材料在能源、医疗等领域的应用,具有很大商业价值和发展潜力,项目获得国际赛道创意组银奖(见图6.5)。

图6.5　国际赛道创意组银奖

（2）全国大学生金相技能大赛

全国大学生金相技能大赛最初是由清华大学、北京科技大学、天津大学、国防科技大学、昆明理工大学、重庆大学、东南大学、中南大学、湖南大学、上海应用技术学院等高校联合发起的一项大学生赛事。第一届全国大学生金相技能大赛于2012年12月在北京科技大学举办,此后每年举办一届。2015年8月,教育部高等学校材料类专业教学指导委员会正式发文,决定作为大赛的主办单位对大赛的组织工作进行具体指导。自此,全国大学生金相技能大赛成为一项得到教育部及有关部门认可的全国性大学生赛事。2020年2月22日,中国高等教育学会发布2019年全国普通高校大学生学科竞赛排行榜,全国大学生金相技能大赛被正式纳入排行榜,成为排行榜内44个竞赛项目之一。

参赛选手需要在规定的时间内完成指定金属样品的磨制、抛光、腐蚀和金相组织观察,获得金相样品。评委通过金相样品表面质量和金相图像质量并结合制样时间综合进行评分。

大学生金相技能大赛的实施包括学校自主举办的校内选拔赛、省赛、全国性复赛和决赛。每所高校省赛的参赛名额为5人,国赛的参赛名额为3人。合肥工业大学材料科学与工程学院自2016年首次参赛以来,已参加5届大赛。

本着以赛促教,让更多的学生能够参与和感受金相技能大赛,提高学生的专业认知度,学院对本项赛事高度重视,对校内选拔赛在学院内部做了充分的宣传和动员,并在校园网公开发布参赛通知,按照实际参赛总人数的5%、10%和15%设立一等奖、二等奖和三等奖,由学院颁发证书并给予奖励。

材料学院实验中心紧密配合,全天候开放制样实验室,供参赛选手进行训练;组织参赛选手进行基本技能的集中培训,并利用工作之余的时间在制样室对选手进行手把手的教学,纠正同学错误的手势、用力方式及各个流程;对选手磨制的样品进行分析,帮助同学查找金相样品质量不高的原因。经过这些培训,大多数参赛选手都能够制备出基本合格的金相样品,并对书本上各种金相样品图有个更为清晰的感性认识。

大赛领队及指导教师紧密配合,认真学习比赛规程,了解比赛过程及评分细节、竞赛样品及设备型号;对遴选出的参赛选手制定详细的培训计划,利用假期进行为期两周的集中训练。集训过程中,有同学因为集中的、长时间的训练导致手指受伤及内心的抵触,指导教师通过谈心给同学明确一个信念,即任何成就的获得都是要付出努力和代价的,成功只属于那些有准备并且能够坚持到最后的人。

国赛的赛制分为复赛和决赛两个阶段进行,在紧张激烈的比赛现场,有部分同学因为心理承受能力不强的原因导致异常紧张,无法完全发挥平时的训练水平,甚至有同学因紧张出现样品飞落的情况。选手的心理状态对比赛结果影响很大,针对首轮复赛出现的各种技术或心理问题,指导教师及时在赛后进行技术总结和心理疏导,让选手重视比赛过程,严格按照平时训练过程进行,把握好细节,不要过多去考虑、关注比赛结果。

合肥工业大学连续5年的参赛过程中,共有400多名同学参加了金相样品的制备培训和校内选拔赛;遴选参加国赛的15名选手中,共获一等奖5名,二等奖9名,三等奖1名(赛制规定每个高校的3名选手中最多只能有1个一等奖),团体一等奖2次,团体二等奖2次,其中2019年度大赛中,马骏同学以决赛第一的成绩获得徕卡特别奖(见图6.6)。

图6.6　金相技能大赛获奖证书及现场照片

金相技能大赛的备战过程及比赛过程非常锻炼材料类专业大学生的金相技能及实验动手能力,是"以赛促教、以赛促改、以赛促学"的一种全新探索,对于深化教育教学改革,提高人才培养质量,具有重要的实践意义。

(3) 材料热处理创新创业赛

材料热处理创新创业赛是中国大学生机械工程创新创意大赛系列赛之一,是一项面向全国材料科学与工程及相关专业在校大学生的公益性竞赛活动,2019年和2020年连续两次入选中国高等教育学会"全国普通高校大学生竞赛排行榜",受到各高校和行业的普遍关注。大赛以"厚基础、强融合、重突破"为指导思想,以"学以致用、触及巅峰"为主题,致力于培养富有创新精神、勇于投身实践的创新型人才队伍,从而激发大学生对热处理基础理论学习与实践的热情,为我国新材料与高端装备制造行业发现、培养与储备材料热处理方面的卓越人才。

该赛事分为分组赛和总决赛两个阶段,分组赛第一部分以金属材料热处理、表面处理相关内容的科技创新成果(论文或专利)参赛,并在分组赛现场进行汇报答辩,评委根据选题学术价值、成果的创新性、理论方法的新颖性、结果的完整性及现场表达情况予以评分;分组赛第二部分为基础知识问答,主要为材料科学基础、热处理原理及工艺、金属材料学、加热设备及车间设计等课程的基础知识。总决赛以典型零件的生产工艺流程设计为题,要求参赛选手根据所给具体零件的服役条件分析,给出其性能要求及指标,并进行零件选材、加工工艺流程、热处理工艺、产品性能表征等操作,最后进行汇报答辩。评委根据工艺的准确性、先进性、设计的完整性以及答辩情况给予评分。

针对热处理创新创业大赛的要求,学院在各年级的本科生中进行广泛宣传,并动员有基础的同学提前准备,尤其是参加大学生创新创业训练计划项目的同学,根据研究内容撰写科技论文及专利,并以此科技成果申请参加热处理创新创业大赛。学院组织专家对参赛的团队成果进行审阅,提出修改意见,由团队指导教师督促学生修改完善;并组织专家进行参赛成果的预答辩,从项目背景、实验过程、结果分析、PPT的制作以及汇报人的衣着、神态、语调等多方面提出综合修改意见,尽可能提升参赛团队的汇报效果,提高获奖可能性。

大赛章程规定,若团队成员全部通过见习热处理工程师资格考试的情况下,基础知识问答环节可以免试。针对这一规则并结合金属材料工程专业的特点,每年定期开展见习热处理工程师资格考试工作,并对参加考试同学进行集中培训和辅导,近些年考试合格率均在98%以上。

根据总决赛的题目和设计要求,组织经验丰富的老教师对参加总决赛的团队进行指导,总结确定设计报告基本要点如下:

(1) 典型产品零件的分析

① 零件的服役情况、主要失效形式分析;

② 零件的性能要求;

③ 零件的结构、尺寸、加工精度要求。

(2) 选材分析

根据性能要求选择材料,并论述选材依据。选材的一般原则如下:

① 材料的力学性能;

② 材料的工艺性能;

③ 材料的经济性。

(3) 零件的加工工艺流程

① 论述从原材料进厂到产品出厂的整个加工工艺流程;

② 每道加工流程的具体参数;

③ 重点论述热处理工艺(具体)及工艺设计依据。

(4) 矫正及检测工艺流程

根据零件的具体情况,确定产品质量标准,并考虑原材料及最终产品的检测流程。

在具体零件的工艺设计过程中,充分发挥同学的主动性和创造性,只提供方向性指导,由参赛团队自主完成整个设计。根据同学的设计情况分析其工艺准确性及存在的问题,并进行进一步优化。

近3年合肥工业大学共组织9支队伍参加材料热处理创新创业赛,共获一等奖3次,二等奖5次和三等奖1次。

参 考 文 献

[1] 刘延,高万里.大学生创新创业基础[M].武汉:华中科技大学出版社. 2020.

[2] 刘艳,闫国栋,孟威,等.创新创业教育与专业教育的深入融合[J].中国大学教学,2014(11):35-37.

[3] 杨晓慧.我国高校创业教育与创新性人才培养研究[J].中国高教研究, 2015(1):39-44.

[4] 刘长宏,李晓辉,李刚,等.大学生创新创业训练计划项目的实践与探索 [J].实验室研究与探索,2014,33(5):163-166.

[5] 云乐鑫,杨俊,张玉利.创业企业如何实现商业模式内容创新:基于"网络—学习"双重机制的跨案例研究[J].管理世界,2017(4):119-137,188.

[6] 王焰新.高校创新创业教育的反思与模式构建[J].中国大学教学,2015 (4):4-7,24.

[7] 王占仁.中国高校创新创业教育的学科化特性与发展取向研究[J].教育研究,2016,434(3):56-63.

[8] 方波.大学生创业模式现状及对策探讨[J].中国就业,2021(4):42-43.

[9] 童金莲,周梓轩.大学生创业能力构成要素辨析[J].创新创业理论研究与实践,2020(1):4-6,11.

[10] 王玮.完善创新实践教育与竞赛体系提高大学生创新创业能力[J].创新创业理论研究与实践,2018(2):79-82.

[11] 岑岗,吴思凡,蒋邢飞,等.基于"四步曲"的项目实践创新基地建设与管理[J].实验室研究与探索,2021,40(7):244-248.

[12] 刘睿,周军,郭建国.国际竞赛牵引下的航天创新能力培养模式探究[J].实验室研究与探索,2021,40(5):218-222.

专业认证和新工科背景下材料类专业人才培养的创新与实践